SIKORSKY CH-53

Bernd Vetter / Frank Vetter

Motor buch Verlag

Einbandgestaltung: Frank Zähringer unter Verwendung von Bildmaterial Presse- und Informationszentrum Luftwaffe und Herrn Günter (Max) Feiner

Bildnachweis: Airbus Helicopters (19), Christian Albrecht (8), BAAINBw (Thomas Röder) (5), Toni Bartusch (3), Boeing (1), Hubschraubermuseum Bückeburg (8), Dr. Daser (1), Friedrich Deininger (†) (13), Bettina Deuter (1), Jürgen Drummer (2), Günter (Max) Feiner (31), Uwe Hain (3), Ulrich Heider (6), Klaus Hubmann (1), Ronny Kappus (1), Manfred Lang (5), Presse- und Informationszentrum Luftwaffe (13): Jana Neumann (3), Johannes Heyn (5), Lars Koch (2), Susanne Hähnel (1), Carsten Vennemann (1), Jerg Maier (1), L. Piotrowski (3), Peter Seelinger (8), Edgar Sefrin (2), Sergei I. Sikorsky (1), Sikorsky Aircraft Corporation (19), Arno Sitter (7), Martin Stumpf (1), Technisches Ausbildungszentrum der Luftwaffe (3), Christina Trognitz (1), Bernd Vetter (43), Frank Vetter (50), Archiv Vetter (5), Heinz Webersdorfer (†) (1), WTD 61 (12), Dr. Andreas Zeitler (4)

ISBN 978-3-613-04227-8

Ein Unternehmen der Paul Pietsch-Verlage GmbH & Co. KG

1. Auflage 2019

Sie finden uns im Internet unter
www.motorbuch.de

Lektorat: Alexander Burden
Innengestaltung: Günther Nord, 69434 Heddesbach
Druck: Graspo CZ a.s., 76302 Zlin
Printed in Czech Republic

Inhalt

75

Vorworte

Der mittlere Transporthubschrauber CH-53 wurde zum Jahreswechsel 2012/2013 vom Heer in die Luftwaffe übernommen. Im Rahmen des sogenannten »Fähigkeitstransfer Hubschrauber« wurden im Gegenzug die »leichten« Transporthubschrauber Bell UH-1D und NH 90 an das Heer abgegeben. Seitdem bündelt die Luftwaffe ein breites Spektrum vom strategischen bis zum taktischen militärischen Lufttransport, für die Einsätze der Bundeswehr und auch die unserer Alliierten.

Der Transporthubschrauber CH-53 fliegt seit 1972 in der Bundeswehr, die ersten 40 Jahre bei der Heeresfliegertruppe und seit 2013 bei der Luftwaffe. In der gesamten Nutzungszeit hat sich die CH-53 in vielen Einsätzen, wie z.B. unter Mandat der Vereinten Nationen im Irak, im ehemaligen Jugoslawien (Bosnien und Herzegowina), im Kosovo, im Kongo und in Afghanistan ausgezeichnet. Aber auch bei Naturkatastrophen in Deutschland und im Ausland, zuletzt bei der Brandbekämpfung, hat sich dieses Waffensystem hervorragend bewährt.

Die besonderen Fähigkeiten und die herausragenden Leistungen der CH-53 sind in allererster Linie dem professionellen Einsatz der Menschen im Luftfahrzeug und am Boden zu verdanken, die mit Stolz auf ihre Leistungen, über viele Jahrzehnte hinweg, blicken können.

Die CH-53 wurde im Laufe der Jahrzehnte immer wieder technisch an die aktuellen Anforderungen angepasst. Heute fliegt die Luftwaffe die CH-53 in vier unterschiedlichen Versionen, die den verschiedenen Aufgabenstellungen, mit Außenzusatztanks zur Reichweitenerhöhung, mit Verbesserungen der Avionik sowie modernen Kommunikations- und Selbstschutzausstattungen angepasst sind.

Vor allem der seit 2002 andauernde Einsatz in Afghanistan, aber auch der fast 50-jährige Betrieb der CH-53-Flotte zehrt an der Verfügbarkeit dieses einsatzrelevanten Waffensystems. Deshalb ist für die Bundeswehr im nächsten Jahrzehnt die Einführung eines Nachfolgers als »Schwerer Transporthubschrauber« dringend notwendig und auch geplant.

Es freut mich daher ganz besonders, dass dieser hervorragende und zuverlässige Hubschrauber mit dem vorliegenden Buch für die erbrachten Leistungen angemessen gewürdigt wird.

Ich wünsche Ihnen viel spannende Information und Freude beim Lesen.

Generalleutnant Helmut Schütz
Kommandierender General
Luftwaffentruppenkommando

In den Jahren 1965 und 1966 wurde in der Bundesrepublik Deutschland das Auswahlverfahren für das Nachfolgemuster der Sikorsky H-34 (S-58) durchgeführt. Nach umfangreichen Prüfungen, fiel die Wahl auf die Sikorsky CH-53, wie dies auch in diesem Buch ausführlich beschrieben wird. Bei Sikorsky Aircraft waren wir verständlicherweise sehr angetan von dieser Entscheidung und stolz auf die zahlreichen Programme, die wir gemeinsam mit den deutschen Streitkräften unterhielten. Diese nahmen ihren Anfang 1955 mit den ersten Auslieferungen von H-34-Hubschraubern, setzten sich 1962 mit der Gemeinschaftsentwicklung Weserflug-Sikorsky WFS-64 »Flying Crane« fort und erreichten ihren Höhepunkt mit 110 CH-53G Transporthubschraubern, welche von 1971 bis 1975 im VFW-Fokker-Werk in Speyer in Lizenz produziert wurden. Dies war ein Programm auf groß-industriellem Niveau - u.a. waren hieran Dornier, Henschel, Messerschmitt-Bölkow-Blohm und MTU (Motoren- und Turbinen-Union), sowie hunderte kleinere Firmen und Zulieferbetriebe in Deutschland und den USA beteiligt. VFW-Fokker übernahm die Leitung des ganzen Unternehmens und wurde hierbei von einem handverlesenen Spezialisten-Team seitens VFW und Sikorsky Aircraft unterstützt. Wir bei Sikorsky genossen die enge Zusammenarbeit mit der deutschen Luftfahrtindustrie und es entstanden dabei Freundschaften, die bis heute Bestand haben. Das deutsche Heer hatte die CH-53 von 1971 bis 2012 im Einsatz, bevor diese Luftfahrzeugflotte im Jahr 2013 an die deutsche Luftwaffe übergeben wurde. Das Jahr 2019 markiert das 50-jährige Jubiläum der CH-53 im Dienst der Bundeswehr. In diesen 50 Jahren hat die CH-53, ihre Besatzungen, Techniker sowie das Unterstüzungspersonal, Menschen in Not auf der ganzen Welt geholfen und mit Verpflegung, Wasser und medizinischem Gerät versorgt.

Sergei I. Sikorsky mit Gattin Elena vor einer CH-53K

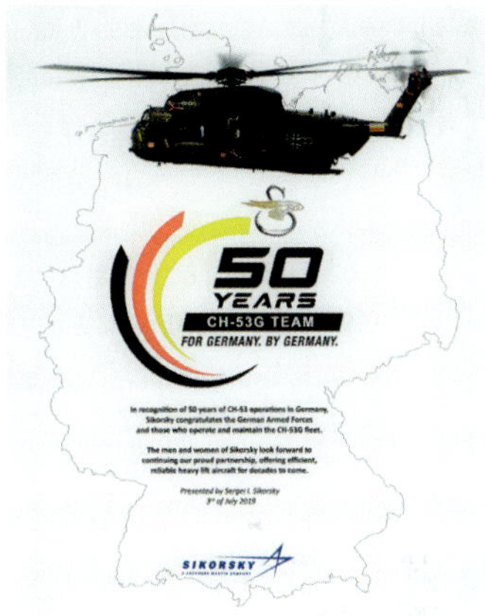

Beim Kampf gegen Fluten und Waldbrände in ganz Europa, der Versorgung von abgeschnittenen Dörfern in den Alpen oder bei der schnellen Unterstützung in Katastrophengebieten - stets waren die CH-53 Verbände zur Stelle.

Dieser Hubschrauber hat dadurch Deutschland und der NATO nicht nur als zuverlässiger militärischer Transporthubschrauber zur Verfügung gestanden, sondern wurde auch für umfangreiche internationale Hilfseinsätze und humanitäre Missionen genutzt. Das vorliegende Buch dokumentiert diese beeindruckende Geschichte und eine Vielzahl dieser Einsätze.

Ich bin stolz einen Teil dieser Geschichte erzählen zu können und freue mich auf sehr viele weitere erfolgreiche Dienstjahre der CH-53 im Einsatz für die Bundeswehr.

Sergei I. Sikorsky,
12. August 2019, Stratford, Connecticut, USA

21

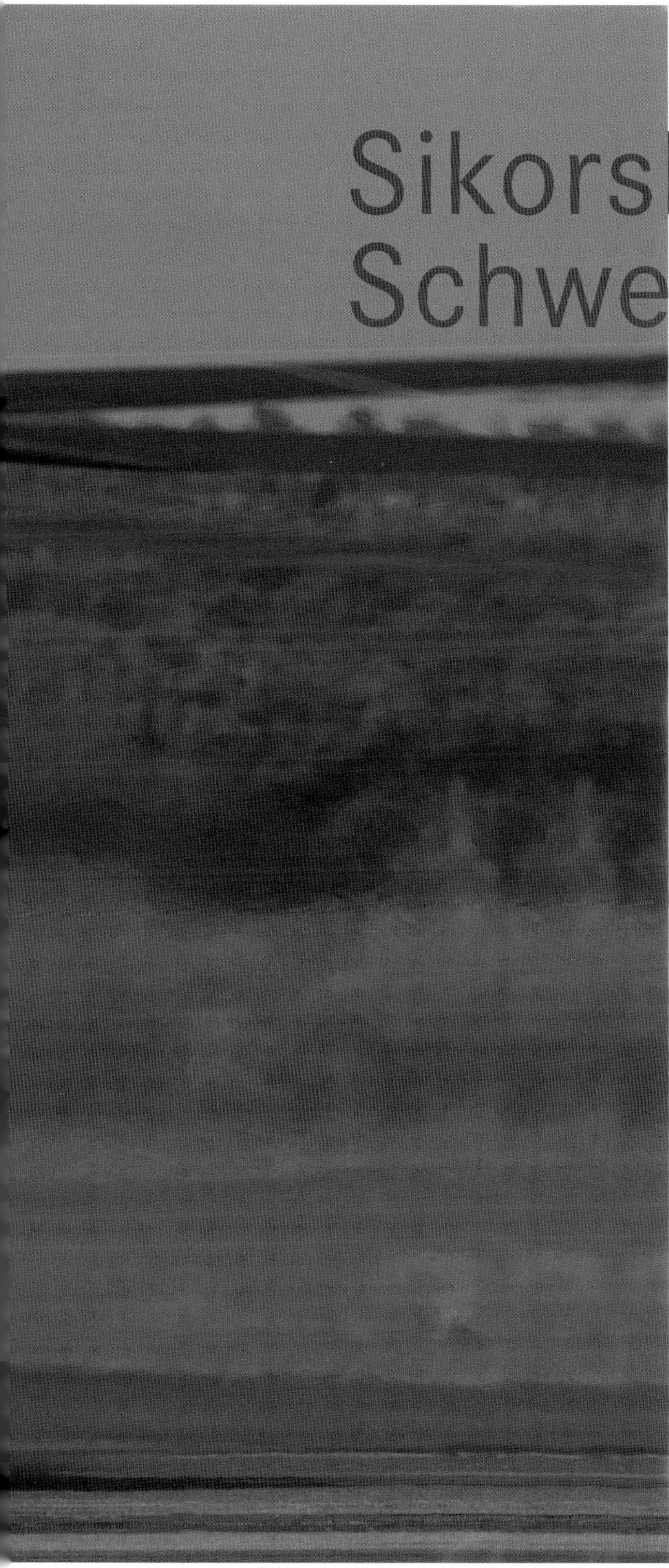

Sikorskys erfolgreiche Schwergewichte

Der 12. September 2012 markierte ein wichtiges Datum für die Bundeswehr. An diesem Tag übernahm die Truppe während der ILA in Berlin mit der CH-53GA offiziell die erste verbesserte Maschine dieser Version. Durch die umfangreichen Modifikationsarbeiten, vor allem im Bereich Avionik (z.B. Glascockpit ähnlich des NH90), erhielt die Bundeswehr knapp 40 Jahre nach Einführung des Typs ein Waffensystem, dass in dieser Konfiguration nicht nur weitere 20 Jahre seine Aufgaben erfüllen kann, sondern auch als das derzeit leistungsfähigste und modernste Hubschraubermuster der Bundeswehr angesehen wird.

Die extrem lange mögliche Nutzungsdauer ist ein Ergebnis der sehr durchdachten Konstruktion und äußerst robusten Auslegung der CH-53 durch den Hersteller Sikorsky.

Entwicklung eines Transporthubschraubers für das USMC

Ein erster Anstoß zur Entwicklung dieses außergewöhnlichen Hubschraubers war eine Forderung des US Marine Corps, initiiert im Oktober 1960. Das USMC wünschte sich einen leistungsstärkeren und verlässlicheren Ersatz der Sikorsky HR2S-1 (später umbenannt in CH-37C) Mojave. Dieser Helikopter mit dem Spitzname »schielendes Monster« verfügte über zwei Flügeltüren im

Die Sikorsky CH-37 Mojave (hier bei der US Army im Einsatz) war bei ihrer Einführung im Juli 1956 der größte westliche Hubschrauber. Das USMC wünschte sich jedoch einen leistungsstarken Ersatz für diesen noch mit Sternmotoren ausgerüsteten Typ.

Bug und zwei Sternmotoren und konnte immerhin 5000 kg transportieren. Mit ihm war das USMC in der Lage von Schiffen aus größeres Gerät und Truppen zu einer Landungszone zu transportieren. Allerdings war die CH-37 umständlich zu operieren und sehr wartungsintensiv, sodass der Wunsch nach einem moderneren Muster groß war. Die anderen Teilstreitkräfte suchten zu dieser Zeit ein ähnliches Muster, allerdings mit jeweils anderen Einsatzschwerpunkten. Als gemeinschaftliches Vorhaben sollte die LTV XC-142 unterstützt werden. Dieses V/STOL-Flugzeug mit Kippflügeln war allerdings derart komplex, dass eine Einführung sehr lange auf sich warten lassen würde. Auch war der Einsatz auf kleineren Trägern schwierig. Das USMC versuchte somit bei der US Navy einen schweren Hubschrauber durchzusetzen, der sehr viel früher als die XC-142 zur Verfügung stehen sollte. Die Überzeugungsarbeit war erfolgreich und so veröffentlichte das Materialbeschaffungsamt der US Navy (Bureau of Naval Weapons) am 7. März 1962 eine Ausschreibung des so genannten HH(X)-Programms. Die Anforderungen bezogen sich vor allem auf die Fähigkeit Gerät (z.B. ein 1,5 Tonnen-Fahrzeug) vom Schiff an Land zu transportieren. Weiterhin sollte es möglich sein abgeschossene Flugzeuge zu bergen, Truppen zu transportieren und schnelle Evakuierungen vorzunehmen.

Drei Hersteller reagierten mit Vorschlägen, neben Sikorsky waren dies Boeing Vertol und Kaman Aircraft. Boeing bot zwei Varianten der CH-47 (zu diesem Zeitpunkt noch als HC-1B bezeichnet) an, Kaman dagegen eine Anpassung der innovativen britischen Fairey Rotodyne. Dieses Modell entfiel allerdings bald, da die britische Regierung die Unterstützung dafür zurückzog; die Fairey Rotodyne ging nie in Produktion. Somit trat Sikorsky mit dem Modell S-65 gegen die CH-47 an. Im Juli 1962 entschied sich die US Navy bzw. das USMC für das Produkt aus dem Hause Sikorsky; vor allem technische Faktoren aber auch Produktionskapazitäten und Kostengründe führten zu diesem Ergebnis. Allerdings gab es zu diesem Zeitpunkt kein ausreichendes Budget für das Entwicklungsvorhaben, unter anderem auch deswegen weil Sikorsky insgesamt vier Prototypen bauen wollte. Nachverhandlungen führten dann dazu, dass die Kosten auf Sikorskys Seiten deutlich gesenkt werden konnten und so wurde am 24. September 1962 der Vertrag über die Entwicklung und den Bau von zwei YCH-53A-Prototypen, einer Statiktest-Zelle und einer Attrappe geschlossen. Das Volumen dieser Vereinbarung betrug insgesamt 9,966 Mio US-Dollar.

Das Design des Musters mit der Bezeichnung S-65 stütze sich auf die kleinere S-61 ab, übernahm aber auch Komponenten anderer Entwürfe. So entstammte das Getriebe und diverse dynamische Bauteile prinzipiell der S-64 Skycrane, der Rotordurchmesser (72 Fuß oder 21,94 m) war analog dem der H-37. Die S-65 baute auf die zwei leistungsstarken General Electric T64-Triebwerke auf. Die S-65 verfügte über einen faltbaren Rotorkopf und ein abklappbares Heck, ideal für den Einsatz auf Landungsschiffe LHA, LHD. Nach der Validierung des Designs an der Attrappe und Tests an der Statikzelle, konnte der kurze YCH-53A-Erstflug (allerdings erfolgt mit dem zweiten Prototyp BuNo 151614) innerhalb des Sikorsky-Testgeländes nur ca. zwei Jahre nach Vertragsunterzeichnung, am 14. Oktober 1964, erfolgen. Der erste Testflug »über den Zaun« fand knapp einen Monat später, am 13. November 1964, statt. Die Testcrew bestand aus den Sikorsky-Piloten Lloyd Blanchard and Robert Decker. Nur sechs Tage später, am 19. November, wurde die CH-53 der Öffentlichkeit vorgestellt und dabei auch vorgeflogen. Die nachfolgende Testphase, die bis Ende 1966 anhielt, verlief außergewöhnlich ruhig, es gab kaum kritische Probleme. Im Mai 1966 erfolgte auf der NAS Patuxent River in Maryland die offizielle Typen-Überprüfung durch den Kunden. Erwartungsgemäß gab es während der Board of Inspection and Survey (BIS)-Kampagne keine Überraschungen. Allerdings bestand zu diesem Zeitpunkt wegen des Vietnamkrieges schon ein enormer Druck, der Truppe diesen Hubschrauber so schnell als möglich zur Verfügung zu stellen.

Die Auslieferung der CH-53A an eine Einsatzstaffel erfolgte am 12. September 1966, dabei wurden fünf Maschinen der HMH-463 in Santa Ana, Kalifornien übergeben. Dort kümmerte sich das so genannte »Fleet Introduction Team« (FIT) um eine reibungslose Einführung des modernen Musters.

Das Mock-Up der CH-53A vom 19. Februar 1963.

Bau des ersten YCH-53A-Prototypen bei Sikorsky in Stratford/Connecticut.

Jungfernflug der ersten YCH-53A am 14. Oktober 1964.

Ohne große Probleme liefen die weiteren Erprobungen und die Einführung ab. Diese Aufnahme zeigt die CH-53A BuNo 151690.

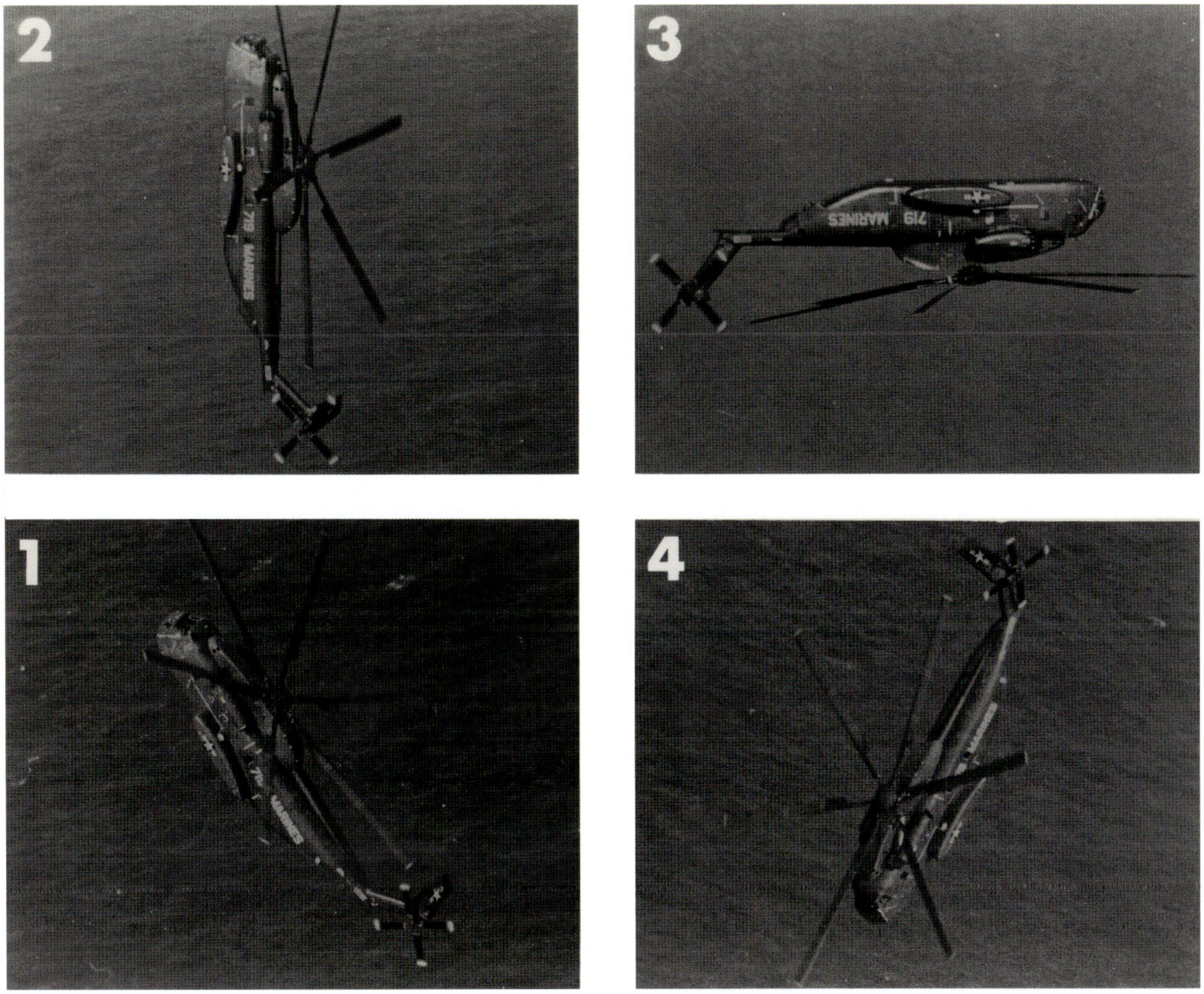

Am 23. Oktober 1968 flog eine gemischte Crew bestehend aus Sikorsky- und Marines-Testpiloten mit einer CH-53A in der Nähe von Long Island mehrere Rollen und Loopings und demonstrierte damit die außerordentliche Leistungsfähigkeit der Maschine. Der Looping begann bei 1100 Fuß mit einer Geschwindigkeit von 158 Knoten. Am oberen Punkt in 1865 Fuß hatte die Maschine dann 81 Knoten. Während des Abfangens wurden maximal 2,65 g erreicht.

Die ersten CH-53A waren technisch mit der YCH-53A identisch. Allerdings erfolgten vor dem Einsatz in Südostasien noch diverse wichtige Modifikationen. So wurde ein Engine Air Particle Separator (EAPS) zur Reduzierung der Staubelastung für die Triebwerke angebaut. Darüber hinaus wurden zwei M60-Maschinengewehre und Panzerplatten zum Schutz der Crew installiert.

Eine weitere Maßnahme war umfangreicher: Während der Flugtests zeigte sich, dass die T64-GE-1-Triebwerke für geplante Rettungseinsätze, bei denen ein abgeschossenes Luftfahrzeug per Außenlast aus dem Einsatzgebiet heraustransportiert werden sollte, nicht genug Leistung boten. Deswegen wurden zunächst handverlesene T64-GE-1-Triebwerke installiert, die statt 2850 Wellen-PS kurzzeitig 3080 Wellen-PS leisten konnten. Ab Anfang 1968 erhielten alle ausgelieferten Maschinen T64-GE-12- oder GE-16-Triebwerke.

Die CH-53 zeichnete sich durch einen wasserdichten Rumpf aus. Als Teil des Erprobungsprogramms wurden mit der CH-53A auch Landungen auf dem Wasser durchgeführt.

Insgesamt 15 CH-53A wurden zu RH-53A für die US Navy umgebaut. Die Maschinen waren alle der Staffel HM-12 zugeordnet, die auch in Vietnam zum Einsatz kam. Hier zieht die Maschine das Minenräumgeschirr durch das Wasser.

Diese Aggregate leisteten 3435 Wellen-PS und verliehen der CH-53A somit deutlich mehr Einsatzmöglichkeiten vor allem in heißen und hochgelegenen Gebieten. Insgesamt wurden 15 USMC-Staffeln mit der CH-53A ausgerüstet und 139 CH-53A produziert. Von diesen wurden aber auch einige Maschinen von anderen US-Teilstreitkräften operiert. So lieh man neun CH-53A an die USAF aus, zwei davon wurden zu Trainingszwecken für die angehende HH-53-Ausbildung genutzt, sieben für ein Spezialkommando (21st SOS, stationiert auf Nakhorn Phanom RTAFB in Thailand) um Infiltrationseinsätze hinter den feindlichen Linien durchzuführen. Die Maschinen gingen später zurück an das USMC.

Insgesamt 15 CH-53A wurden zu RH-53A-Minenräumhubschraubern umgebaut. Vor allem entsprechende Aufnahme für das Räumgeschirr, an Auslegern montierte Rückspiegel und leistungsgesteigerte (3925 Wellen-PS) T64-GE-413-Triebwerke kamen zur Anwendung. Diese Variante operierte die US Navy und war als Übergangslösung zur RH-53D gedacht. Die Einsatzstaffel (HM-12) war ebenfalls in Vietnam engagiert und räumte z.B. 1973 mit der RH-53A im Rahmen der Operation »Endsweep« zahlreiche Minen in nordvietnamesischen Gewässern.

Nach Ausmusterung der CH-53A bei den Marines erhielt die US Air Force mindestens drei dieser älteren Maschinen. Nachdem die Missionsausrüstung ausgebaut und die Umlackierung in USAF-Bemalung erfolgt war, wurden die nun als TH-53A bezeichneten Sea Stallions für die Ausbildung angehender MH-53-Besatzungen genutzt. Stationierungsort war Kirtland AFB im Staate New Mexico.

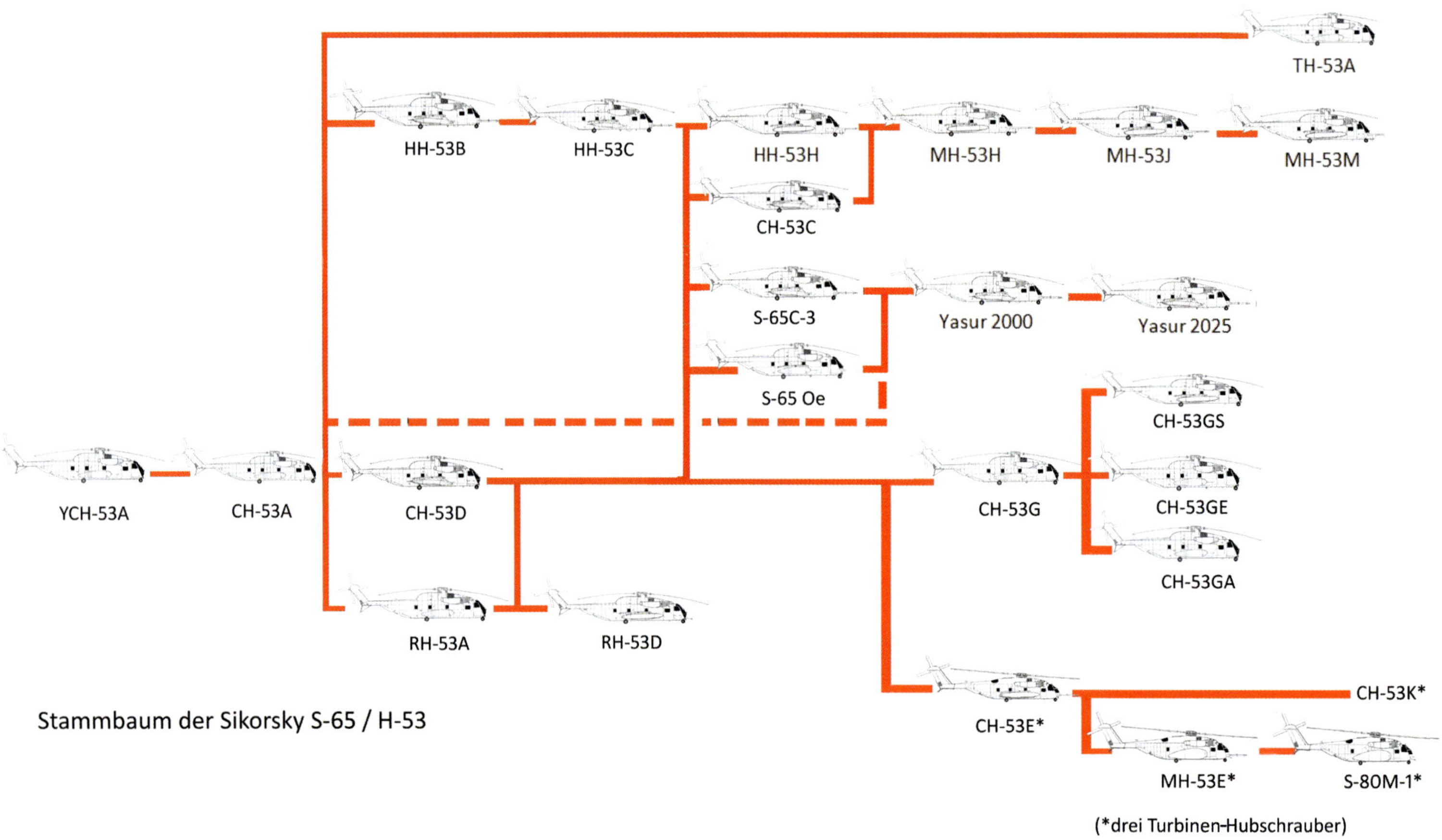

Stammbaum der Sikorsky S-65 / H-53

Frühe Varianten für die USAF

Die USAF war ebenfalls sehr an der Sea Stallion interessiert. Es bestand ein dringender Bedarf einen leistungsstärkeren und mit größerer Reichweite ausgestatteten Rettungshubschrauber in Vietnam zur Verfügung zu haben. Dort befand sich zu dieser Zeit die kleinere Sikorsky HH-3E im Einsatz. Die Entwicklung für eine entsprechende Variante begann im September 1966. Aufgrund der Dringlichkeit wurde zuerst ein Interimsmodell entworfen, das der CH-53A sehr stark ähnelte. Das Programm hieß CARA »Combat Aircrew Recovery Aircraft«. Die HH-53B erhielt ein Betankungsstutzen auf der Steuerbordseite, zusätzlich außen an speziellen Trägern anbaubare 450 US-Gal-Zusatztanks (1708 Liter). Die Variante war durch die jeweils zwei Streben, die die Tankträger zum Rumpf hin abstützen, gut identifizierbar, da die innere Struktur des Sponsons nicht verstärkt wurde. Dies wurde auch beibehalten, als die Lfz später zu Pave Low-Varianten umgerüstet wurden. Als Triebwerk kam das 3080 Wellen-PS leistende T64-GE-3 zum Einbau (dies wurde später durch das 3925 Wellen-PS starke T64-GE-7-Aggregat ausgetauscht). Eingebaut wurde ebenfalls eine Seilwinde mit insgesamt 76 m Stahlkabel. Weiterhin konnten bis zu drei sechsläufige Gatling GAU-2/A Maschinenkanonen (Kaliber 7,62 mm) mitgeführt werden.

Die erste HH-53B hob am 15. März 1967 zu ihrem Jungfernflug ab. Nur fünf Monate später verlegten die ersten zwei HH-53B als Teil der 37th ARRS (Aerospace Rescue and Recovery Squadron) nach Udorn RTAFB, Thailand und kamen noch gegen Ende des Jahres zu ihren ersten Rettungseinsätzen. Dabei demonstrierte die Maschine, die bald den Spitznamen Super Jolly Green Giant erhielt, ihre außergewöhnliche Leistungsfähigkeit insbesondere bei Langstreckeneinsätzen in hoch gelegenen Gebieten. Von der HH-53B wurden allerdings nur acht Maschinen gebaut, denn schon kündigte sich die HH-53C als Standardmodell für diese Aufgabe an. Die HH-53C erhielt im Vergleich zur HH-53B einige Verbesserungen und Verfeinerungen: Beide B und C waren ab Werk mit 450 US-GAL-Tanks ausgestattet, die interne Struktur der Sponsons wurde verstärkt und die äußeren Verstrebungen entfielen. Die Aufhängungen der Tanks erhielten die typische »Batwing«-Form. Später wurden HH-53B und C mit 650gal AZTs (AZT = Außenzusatztank) ausgestattet. Weiterhin erhielt die HH-53C eine optimierte Panzerung an den neuralgischen Punkten und zusätzliche Kommunikationsgeräte.

Eine HH-53C der USAF im Flug. Die Maschine, auch als Super Jolly Green Giant bezeichnet, war in Vietnam im Einsatz, um abgeschossene Besatzungen hinter den feindlichen Linien zu retten.

Eine CH-53C der USAF, sie gehörte zur 601st Tactical Air Control Wing in Sembach. Insgesamt 20 CH-53C wurden gebaut.

Wichtig war auch die Verwendung zweier T64-GE-7-Triebwerke, die immerhin maximal 3925 Wellen-PS leisteten und EAPS. Am 28. Juni 1968 konnte die erste HH-53C für die so genante CSAR (Combat Search and Rescue) Einsatzrolle der US Air Force übergeben werden. Insgesamt wurden 44 Maschinen dieser Version bei Sikorsky in Connecticut gebaut. Sie erhielten für den Einsatz in Vietnam einen grün-braunen Sichtschutz, daneben wurden einige Maschinen einfarbig hellgrau lackiert, diese Super Jollies waren in den USA im Betrieb.

Neben der HH-53C erhielt die US Air Force mit der CH-53C eine weitere Version. Äußerlich waren beide Modelle gut zu unterscheiden durch den bei der CH-53C fehlenden Betankungsstutzen. Die CH-53C war für die US-amerikanischen Spezialkräfte in Vietnam vorgesehen. Die CH-53C erhielt die leistungsfähigen T64-GE-7-Triebwerke. Die insgesamt 20 gebauten Maschinen dieser Version wurden anfänglich vor allem durch die 21st. Special Operations Squadron (21st. SOS) eingesetzt. Diese Sondereinheit flog vor allem im Tiefflug Einsätze ins feindliche Hinterland und setzte dort Spezialkräfte ab oder nahm sie auf. Weiterhin unterstütze man die Truppen mit Materiallieferungen und durch Feuerunterstützung aus der Luft. Insgesamt verlor die Staffel im Verlaufe des Konflikts in Südostasien nur zwei CH-53.

S-65 in Österreich

Die nächste Version bezog sich auf zwei Maschinen, die vom Österreichischen Bundesheer geordert worden waren. Schon Anfang der 60er-Jahre wollte das Alpenland einen schweren Lastenhubschrauber zur Ergänzung der diversen kleineren Hubschrauber im Inventar des Heeres beschaffen. Das Vorhaben wurde durch extreme Überschwemmungen 1965 und 1966 beschleunigt. Hierbei kamen einige Menschen zu Tode und der Bedarf nach einem schweren Hubschrauber, der Evakuierungen aus der Luft vornehmen konnte, wurde als dringlich erklärt. Ziel war je einen Hubschrauber pro Bundesland, also neun, zu beschaffen. Die Länder sollten den Kauf und das Bundesheer den Betrieb finanzieren. Der Markt bot zu diesem Zeitpunkt die Muster Boeing CH-47, Mil Mi-8, Agusta A101G, Sud-Aviation SA-321 Super Frelon und Sikorsky CH-53 an. Die Vorauswahl identifizierte die Sud-Aviation SA-321 Super Frelon sowie die CH-53 als passendes Gerät und im Juni bzw. Juli 1967 erfolgte ein Vergleichsfliegen bei dem die CH-53 als Sieger hervorging. Allerdings war vom ehrgeizigen Plan ca. neun Maschinen einzuführen zu diesem Zeitpunkt nicht mehr viel übrig geblieben und man konnte sich lediglich zur Beschaffung von zwei Maschinen durchringen. Die Bestellung ging im März 1969 an Sikorsky. Die Version erhielt die Bezeichnung S-65C-2 bzw. in Österreich S-65OE, sie entsprach weitgehend der CH-53C, erhielt aber zusätzlich die Rettungsseilwinde aus der HH-53B/C. Schon knapp ein Jahr nach der Bestellung wurden zwei Maschinen per Seetransport zu VFW-Fokker nach Bremen gebracht, dort flugfähig gemacht und eingeflogen. Anschließend überführte man die zwei Maschinen mit der Kennung 5L-MA und 5L-MB (WerkNr. 65223/65224) nach Linz-Hörsching und stellte beide Maschinen am 1. September 1970 bei der 2. Staffel des Hubschraubergeschwaders 3 in Dienst. Das österreichische Heer erfreute sich mit der S-65OE einem bedeutenden Transportleistungszuwachs durch ein sehr modernes und verlässliches Einsatzmuster. Allerdings wurden die Maschinen nur wenig genutzt, so flog jede S-65OE durchschnittlich nur ca. 90 bis 100 Flugstunden im Jahr.

Da im Rahmen der Katastrophenhilfe, dem Hauptgrund der Beschaffung, in den Folgejahren keine Einsätze erfolgen musste, fehlte dem Muster die Beachtung und Wertschätzung und die hohen Unterhaltskosten rückten mehr und mehr in den Blickpunkt. Trotzdem kam es überraschend, dass die beiden Maschinen nach ca. zehn Jahren Einsatzzeit nach Israel verkauft werden sollten. Israel hatte Österreich ein attraktives Angebot gemacht, denn man suchte recht kurzfristig technisch ähnlichen Ersatz für verlorengegangene Maschinen aus dem eigenen Inventar. Für insgesamt 52,8 Mio Schilling (umgerechnet ca. 7,5 Mio DM) kam das Geschäft schließlich zustande. Nachdem noch Kurzwellen-Funkgeräte in die Maschinen eingebaut worden waren, verließen beide Hubschrauber, schon mit israelischen Hoheitsabzeichen versehen, am Morgen des 15. Mai 1981 Linz-Hörsching und flogen Richtung Süden. Das Kapitel der CH-53 war somit nach knapp über zehn Jahren im Dienst des Österreichischen Bundesheeres beendet.

Zwei S-65C-2 wurden an Österreich geliefert. Sie wurden zum 1. September 1970 in Dienst gestellt und waren in Linz-Hörsching stationiert.

Die zwei Maschinen für Österreich wurden per Schiff zu VFW-Fokker nach Bremerhaven gebracht und vor Ort flugfähig gemacht. Der weiße Überzug schützte vor dem Salzwasser während des Seetransports.

Die CH-53D

Die CH-53 hatte mittlerweile in Vietnam ihren Einsatzwert eindrucksvoll unter Beweis gestellt. So retteten die ab Januar 1967 als Teil der Marine Heavy Helicopter Squadron 463 (HMH-463) im Einsatz stehenden CH-53 schon eine große Zahl abgestürzter Besatzungen. Bis zur Heimatverlegung am 18. Mai 1971 barg die Staffel insgesamt 1096 Luftfahrzeuge. Die Marines benötigten dringend weitere Hubschrauber und somit bestand die Chance Verbesserungen in den Entwurf einfließen zu lassen. Das aktuellste Modell, die CH-53D, flog am 27. Januar 1969 erstmals und wurde mit einem verstärkten Getriebe ausgestattet um leistungsfähigere Triebwerke aufnehmen zu können. Dies waren Anfangs T64-GE-412 mit 3695 Wellen-PS und später T64-GE-413 mit 3925 Wellen-PS. Mit dieser Leistung konnte die Maschine erstmals ohne jegliche Beschränkungen auch in heißen Umgebungen und in großer Höhe operieren. Diverse Detailverbesserungen wurden vorgestellt, darunter gehörte ein System zur Rotorblattkontrolle genannt BIM (Blade Inspection Method). Hierbei war der Hauptrotorblattholm druckbeaufschlagt und enthielt einen Druckanzeiger. Eventuelle Beschädigungen konnten einfach am Druckanzeiger abgelesen werden. Durch BIM konnte der aufwendige Routineaustausch der Rottorblätter deutlich reduziert werden. Die CH-53D konnte darüber hinaus zur Reichweitenverlängerung bis zu fünf 300 US-Gal-Zusatztanks innerhalb des Laderaums mitführen.

Nur knapp zwei Monate nach dem Erstflug dieser Variante erhielt das USMC am 6. März 1969 seine erste CH-53D übergeben. Insgesamt wurden 124 CH-53D bei Sikorsky in Connecticut gebaut. Zwei CH-53D davon wurden mit Sitzen und VIP-Einbauten versehen und standen als VH-53D dem Präsidenten zur Verfügung. Die operierende Staffel war HMH-363 und HMX-1.

Produktion der CH-53D bei Sikorsky in Stratford/Connecticut.

Einige wenige RH-53D wurden ab April 1990 der Staffel HMH-772 der US Marines übergeben. Da nicht mehr nötig, wurde bei diesen Maschinen das Minenräumgeschirr ausgebaut. Die Außenspiegel verblieben aber an den Maschinen.

S-65 für Israel

Nachdem Frankreich als Folge des Sechstage-Krieges 1967 ein Waffenembargo gegen Israel ausgesprochen hatte, konnte die Israelische Luftwaffe keine weiteren dringend benötigten schweren Transporthubschrauber Aerospatiale SA-321 Super Frelon erhalten. Von diesem Typ hatte die IDF/AF (Israel Defence Force/Air Force) ab April 1966 insgesamt zwölf Maschinen übernommen. Auf der Suche nach einer Alternative wurde man in den USA fündig, dort war eine Unterstützung Israels weiter gegeben. So führte der Weg recht gradlinig auf die CH-53 zu. Die für Israel vorgesehene Variante erhielt die Bezeichnung S-65C-3, da die Entwicklung parallel zur CH-53D erfolgte, lehnte sie sich stark an die zu diesem Zeitpunkt modernste Version an. Die Israelische Luftwaffe forderte darüber hinaus den Einbau des Betankungsstutzens sowie der Rettungsseilwinde analog zur HH-53B/C. Die Triebwerkseinlauffilter EAPS gehörten ebenso zum Lieferumfang wie die 450 US-Gal Zusatztanks. Die erste von sieben S-65C-3 mit der Bezeichnung »Yasur« (Sturmvogel) wurde am 2. Oktober 1969 geliefert. Später folgten weitere gebrauchte Maschinen aus Beständen der amerikanischen Streitkräfte sowie die zwei ex S-65OE aus Österreich.

Aktuell sind noch 23 S-65C-3 im Einsatz bei der Israelischen Luftwaffe. Alle Hubschrauber erhielten mittlerweile ein umfangreiches Modifikationsprogramm (18 Maschinen »Yasur 2000«, fünf Maschinen »Yasur 2025«) durch Israel Aircraft Industries, IAI.

Vier S-65C-3 auf dem Yasur 2000-Stand wurden übrigens im Jahre 2005 an die Mexikanische Luftwaffe verkauft. Dort sind sie weiterhin im Einsatz.

Luftbetankung mit Hilfe einer C-130 Herkules gehört zum Standardübungsprogramm für die Yasur-Besatzungen.

Diese S-65C-3 wurde im Mai 1975 an die IDF/AF geliefert und 1997 auf den Yasur 2000-Stand gebracht. Sie ist in Tel Nof stationiert.

Sea Stallion als Minenräumer

Nachdem die RH-53A ihre Eignung für die Minenräumrolle eindrucksvoll unter Beweis gestellt hatte, erhielt die US Navy im Februar 1972 die Erlaubnis weitere Maschinen für diese Mission zu ordern. Die CH-53D lag dieser Spezialversion zu Grunde, somit ergab sich die Bezeichnung RH-53D. Der Jungfernflug der ersten Serienmaschine fand am 27. Oktober 1972 statt. Die RH-53D erhielt zwei T64-GE-413-Triebwerke (3925 Wellen-PS), doch schon bald wurden noch stärkere T64-GE-416-Aggregate mit 4380 Wellen-PS nachgerüstet. Eine Besonderheit der RH-53D war die Verwendung von 500 US-Gal-Zusatztanks statt der sonst standardmäßigen 450 US-Gal-Behälter, einer 50.000 Lbs Struktur inklusive Fahrwerk, einteilige Hauptantriebswellen, verstärktes Hauptgetriebe etc. Für die Besatzungen war der Einbau eines modernen Autopiloten von großer Bedeutung, denn dieser reduzierte die Arbeitsbelastung bei der anstrengenden, in niedriger Höhe über See stattfindenden Minenräummission erheblich. Weitere Anpassungen betrafen den Frachthaken, der verstärkt und für eine maximale Last von 11.300 kg ausgelegt wurde und, wie auch schon bei der RH-53A, die Installation von großen Außenspiegeln. Ebenso fand eine Seilwinde Verwendung und der Betankungsstutzen konnte optional mitgeführt werden.

Standardmäßig fand sich ebenfalls das EAPS vor den Triebwerken installiert. Zur Anwendung kamen diverse Minenräumgeschirre, um aufschwimmende Minen unschädlich zu machen. Des Weiteren konnten zwei 0,5 inch Maschinengewehre mitgeführt werden. Insgesamt wurden 30 RH-53D für die US Navy gebaut und sechs weitere Maschinen dieser Version für die Iranische Marine noch vor dem Sturz des Schahs-Regimes produziert.

Im Rahmen der Operation »Eagle Claw«, die am 24. April 1980 erfolgte und die Befreiung von 53 US-amerikanischen Geiseln aus dem Iran zum Ziel hatte, machte die RH-53D allerdings negative Schlagzeilen. Während der Rettungsaktion, an der acht RH-53D der US Navy (Staffel HM-16) vom US-Flugzeugträger USS Nimitz beteiligt waren, kollidierte eine Maschine bei Nacht und schlechtem Wetter während der Nachbetankung am Boden in der Wüste Irans mit einer C-130 Herkules. Dabei wurden beide Luftfahrzeuge zerstört und acht Besatzungsmitglieder verloren ihr Leben. Da von den acht gestarteten Maschinen wegen technischer Probleme schon zwei auf dem Weg zum Ziel ausgefallen waren (eine davon konnte zum Flugzeugträger

Eine RH-53D der US Navy. Die Maschine gehörte zur HM-14, stationiert auf NAS Norfolk, Viginia. Sie ging am 7. Mai 1996 durch Unfall verloren. Insgesamt wurden 30 RH-53D gebaut.

zurückkehren, die zweite musste in der iranischen Wüste abgestellt werden, die Crew wurde von einer anderen Maschine aufgenommen), konnte die Rettungsaktion mit den verbleibenden fünf Maschinen nicht fortgeführt werden. Mit Hilfe einer weiteren C-130 Herkules wurden die Besatzungsmitglieder in aller Eile ausgeflogen, fünf RH-53D verblieben in der Landungszone zurück. Sie waren teilweise durch die Unfall-Explosion beschädigt und nicht mehr einsetzbar. Diese fünf RH-53D wurden natürlich anschließend von den Iranischen Streitkräften verwertet, zwei davon sollen danach sogar wieder in den aktiven Flugdienst gelangt sein.

Nach der CH-53D folgte die CH-53G für das Deutsche Heer. Der Vertrag mit Sikorsky sah allerdings die Lizenzfertigung der Maschine in der Bundesrepublik Deutschland vor, sodass die Sikorsky-Fertigung in Stratford davon nur eingeschränkt profitierte. Die ersten beiden Maschinen entstanden allerdings dort und wurden am 25. September 1969 feierlich der Bundeswehr übergeben. Für weitere Maschinen wurden Kits hergestellt, die in Deutschland endmontiert wurden. Das nachfolgende Kapitel »Der mittlere Transporthubschrauber für die Bundeswehr« beschäftigt sich ausführlich mit dieser Version der CH-53.

Optimiert für Nacht- und Allwetteroperationen

Die HH-53B und später die HH-53C rettete als Combat Search and Rescue (CSAR)-Helikopter im Dienste der US-Luftwaffe unzähligen US-Soldaten in Vietnam das Leben. Die Leistungsfähigkeit und Reichweite aber auch ihre Robustheit waren zu dieser Zeit unerreicht. Ein Manko besaß die Maschine aber trotzdem, sie war bei schlechtem Wetter und bei Nacht kaum einsetzbar. Deswegen wurde schon sehr bald mit einem Restlichtverstärker-System experimentiert, das Nachtflugeinsätze möglich machen sollte. Im November 1969 erhielt eine HH-53B der 40th ARRS in Udorn Royal Thai Air Force Base (RTAFB) in Thailand das so genannte Pave Low I eingerüstet, doch die Erfahrungen waren nicht besonders gut. Alternativen, die eine bessere Nachtsichtfähigkeit ermöglichten, standen aber zunächst nicht zur Verfügung. So dauerte es bis 1975, bis auf ein deutlich verbessertes Nachtsichtsystem zurückgegriffen werden konnte. Dieses wurde mit diversen weiteren Modifikationen dann als Pave Low II in eine HH-53 eingebaut und ausführlich auf Edwards AFB und Kirtland AFB erprobt.

Der Testträger erhielt die Bezeichnung YHH-53H. Die verschiedenen Tests verliefen recht vielversprechend, trotzdem waren weitere Anpassungen nötig, die zur Version Pave Low III führten. Auch diese wurden an der YHH-53H erprobt. Anschließend erhielten acht HH-53C das Modifikationspaket und die Bezeichnung HH-53H. Nachdem zwei HH-53H abgestürzt waren, wurde zwei CH-53C zu HH-53H umgebaut.

Die HH-53H war mit moderner Avionik gespickt. So z.B. mit einem Texas Instruments AN/AAQ-10 FLIR (Foreward Looking Infra Red), einem Marconi Doppler-Navigationssystem, dem Texas Instruments AN/APQ-158-Geländefolgeradar, einem Kartendarstellungsgerät, einer Honeywell oder Litton laserbasierten Trägheitsnavigationsanlage und diversen Selbstverteidigungssystemen. Ab 1986 erhielten die verbliebenden HH-53H diverse kleinere Verbesserungen, z.B. eine Cockpitbeleuchtungs-Anpassung, um bessere Kompatibilität mit Nachtsichtgeräten (NVG – Night Vision Goggles) zu erreichen. In diesem Zuge änderte sich die Bezeichnung der Maschinen in MH-53H, welche die Zugehörigkeit als Einsatzmittel der Spezialkräfte besser darstellte. Zu diesem Zeitpunkt waren aber schon deutlich umfangreichere Verbesserungen des Musters vorgesehen. So wurden insgesamt 41 HH-53Bs, HH-53Cs, CH-53Cs und dann auch die MH-53Hs bis 1990 zur MH-53J umgebaut. Dies beinhaltete die Aufwertung des Pave Low III zum Pave Low III Enhanced-System, aber auch den Einbau der leistungsstarken T64-GE-100-Triebwerke einhergehend mit einem verstärkten Getriebe. Weiterhin erhielt die MH-53J zusätzliche Kommunikationssysteme, sichtbar durch Antennen im Heckbereich.

Später wurden die Maschinen dieser Version noch weiter modernisiert. Die MH-53M nutze das Pave Low IV-System, das vor allem interaktive Verteidigungssysteme (IDAS, Interactive Defense Avionics System) beinhaltete. Weiterhin erreichte man durch den Einbau des MATTs (Multi Mission Advanced Tactical Terminal) eine Echtzeit-Vernetzung mit eigenen Einheiten. Herzstück des Pave Low IV war weiterhin ein mehrfarbiges Bild-Darstellungsgerät, das alle wichtigen Flugweginformationen und mögliche Bedrohungen darstellt. Am Ende des Jahres 2002 bestand die MH-53M-Flotte aus 25 Maschinen.

Die letzten MH-53J und MH-53M wurden schließlich im September 2008 ausgemustert und durch die Bell/Boeing CV-22B Osprey ersetzt.

Eine MH-53J Pave Low III im Tiefflug. Diese sehr leistungsfähige Variante war im Einsatz für die Special Forces.

Mit drei Triebwerken noch leistungsfähiger, die S-80

Durch den stetig steigenden Bedarf an Transportleistung und ermutigt durch das enorme Potenzial des ausgereiften S-65-Hubschrauberentwurfs, wagte sich Sikorsky an ein deutlich modifiziertes Modell mit der Bezeichnung Sikorsky S-80. Kernelemente der Verbesserung waren die Komponenten im Antriebsbereich, allen voran wurde drei statt zwei Triebwerke vorgesehen. Dies zog eine deutliche Überarbeitung des Hauptgetriebes nach sich und auch der Rotorkopf wurde angepasst, dies allerdings auch um sieben statt vormals sechs Rotorblätter aufnehmen zu können. Der Rumpf wurde um 1,88 m gestreckt, der Bereich des Heckauslegers überarbeitet, weiterhin der Heckrotor an einer schräg gestellten Heckrotorträger befestigt. Die seitlichen Kraftstoffbehälter (»Sponson«) wurden deutlich vergrößert und konnten nun 1017 US-Gallonen (3850 Liter) mitführen. Der nun militärisch als YCH-53E bezeichnete Prototyp flog am 1. März 1974 erstmals und demonstrierte schon bald seine außergewöhnliche Leistungsfähigkeit im Bezug auf den Lastentransport. So hob die Maschine am 10. August 1974 eine 16.150 kg wiegende Last an und brachte sie in den Schwebeflug. Die Maschine selbst wog dabei 32.520 kg, zu dieser Zeit war dies die größte angehobene Nutzlast durch einen westlichen Hubschrauber. Allerdings lief das Erprobungsprogramm nicht so reibungslos wie bei der YCH-53A. Während eines Bodenlaufs am 15. September 1974 löste sich der Rotor des ersten Prototyps, der dadurch unbrauchbar wurde. Dies führte zu einer viermonatigen Unterbrechung des Programms, erst im Januar 1975 konnten die Test weitergehen. Es zeigte sich bei der Flugerprobung, dass der Heckbereich ein weiteres Mal überarbeitet werden musste. Bei der ersten von zwei Vorserienmaschinen, die am 8. September 1975 ihren Jungfernflug unternahm, entfielen die tief montierten Heckflächen, dafür wurde Steuerbord, also auf der Heckrotor abgewandten Seite, eine großflächige nach unten hin abgestützte Flosse montiert. Die zweite Vorserienmaschine erhielt einen digitalen Autopiloten, der deutlich mehr Funktionen als das davor verwendete analoge System aufwies. Mit beiden Maschinen erfolgten weitere Flugtests und ein Evaluierungsprogramm bei der US Navy. Erst anschließend, am 27. Februar 1978, wurden sechs Serienmaschinen für 88,8 Mio USD fest bestellt.

Die Übergabe der ersten Serienmaschine fand am 13. Dezember 1980 statt und zwar an die Erprobungsstaffel HMX-1, die anschließend an verschiedenen Standorten aus-

Zwei CH-53E Super Stallions demonstrieren ihre Leistungsfähigkeit indem sie je ein Panzerfahrzeug (rund 12 Tonnen) per Außenlast tragen und trotzdem noch ausreichend schnell fliegen können, um an einer KC-130 aufzutanken.

Eindrucksvoll: Eine MH-53E Sea Dragon der US Navy-Staffel HM-15 Blackhawks. Die Variante ist zwar als Minenräumer optimiert, wird aber auch für Transport- und Hilfseinsätze herangezogen.

führliche Einsatzverfahren unter anderem auch auf einem LPH (Landing Platform Ship, Hubschrauberträger) testete. Mit dem Namen »Super Stallion« versehen konnte die CH-53E ihre Aufgaben dabei mehr als zufriedenstellend erledigen und so stand auch einem deutlich größeren Auftrag nichts im Wege. Schließlich wurden insgesamt 172 CH-53E gebaut (inklusive der zwei Vorserienmaschinen) und kamen bei neun Staffeln des USMC und bei vier Einheiten der US Navy zum Einsatz. Die letzte CH-53E wurde am 24. November 2003 an die USMC-Staffel HMH-461, stationiert auf der Basis New River, North Carolina, geliefert.

In der Anwendung des Minenräumhubschraubers wollte die US Navy die deutlich höhere Leistungsfähigkeit der CH-53E nutzen. Dies ermöglichte unter anderem die Einsatzfähigkeit des Helikopters bei höherem Wellengang. Mit der Bezeichnung YMH-53E hob der erste Prototyp am 23. Dezember 1981 zu seinem Erstflug ab. Die Version erhielt wieder die entsprechende Ausstattung für diese Mission (AMCM Airborne Mine Counter Measures) wie z.B. auch einen digitalen Autopilot, Anhängevorrichtung für das Schleppgeschirr und Außenspiegel. Auch der Luftbetankungsstutzen war wieder vorgesehen. Noch während der Erprobungsphase im Laufe des Jahres 1983 erhielt die YMH-53E vergrößerte seitliche Kraftstoffbehälter, die die Kapazität sehr deutlich von 3850 auf insgesamt 12.113 Liter vergrößerte. Dies ermöglichte Einsätze von bis zu fünf Stunden. Eine erste offizielle Bestellung der US Navy erfolgte 1984, der Jungfernflug der ersten Serienmaschine, die den Namen »Sea Dragon« erhielt, erfolgte dann im Juni 1986. Die Auslieferungen an die US Navy startete ab April 1988. Insgesamt wurden 50 MH-53E bei Sikorsky in Stratford gebaut. Drei Einsatzstaffeln der US Navy (HM-12, HM-14 und HM-15) erhielten die MH-53E. Das Flugtraining für die »Sea Dragon« erfolgt übrigens bei der USMC-Staffel HMT-302 »Phönix« auf MCAS New River in North Carolina. Natürlich werden diese Maschinen bei der USN nicht nur zu Minenräumaufgaben verwendet, sondern nutzen im Routineflugbetrieb ihre enorme Transportleistung zur Unterstützung der US Navy.

Für die S-80 gab es auch einen Exportkunden. Mit der Bezeichnung S-80M-1 erhielt die Japanische Marine insgesamt elf Maschinen. Sie entsprechen überwiegend der MH-53E, haben aber keinen Luftbetankungsstutzen. Die erste kam am 30. November 1989 zur Truppe. Die Maschinen gehören zur 31. Kokugun (Geschwader) und dort zur Staffel 111. Kokutai. Die Einheit ist in Iwakuni im südlichen Japan stationiert. Die verbleibenden zehn Maschinen (eine ging im Jahre 1995 verloren) werden derzeit durch die Augusta Westland MCH-101 (basierend auf der EH-101) ersetzt.

Insgesamt elf S-80M-1 wurden an die Japanische Marine übergeben. Sie entsprechen weitgehend der MH-53E, haben allerdings nicht den Betankungsstutzen. Die großen Sponson der S-80M-1 beinhalten 3200 Gallonen (12.113 Liter) Treibstoff. Sehr schön sind die beiden Spiegel zu erkennen, die zwingend nötig sind, um das Minenräumgeschirr im Wasser kontrollieren zu können.

Leistungsfähigkeit pur: die CH-53K »King Stallion«

Anfang des neuen Jahrtausends drängte das USMC auf eine Lebensdauerverlängerung und Modernisierung ihrer CH-53E-Hubschrauber. Untersuchungen in diese Richtung endeten allerdings in der Sackgasse und so wagte Sikorsky sich im Jahre 2003 an eine deutlich modernisierte und verbesserte Variante der Baureihe. Mit der Bezeichnung CH-53X wurde intern die Entwicklung dieses Typs vorangetrieben. Hauptaugenmerk galt dabei der Integration neuer und leistungsfähigster Triebwerke, um die Nutzlast und Reichweite deutlich zu erhöhen, der Komplettüberarbeitung des Cockpits und Interieurs, sowie dem Einbau modernster Missionsavionik. Die Grundmaße des Hubschraubers sollten allerdings wegen der Handhabung auf Flugzeugträgern (Hubschrauberträgern) erhalten bleiben.

Im April 2006 unterzeichnete das USMC einen Vorvertrag zur Lieferung von insgesamt 156 neuen Hubschraubern mit der nun offiziellen Bezeichnung CH-53K. Darüber hinaus erhielt Sikorsky den Auftrag über drei Milliarden Euro zur Entwicklung des neuen Musters. Ziel war den Erstflug eines Prototyps im Laufe des Jahres 2011 zu realisieren. Im August 2007 erhöhte das USMC die Anzahl der benötigten CH-53Ks von 156 auf 227 Maschinen, später wurde die Anzahl, auch aus Kostengründen, allerdings wieder auf 200 Maschinen reduziert (die operationelle Forderung über 220 CH-53K besteht allerdings weiterhin). Die Entwicklung schritt voran, am 3. August 2010 konnten mit Beendigung des Critical Design Reviews (CDR) die Produktionsvorbereitungen starten. Zu diesem Zeitpunkt war allerdings der Prototyp-Erstflug nicht mehr im Laufe des Jahres 2011 realisierbar und auch die Einführung des Typs, anfangs für 2015 vorgesehen, rutschte nach hinten auf 2018. In Vorbereitung auf die CH-53K investierte Sikorsky 20 Mio. USD und eröffnete schon im Januar 2010 eine moderne Produktionsanlage für das CH-53-Programm.

Am 4. Dezember 2012 stellte Sikorsky den ersten, allerdings ausschließlich für Bodentests vorgesehenen Prototyp vor. Das GTV (Ground Test Vehicle), dessen Fertigung am 1. Januar 2011 begonnen hatte, dient zur Bodenerprobung aller Systeme inklusive der Triebwerke, die im Dezember 2013 begann. Der Bau des GTV und einer Statiktest-Zelle (STA, Static Test Article) erfolgt am Sikorsky Standort in West Palm Beach in Florida.

Auch die vier Vorserienmaschinen (EDM, Engineering Development Model) für die Flugerprobung, Zulassung und Validierung der Missionsprofile wurden dort gebaut. Dieser Auftrag umfasste einen Wert von 435 Mio. USD. Am 24. Januar 2014 zündeten die GE38-1B-Triebwerke erstmals und trieben den Rotorkopf, allerdings noch ohne Blätter, an.

Insgesamt vier King Stallion-Vorserienmaschinen sind für Systemtests und Flugerprobungen im Einsatz.

Am 5. Mai 2014 fand der offizielle Roll-Out des ersten fliegenden Prototyps (es wurde der EDM 2 gezeigt, da der EDM 1, der tatsächlich den Erstflug bestreiten sollte, noch in der Endfertigung und mit wesentlich mehr Testequipment ausgestattet war) in West Palm Beach, Florida statt. Dabei wurde auch der offizielle Name der CH-53K bekanntgegeben: »King Stallion«. In West Palm Beach werden auch die umfangreichen Tests und Erprobungen durchgeführt. Die Tests des STA sowie der sonstigen Einzelkomponenten sowie die Entwicklung bzw. Integration der Avionik und des Fly-by-Wire Sytems finden in Stratford statt. Der 30-minütige Erstflug der EDM 1 (Seriennummer: 169019) erfolgte am 27. Oktober 2015. Der vierte und letzte Prototyp hob am 2. September 2016 zum Jungfernflug ab und somit war die Erprobungsflotte komplett. 2500 Flugstunden sah das anschließende Testprogramm vor. Mitte Oktober 2016 erfolgte in West Palm Beach, Florida die erste, zweiwöchige Truppenerprobungsphase (OT-B1). Hierbei wurden u.a. auch Flüge mit Außenlasten von 12.200 Kilogramm und Einsätze, bei denen eine Last von 5445 Kilogramm über 110 Nautische Meilen (205 km) verfrachtet wurden, durchgeführt. Bei diesen Flügen übernahmen auch erstmals Crews des USMC das Steuer.

Neben den vier fliegenden Prototypen wurden sechs Vorserienmaschinen (SDTA, System Demonstration Test Article) zur Erprobung der speziellen Systeme und Missionsprofile vorgesehen. Die intensive Flugerprobung erfolgte

Für die vielen statischen Tests wurde eine CH-53K STA (Statik Test Article) gebaut, die im Teststand intensiv belastet wird.

Herzstück der CH-53K ist das sehr große, hochkomplexe Hauptgetriebe. Anfängliche Probleme sind mittlerweile überwunden.

Das Erprobungsprogramm der CH-53K King Stallion läuft weiter auf Hochtouren. Mitte 2018 waren schon über 2000 Erprobungsstunden erreicht.

Die neue Heimat der CH-53K? Schon 2018 besuchte ein Prototyp des schweren Hubschraubers Holzdorf, um von dort aus an der ILA 2018 in Berlin teilzunehmen.

mit integrierten Testteams bestehende aus Mitgliedern von Sikorsky, der Beschaffungsbehörde sowie des US Marine Corps. Im Juli 2017 verlegte erstmals eine CH-53K von West Palm Beach auf den Flugplatz NAS Patuxent River, Maryland. Auf Seite des USMC übernahm schließlich die VMX-22, später VMX-1, in New River, North Carolina die Verantwortung für die Evaluierung der King Stallion. In der Folge galt es einige Leistungsnachweise zu erbringen. So wurde eine Außenlast von 36.000lbs (16.329kg) erfolgreich im Schwebeflug gehoben. Im März 2018 konnte schon die Luftbetankungserprobung abgeschlossen, im Juni 2018 die Schwebeflugtests erfolgreich beendet werden. Zu diesem Zeitpunkt waren schon über 2000 Test-Stunden im Flug oder auch am Boden absolviert. Am 16. Mai 2018 lieferte Sikorsky die erste Serienmaschine an das USMC aus. Parallel schritten die Erprobungen voran, so musste das Testteam im zweiten Halbjahr 2018 die Eignung der CH-53K in hoher und heißer Umgebung mit interner Fracht nachweisen. Dabei wurden auch Landungen ohne Außensicht durchgeführt. Auch dieser wichtige Meilenstein konnte die CH-53K eindrucksvoll meistern. Im September 2018 konnte dieser Programmpunkt abgeschlossen werden. Bis Ende des Jahres 2018 erfolgten Tests mit maximaler interner Last und auch die Luftverlade-Zertifizierung der CH-53K in der C-17 und in der C-5 wurde absolviert. Darüber hinaus fand auch die Erprobung der Einsatzverlegung und der Betrieb von einer vorgeschobenen Operationsbasis im Rahmen der ILA 2018 statt. Hierfür wurde die CH-53K (169019) mit einer C-17 zum Luftwaffen Fliegerhorst Holzdorf transport, dort komplettiert und für den Flugdienst vorbereitet.

Merkmale und Fähigkeiten der CH-53K

Bei der King Stallion handelt es sich eigentlich um ein komplett neues Luftfahrzeug, basierend auf den Erfahrungen aus dem Betrieb der weltweiten CH-53 Flotten in den USA, Israel und Deutschland. Die Zelle der CH-53K besteht bis auf wenige zentrale, hochbelastete Spante so gut wie ausschließlich aus Gewicht sparenden Faserverbundwerkstoffen. Durch ihre Halbschalenbauweise ist jedoch die Instandsetzbarkeit im gleichen Maße gewährleistet, wie bei einer klassischen Metallzelle. Durch die USMC-Forderung die nötige Stellfläche, aufgrund der Verhältnisse auf einem Flugzeugträger nicht zu erhöhen, sind die äußeren Abmaße im Vergleich zur CH-53E kaum verändert. Wichtig war allerdings eine Optimierung des Frachtraums, um bis zu drei 463L/HCU-6/E-Standardpaletten und Fahrzeuge wie der HMMWV (»Humvee«, militärische Variante des Hummer) aufzunehmen, auch ohne vorher die seitlichen Truppensitze ausbauen zu müssen. Der Frachtraum ist nun mit 2,60 insgesamt 31cm breiter, als die Standard-CH-53. Die wichtigste Komponente eines neuen Hubschrauberentwurfs ist aber sicher das Triebwerk, das den deutlichen Leistungssprung des neuen Musters auch unter herausfordernden Operationsbedingungen in großer Höhe sowie in sandhaltiger Atmosphäre ermöglichen soll. Die Entscheidung fiel auf das General Electric GE38-1B Aggregat, nun T408-GE-400 bezeichnet, insgesamt drei dieser 7500 HP (5593 kw) leistenden Antriebe wurden vorgesehen. Wie auch bei der CH-53E sind sieben Rotorblätter verbaut (die CH-53G hat allerdings nur sechs Rotorblätter). Neu sind allerdings große Elastomerlager für die Rotorblätter und deren Form, denn die Blattenden sind nach unten gekröpft. Die Blätter bestehen aus Verbundwerkstoffen und weisen eine ca. zwölf Prozent größere Fläche als bisher auf. Die enormen Leistungen der Triebwerke wird durch ein neuentwickeltes Hauptrotorgetriebe mit getrennter Drehmomentaufnahme in Rotation umgewandelt. Die King Stallion kann eine Außenlast von 16.300 kg befördern, das sind über 7000 kg mehr als die CH-53G. Dafür stehen nun drei Lasthaken zur Verfügung. Intern kann die Maschine 9000 kg (z.B. zwei 436L-Paletten mit 4500 kg) transportieren. Insgesamt kann, parallel zur Beladung, 8653 Liter Kraftstoff mitgeführt werden (CH-53G 2340 Liter), dies ermöglicht eine Flugdauer von mehr als vier Stunden. Natürlich wurde auch ein modernes Glascockpit vorgesehen. Die Fly-by-Wire Flugsteuerungssystem ermöglicht ein äußerst unkompliziertes Bewegen des schweren Helikopters und auch z.B. das gefahrlose Landen bei eingeschränkter Bodensicht. Standardmäßig ist auch ein Luftbetankungsstutzen vorgesehen. Die Reisegeschwindigkeit liegt bei 170 Knoten, sie ist somit um ca. 20 Knoten höher als bei den Vorgängermodellen.

Bei der Entwicklung war auch eine Verbesserung der Wartbarkeit wichtiges Ziel. Durch die umfangreichen Erfahrungen mit der CH-53 flossen unzählige Detailverbesserungen ins Design ein, die der Langlebigkeit und Wartbarkeit zu Gute kommen sollen. So wurde z.B. die vordere Fahrwerksklappe eliminiert, da bei den Vorgängermodellen hier immer wieder Defekte auftraten. Nicht zuletzt auch aufgrund der vielen neuen Komponenten zeigten sich im Rahmen des Entwicklungsprogramms diverse technische Probleme. Insbesondere das mannsgroße, sehr komplexe Hauptgetriebe musste dem enormen Drehmoment Tribut zollen. Diverse Teilkomponenten mussten komplett neu entworfen und angefertigt werden. Viele Detailtests waren nötig, um die dynamische Belastung bis in die Details hin unter voller Belastung vorab zu verifizieren. Dieser sehr zeitintensive Prozess war der Hauptgrund, warum der Erstflug sich fast vier Jahre verzögerte. Dieses kritische Problem scheint jetzt allerdings überwunden. Während der anspruchsvollen Erprobungsflüge traten aber natürlich diverse weitere Unzulänglichkeiten auf. So zeigten sich diverse Überhitzungsprobleme bei den Triebwerken und auch die umliegende Struktur der Antriebe litt unter der thermischen Belastung stärker als erwartet. Ein wichtiges Thema betrifft das linke, hintere Triebwerk. Da der Abgasstrahl des vorderen Triebwerks, zwar über ein Rohr abgelenkt, aber doch direkt vor dem Lufteinlass des hinteren Triebwerks liegt, kann, insbesondere am Boden und durch ungünstige Winde, der sauerstoffarme Strom ins hintere Triebwerk gelangen. Dies führt dann zu einem deutlichen Leistungsabfall des dritten Aggregats im Startvorgang. Aufgrund dieser Problematik muss Sikorsky nun die Abgasführung des vorderen Triebwerks anpassen. Ebenso konnte abweichende bzw. sich unterscheidende Geschwindigkeitsangaben festgestellt werden. Viele weitere Detailprobleme wurden durch das rigorose Testprogramm sichtbar und müssen vor der Einführung der Maschine behoben werden.

Aktuell wird die Erprobung mit Hochdruck weitergeführt. Für die Jahre 2019 und 2020 gilt es noch diverse wichtige Meilensteine zu bestehen. Anfang 2019 konnte die Avionik erfolgreich zertifiziert werden. Im Juni 2019 soll ein erweitertes Einsatzspektrum getestet werden. Anschließend folgen ausführliche Tests der Blattfaltanlage, weitere Luftbetankungsversuche sowie erste Lande-, Stell- und Handling-Erprobungen auf schwimmenden Einheiten. In 2020 soll dann nochmal eine verfeinerte Flugkontroll-Software validiert werden, eine spezielle Testkampagne in hohem und heißem Gelände steht auf dem Programm und auch die Blitzbeständigkeit muss noch nachgewiesen werden.

Nachdem deutlich wurde, dass das Erreichen der sogenannte Initial Operating Capability (IOC) bis Ende 2019 nicht mehr möglich sein würde, musste der Zeitplan komplett neu aufgesetzt werden. Realistisch ist, dass die dem IOC vorangehenden Abnahme- und Testkampagnen Anfang 2021 starten sollen. Das IOC kann dann frühestens Ende 2021 erteilt werden. Als Ziel möchte das USMC in der Lage sein, zwischen 2023 und 2024 erste Einsatzverlegungen mit der CH-53K durchführen zu können. Das Vertrauen in die King Stallion ist weiterhin groß. So befinden sich bei Sikorsky in Standford Mitte 2019 schon über 20 CH-53K in verschiedenen Stadien im Bau. Es sollen bei der USMC acht Einsatzstaffeln sowie drei Ausbildungs- und Reserve-Einheiten mit der King Stallion ausgerüstet werden.

Auch international besteht bei einigen Ländern mittlerweile großes Interesse an der Maschine. Neben Deutschland, das gerade eine Ausschreibung veröffentlicht hat, an der Lockheed Martin/Sikorsky mit der CH-53K teilnimmt, hat Israel und auch Japan einen konkreten Bedarf am großen Transporthubschrauber zum Ausdruck gebracht. Beide Länder verfügen ja schon über eine lange Erfahrung mit dem Vorgängermodell aus dem Hause Sikorsky.

Die CH-53K King Stallion ist der zurzeit mit Abstand leistungsfähigste Hubschrauber der Welt, sie ist eigentlich der einzige moderne Schwerlasthubschrauber. Die Kombination von Nutzlast und Reichweite ist beeindruckend und deutlich höher als beim Vorgängermodell CH-53E. Dadurch wird das USMC in die Lage versetzt werden entweder deutlich weniger Flüge durchführen zu müssen, oder in derselben Zeit höhere Lasten verbringen zu können. Durch diese Leistungsfähigkeit aber auch durch die moderne und vielseitige Ausrüstung bedeutet der King die Zukunft der schweren Transporthubschrauber.

Dieses Bild zeigt die Leistungsfähigkeit der CH-53K. Mit hoher Ausladung und ausreichender Geschwindigkeit bei der Luftbetanken an einer Herkules. Das moderne Fly-by-Wire ermöglicht relativ einfaches Bewegen des schweren Hubschraubers auch in Extremsituationen.

RESCUE

Obwohl das CH-53K-Programm dem ursprünglichen Zeitplan hinterher hinkt, sind mittlerweile erste Serienmaschinen an das USMC ausgeliefert.

Insgesamt 200 CH-53K werden von den USMC beschafft werden. Weitere Interessenten kommen aus Israel, Japan und Deutschland.

Im April 2018 gab die CH-53K ihr Debut außerhalb der USA auf der ILA 2018. Hierfür wurde eine Maschine nach Holzdorf überführt, dort fand dann Zusammenbau und Einflug statt. Mit dabei u.a. Teams von Sikorsky und dem USMC. In der Mitte zu sehen: Der Sohn des Firmengründers Igor Sikorsky, Sergei I. Sikorsky, der in den 70er Jahren auch maßgeblich bei der Lizenzfertigung der deutschen CH-53G eingebunden war.

Der mittlere Transporthubschrauber für die Bundeswehr

Als Mitte der 60er-Jahre der damalige US-Präsident John F. Kennedy statt der breitflächig angelegten »Massiven Vergeltung«, die Doktrin »Flexible Reaktion« favorisierte und später auch einführte, bedeutete dies auch ein Umdenken der gesamten Militärstrategie des westlichen Bündnisses. Der Begriff »Vorneverteidigung« rückte in den Mittelpunkt der militärischen Überlegungen. Dies bedeutete, dass die Verteidigung des Bündnisses direkt an die Grenzen des Warschauer Paktes rückte. Das wiederum setzte flexible und ausreichend große Transportkapazitäten für die Landstreitkräfte voraus. Dazu zählte auch das Einführen von entsprechendem Fluggerät basierend auf den neuen Vorgaben.

Die Heeresflieger waren zu diesem Zeitpunkt allerdings nicht in der Lage, derartige Anforderungen zu erfüllen, obwohl die Truppe eine respektable Größe bezüglich Gliederung und Ausrüstung erreicht hatte. Drei Heeresfliegerstäbe auf Regimentsebene, 13 Heeresfliegerbataillone, dazu die Schule und Staffeln mit besonderen Aufgaben standen bereit. Doch so vorteilhaft diese Gliederung der Heeresflieger auch war, blieb das Transportangebot selbst bei Zusammenfassung mehrerer fliegender Verbände mit ihren Kolbenmotor getriebenen Sikorsky H-34G und Piasecki (später Vertol) H-21C (V-43) - Hubschraubern ungenügend. Der Bedarf des Heeres an schneller Bewegung von Truppen, Material und Verwundeten rückte in den Vordergrund und war nun deutlich größer.

Zwar hatte sich die militärische Führung schon frühzeitig Gedanken bezüglich turbinengetriebenem Gerät ge-

Das Transportangebot mit ihren Kolbenmotor getriebenen Piasecki (später Vertol) H-21C-Hubschraubern war Anfang der 60er-Jahre bei den Heeresfliegern trotz ihrer Vielzahl recht bescheiden.

Auch mit den Sikorsky H-34G-Hubschraubern konnte die Transportmisere nicht beseitigt werden.

macht, doch der dringende Bedarf der in Aufstellung befindlichen Heeresfliegertruppe ließ es nicht zu, auf die Verfügbarkeit eines »truppenreifen« Turbinenhubschraubers zu warten und so war die Wahl auf die H-34G bzw. H-21C gefallen.

Sowohl bei Sikorsky (S-61 und S-62) als auch bei Vertol (V-107) befanden sich in den Jahren 1958/59 die ersten turbinengetriebenen Transporthubschrauber in der Entwicklungs- bzw. Prototypenphase. Diese wollte man sich bei der deutschen Heeresführung genauer anschauen. Präsentationen fanden im Jahre 1959 mit der Sikorsky S-62 in Celle und mit der Vertol V-107 in Niedermendig statt. In dieser Zeit nahm man auch die Bristol192 Belvedere, die Westland Westminster und die französische Sud-Est S.E. 3200 Frelon unter die Lupe. Aus all den theoretischen Bewertungen, Firmenbesuchen und fliegerischen Kurzeinweisungen kristallisierten sich die Sikorsky S -61 und die Vertol V-107 als Favoriten heraus. Doch im September 1960 verschob die militärische Führung die erwartete Entscheidung über eine Auswahl eines neuen Transporthubschraubers auf unbestimmte Zeit. Man wollte Sikorsky die Gelegenheit geben, die Erprobung der damals überarbeiteten S-61-Version abzuschließen, um gegenüber der Vertol V-107, die technisch im Vorteil war, einen besseren Vergleich ziehen zu können.

Sowohl bei Sikorsky als auch bei Vertol waren in den Jahren 1958 und 1959 die ersten turbinengetriebenen Transporthubschrauber in der Entwicklungs-bzw. Prototypenphase. So war es für deutsche Militärs selbstverständlich sich diese neuen Luftfahrzeuge vor Ort, wie hier bei Vertol den V-107-Prototypen, zeigen zu lassen. Diese Aufnahme entstand am 23. April 1959. Teilnehmer der Delegation waren unter anderem General Johannes Steinhoff und General Josef Kammhuber.

Der Bedarf für einen Hubschrauber der mittleren Klasse änderte sich in diesen Jahren mehrfach. Vor allem das Heer drängte stets auf eine rasche Entscheidung und fokussierte sich dabei eigentlich mehr auf die Boeing-Vertol V-114 (CH-47A) Chinook, die bei Vertol die V-107 ablöste. Nicht zuletzt aus den Vietnam-Erfahrungen heraus sah das Heer nun in der Chinook einen idealen Hubschrauber.

Der fliegende Kran S-64

Parallel zur Betrachtung eines Nachfolgemusters für H-34 und H-21 gab es seitens des Bundesministeriums für Verteidigung (BMVg) auch Interesse an der bei Sikorsky laufenden Entwicklung eines Kranhubschraubers. Deutsche Militärs waren von dem universell einsetzbaren Hubschrauber-Konzept sehr angetan. Zumal es den bis dato bezüglich Größe, Gewicht und Transportleistung größten Hubschrauber der westlichen Welt projektierte.

Hintergrund bei den Betrachtungen waren Anfang der 60er Jahre unter anderem auch die Forderung der NATO einer NBMR (NATO Basic Military Requirement), die eine Konzeption für senkrecht startende Kampfflugzeuge als Nachfolger der Fiat G.91 und den Lockheed Starfighter forderte. Auf nationaler Ebene wurden somit die großen Entwicklungsprogramme der Entwicklungsring Süd VJ 101, Dornier Do 31 und der VAK 191 begonnen. Für diese neue Kampfflugzeuggeneration, die von unbefestigtem Gelände versteckt in Waldlichtungen aus operieren konnte, mussten Kraftstoff, Betriebsmittel, Waffen und Munition bereitgestellt, bzw. die Versorgung sichergestellt werden. All das schien der kolbenmotorgetrieben Sikorsky S-60 Kranhubschrauber leisten zu können. Im Jahre 1959 konnte dies bei einem Besuch einer deutschen Militär Delegation im Sikorsky-Werk durch Testpiloten erfolgreich unter Beweis gestellt werden. Hintergrund der speziellen Kran-Entwicklung war eine Initiative von Igor Sikorsky, der davon überzeugt war, dass der Mehrwert eines Hubschraubers vor allem im Heben schwerer Lasten in unzugänglichem Gelände bestand. Er fragte sich ob ein Rumpf überhaupt von Nöten sei und beschränkte sich mit seiner Idee auf ein Gestell mit einem Cockpit, Motoren und einem Rotor.

So begann man bei Sikorsky in Eigenleistung aus dem kolbengetriebene S-56 (H-37 Mojave Hubschrauber mit Kabine), den »Fliegenden Kran« S-60 zu entwickeln, wobei man die dynamischen Komponenten der S-56 übernahm. Doch die Leistung war schließlich so schwach, dass Sikorsky recht schnell dazu überging, aus dem kolbenmotorgetriebenen S-60-Demonstrator, der am 3. April 1961 abstürzte, einen turbinengetriebenen Kranhubschrauber, jetzt mit der Bezeichnung S-64, zu entwickeln. (Im Jahre 1958 hatte Igor Sikorsky die Bundesrepublik besucht, um im Rahmen eines Hubschrauberforums bei Andernach, über seine Hubschrauber-Entwicklungen zu referieren. Schon hier stand die Kranhubschrauberidee im Mittelpunkt.) Da dieses Entwicklungskonzept in deutschen Militärkreisen auf fruchtbaren Boden fiel und Sikorsky auch viel Zustimmung bei der Bundesregierung erntete, beteiligte sich die Bundesrepublik mit ca. 40 Mio. DM an diesem revolutionären Hubschrauberprogramm. Sie kaufte im Jahre 1961 zwei dieser S-64 Hubschrauber Prototypen und finanzierte auch das Flugtestprogramm. Dafür hatte United Aircraft Corporation (UAC) ihrem Tochterunternehmen Sikorsky die Genehmigung erteilt, mit der deutschen Weser Flugzeugbau GmbH, kurz Weserflug, eine Zusammenarbeit zwecks einer Weiterentwicklung durchzuführen. Das Unternehmen UAC hielt seit 1958 an der Weserflug Anteile. Die Firma Weserflug beteiligte sich nun mit bis zu zehn Ingenieuren an der Entwicklung, die bei Sikorsky in Stratford, Connecticut stattfand. Als junger Mitarbeiter von Weser Flugzeugbau war auch der spätere Projektleiter des zweijährigen Skycrane-Testprogramms, Dipl. Ing. Ulrich Heider an der Entwick-

Mit der WF-S-64, D-9510, wurden sperrige Lasten zum Bau des Gotthard-Basistunnels auf eine Höhen von 2180 m transportiert und damit seine prädestinierte Rolle zum Transport von schweren Gütern in unwegsamen Gelände unter Beweis gestellt.

Insgesamt konnte sich der WF-S- 64 jedoch nicht durchsetzen. Zwar unterstützte das Verteidigungsministerium das WF-S-64-Erprobungsprogramm noch bis in das Jahr 1965, legte es dann aber ad acta. Beide Hubschrauber wurden wieder an Sikorsky zurück verkauft. Sie wurden seefest verpackt und im Jahre 1968 in die USA verschifft.

lung beteiligt. Er war in das Sikorsky Entwicklungsteam eingebunden und als Statiker mit verantwortlich für den vorderen Rumpfbereich.

Die Planung sah vor, dass der erste Prototyp bei Sikorsky verblieb und die zwei folgenden Prototypen der Bundesrepublik zur Verfügung stehen sollten. Die deutsche Zulieferindustrie war ebenfalls mit eingebunden. So lieferte unter anderem BMW Turbo das Hilfstriebwerk und VDO diverse Instrumente im Cockpit. Im Jahre 1961 fand dann eine Attrappenbesichtigung der vorderen Rumpfsektion seitens des BMVg statt. Die Ausbildung der Piloten begann im September 1962 bei Sikorsky in den USA. Bei dieser Ausbildung im Werk wurde den deutschen Piloten unter anderem auch das Mock-Up des neuen Transporthubschraubers, S-65 (militärischen Bezeichnung CH-53A) gezeigt. Dieser Hubschrauber befand sich zu dieser Zeit gerade in der Entwicklung für das US Marine Corps (USMC). Die öffentliche Präsentation des bis dahin größten Hubschraubers des westlichen Bündnisses, Sikorsky S-64 Skycrane, erfolgte im Juni 1962 (Erstflug, 9. Mai 1962). Der von zwei Pratt&Whitney JFTD-12A1 Turbinen mit je 4620 Wellen PS (3398 kW) angetriebene Hubschrauber konnte sechs Tonnen Last über eine Entfernung bis zu 320 km oder zehn Tonnen über entsprechend geringere Entfernung transportieren. Er erreicht eine Reisegeschwindigkeit von etwa 177 km/h. Im Jahre 1963 wurden die zwei für die Bundesrepublik vorgesehenen S-64-Prototypen per Schiff nach Einswarden/Nordenham verfrachtet. Es handelte sich dabei um WerkNr. 64002 und WerkNr. 64003. Der zweite Prototyp hatte in den USA bereits ca.100 Flugstunden als N305Y absolviert. Von Weserflug (mittlerweile aufgegangen in den Vereinigten Flugtechnischen Werken, VFW) wieder aufgerüstet und auf die deutschen Wünsche umgebaut, wurden die Maschinen im September 1963, jetzt mit der Bezeichnung WF-S-64 und den militärischen Erprobungskennzeichen D-9510 und D-9511 zum Truppenversuch an die Heeresfliegerwaffenschule in Achum überführt. Dieser Truppenversuch umfasste Flüge mit verschiedenen Außenlasten u.a. mit einer von Weserflug entwickelten Kabine.

Ulrich Heider war zu dieser Zeit sowohl bei dem Truppenversuch als auch als Flugversuchsingenieur bei der ErpSt 61 in Oberpfaffenhofen dabei. Dort erfolgte die weitere Erprobung der WF-S-64. Nach Einweisung deren Besatzungen testete auch die Luftwaffe die WF-S-64, D-9510 (WerkNr. 64002 später LA+112) und die D-9511 (WerkNr. 64003, ex N306Y, später LA+113), wobei das Erprobungsprogramm zwei Jahre in Anspruch nahm.

In dieser Zeit versuchte VFW dieses zukunftsweisende Hubschrauber-Konzept für eine kommerzielle Nutzung durch spektakuläre Aktionen unter Beweis zu stellen. So zum Beispiel im Jahre 1964 als im Rahmen der Hannover-Messe eine VFW-Besatzung mit dem Kran einen fast 30 m hohen Freileitungsmast auf einem dafür vorgesehenen Fundament platzierte. In den Jahren 1964 und 1965 half der Hubschrauber in der Schweiz beim Bau des Gotthard-Basistunnels, Bohrgerät auf eine Höhen von 2180 m zu transportieren.

Die bisher während seiner zweijährigen Einsatzerprobung in Deutschland und auch in der Schweiz gemachten Erfahrungen waren insgesamt vielversprechend, der Kran-Hubschrauber hatte die für ihn prädestinierte Rolle zum Transport von schweren Gütern im unwegsamen Gelände bewiesen.

Insgesamt konnte sich der WF-S- 64 jedoch nicht durchsetzen. Für das Heer war das Kapitel Kran allerdings bereits schon im Jahre 1963 beendet, denn man konnte den Bedarf für einen derart spezialisierten Hubschrauber nicht völlig nachweisen. Das Konzept der wechselbaren Kabinen und damit die Erhöhung der Flexibilität wurde unter anderem aufgrund der benötigten Menge von Passagierkabinen, Funktionskabinen und Transportplattformen und deren Rückführung als logistisch nicht durchführbar bewertet. Für die Luftwaffe hatte sich das Thema Versorgung der Senkrechtstarter durch das Wegfallen dieser Einsatzform und der kompletten Musterauflösung erübrigt. Das Verteidigungsministerium unterstütze das WF-S-64-Erprobungsprogramm zwar noch bis in das Jahr 1965, legte es dann aber ad acta. Beide Hubschrauber fanden anschließend ihren Weg via Schiff zurück zu Sikorsky.

Realisierung

Der Weg zur Einführung bei der Bundeswehr

Auf deutscher Seite stand in den Jahren 1963 bis 1965 die Erprobung des WF-S-64 im Mittelpunkt. Dies war auch der Beginn einer Reihe von weiteren Truppenversuchen im Zusammenhang mit der Beschaffung eines neuen Transporthubschraubers, offiziell als mittlerer Transporthubschrauber (MTH) bezeichnet. Das Jahr 1964 stand im Zeichen von theoretischen Überlegungen zum MTH und den praktischen Erprobungen der zur Verfügung stehenden Kandidaten. Man hatte festgestellt, dass der Transport von Luftlandekräften mit entsprechendem Gerät durch die vorhandenen Hubschrauber mit ihrem verfügbaren Transportraum bei weitem nicht ausreichte. Die politische Beschaffungsunsicherheit bezüglich eines speziellen Hubschraubertyps oder einer bestimmten Gewichtsklasse zeigte sich auch in der Rede von Verteidigungsminister von Hassel bei einer Veranstaltung am 16. Juni 1964 vor dem Bundesverband der deutschen Luft- und Raumfahrtindustrie (BDLI) in Bad Godesberg:

»[...] die Entscheidung ob wir einen mittleren Hubschrauber einführen oder nicht, hängt nicht nur von den militärischen Forderungen ab, die die Einführung bejahen. Die Frage der Einführung eines solchen Hubschraubers hängt auch im Wesentlichen von der finanziellen Situation ab. Die Verzögerung in der Entscheidung ist darauf zurückzuführen, dass wir zunächst bei der Umstellung der Haushalte die notwendigen langfristigen Planungen überprüfen müssen, also nicht nur die Jahre 1964 und 1965 sondern auch die überschaubaren Jahre nach 1965. Es wird sie aber interessieren, dass wir gestern aufgrund einer sehr umfassenden Vorlage, die mir die Führungsstäbe der Teilstreitkräfte vorgelegt haben, eine Entscheidung getroffen haben. Wir sind [...] insofern entschlossen, einen Typ (MTH) einzuführen und wir haben lediglich noch eine zusätzliche Untersuchung angeordnet, ob noch ein kleinerer Hubschrauber mit anderen Aufgaben, die mit dem mittleren Hubschrauber Sikorsky nicht erfüllt werden können, in die Erprobung genommen werden soll [...]«.

Die militärische Führung zog aus der von Minister von Hassel zitierten Vorlage die Schlussfolgerung, dass ein Hubschraubertyp für alle drei Teilstreitkräfte, also für alle Missionen, nicht hinreichend sein würde. Mindestens zwei Muster waren vonnöten. Dadurch stellten sich die Weichen einer Lösung mit zwei, einem leichten und einem mittleren Hubschrauber. Die Vorlage von 1964 forderte eine sogenannte Feldüberprüfung der Muster Bell UH-1D, Boeing-Vertol V-114 (CH-47A) Chinook und Sikorsky S-61R. Der Bedarf wurde dann wie folgt beziffert:

Das Heer benötigt nach den Vorstellungen von 1964 221 Bell UH-1D und 137 Chinook in einem Gesamtwert von DM 1,344 Mrd. Wird eine Entscheidung zugunsten der S-61R (nur ein Hubschraubertyp zu beschaffen) getroffen, so stellt die Vorlage fest, dass dann 237 Hubschrauber benötigt würden. Die Luftwaffe kam in der damaligen Studie zu der Feststellung, dass die Auswahl eines mittelschweren Hubschraubers bis nach 1970 zurückgestellt werden könne, da die entsprechenden Missionen noch nicht festgelegt waren. Da die Marine zu diesem Zeitpunkt noch kein Programm diesbezüglich in der Planung hatte, bestand kein Handlungsbedarf. Für November 1964 wurde dann eine abschließende Behandlung des Themas angekündigt.

Das Interesse an der Chinook als einem idealen Hubschrauber hatte sich mittlerweile zugunsten der Sikorsky S-61 gewandelt. Nach einer Vorentscheidung vom Sommer 1964 wurden daraufhin drei S-61 in der Bundesrepublik erprobt. Zwischenzeitlich hatte Sikorsky im Auftrag der US Air Force die S-61 zur S-61R (CH-3C) mit geändertem Rumpf und Laderampe weiterentwickelt und so fand im August 1964 an der HFlgWaS ein Truppenversuch mit drei modifizierten CH-3C der USAF (63-9686, 63-9687 und 63-9688) statt. Diese mit S-61R-10 bezeichneten Maschinen wiesen stärkere Triebwerke, ein starres Fahrwerk ohne Sponsons/Schwimmer, Hauptrotorblätter mit geänderten trapezförmigen Blattspitzen und einem während der laufenden Erprobung eingerüsteten, vergrößerten Heckrotor auf. Die Erprobung umfasste Beladeversuche, Leistungsflüge, Innen- und Außenlasttransporte sowie einen Anteil Gebirgserprobung. Insgesamt umfasste das Programm 175 Flugstunden. Die S-61R-10 zeigten gute Flugeigenschaften, ihre Leistungen blieben jedoch vor allem im Gebirge weit hinter den Erwartungen zurück. Als europäisches Muster in der benötigten Leistungsklasse befand sich zu dieser Zeit die Sud Aviation SA 3210 Super Frelon Frelon in der Werkserprobung. Vor allem auf Wunsch des damaligen deutschen Verteidigungsministers Franz Josef Strauß war diese ebenfalls zu berücksichtigen. Diesbezüglich fand bereits im Jahre 1962 ein Treffen des deutschen und des französischen Verteidigungsministers Pierre Messmer statt. Das Vorgängermuster SE 3200 Frelon erwies sich als nicht konkurrenzfähig.

Am Auswahlverfahren für einen mittleren Transporthubschrauber nahm auch die SNIAS-SE 321 J Super Frelon teil. Im Oktober und November 1964 wurden die Prototypen No.04 (F-ZWWI) und No.05 (F-ZWWJ) für ca. vier Wochen bei der HFlgWaS in Bückeburg durch ein Erprobungsteam bewertet.

Vor allem durch die Weiterentwicklung der dynamischen Komponenten entstand die dreimotorige SA 3210 (321) Super Frelon. Im Oktober und November 1964 wurden die Prototypen No. 04 (F-ZWWI) und No. 05 (F-ZWWJ) für ca. vier Wochen bei der HFlgWaS in Bückeburg durch Piloten aller Teilstreitkräfte und Prototyp No. 03 in Istres bewertet.

Inzwischen hatte man im Luftwaffenamt den Typenvergleich Hubschrauber durchgeführt. Abschließend bewertet werden sollte der militärischen Nutzen der Muster Bell UH-1D, S-61R, SA 3210 und der in den USA in der Truppenerprobung befindlichen Vertol V-114 (CH-47A, ex HC-1B Chinook). Dabei wurde die Super Frelon als nicht geeignet eingestuft.

In dieser Bewertung kam man (wieder einmal) zu dem Schluss, statt der bisherigen Absicht ein Muster mit ca. 3,5 Tonnen Nutzlast einzuführen, eine Mischung aus zwei Mustern zu beschaffen, zum einen die UH-1D als leichten Transporthubschrauber (LTH) mit 1-1,5 Tonnen Nutzlast (dazu kam es dann im Januar 1965) und zum zweiten die Vertol CH-47 als mittleren Transporthubschrauber (MTH) mit 5,5-6,5 Tonnen Nutzlast. Diese, von Anforderungsprofilen der Luftwaffe und des Heeres geprägte Studie, deckte sich mit der Ansicht führender Stellen im Heer. Im Verteidigungsausschuss kam es dann zu einer harten Diskussion, in der neben der Typenauswahl auch die Einbindung der deutschen Industrie eine Rolle spielte. Aufgrund des Beschlusses der Parlamentarier wurde dann eine längere Truppenbrauchbarkeitsprüfung der Muster Boeing-Vertol CH-47 und der Sikorsky CH-53, dessen Prototyp im Jahre 1964 seinen Erstflug durchgeführt hatte und sich gerade in der Erprobungsphase befand, ins Auge gefasst.

Generalmajor von Baer (damals stellvertretender Kommandeur des III. Korps, vorher Inspizient der Heeresflieger und der Luftlandetruppen) hielt im Juni 1965 in einem Brief seine Gedanken zum zukünftigen Transporthubschrauber fest. Danach sollte dieser mittlere Transporthubschrauber einfach und feldverwendungsfähig gehalten werden. Außerdem seien Maximalgeschwindigkeit, maximale Reichweite und Nutzlast zu begrenzen. Ein Aktionsradius von 100-200 km sei ausreichend und ein allwetterfähiger Einsatz sollte möglich sein.

Da es aber immer noch Unstimmigkeiten in der Beurteilung der Lage gab, beauftragte das BMVg Ende 1965 die Führungsakademie der Bundeswehr in Hamburg, eine »Planuntersuchung Transporthubschrauber« durchzuführen. Diese basierte auf den Leistungsdaten der CH-47 und beinhaltete Lufttransport, Luftlandungen und die Bedrohung der Luftfahrzeuge.

Nach deren Fertigstellung wurde unter dem Begriff Hubschrauber-Planuntersuchung »Hummel« am 24. Februar 1966 vom damaligen Leitenden Kommandeur der Führungsakademie, Generalmajor Jürgen Bennecke, das

Ergebnis der Untersuchung dem Bundesminister der Verteidigung zur Weiterleitung an die entsprechenden Dienststellen und dem Truppenamt übergeben. Des Weiteren wurde das Ergebnis dem damaligen Generalinspekteur Heinz Trettner, dem Inspekteur des Heeres Ulrich de Maiziere, dem Inspekteur der Luftwaffe Werner Panitzki und weiteren Generalen vorgetragen.

Im Einzelnen enthielt diese Untersuchung folgende Schwerpunkte:

- Die Ausgangslage, die unter anderem Stärke und Gliederung der im Bereich eines Korps mit den zurzeit vorhandenen und geplanten Heeresfliegerteilen sowie die logistische Versorgung der Hubschrauber durch die Luftwaffe darstellt.
- Gefechtssituation 1: Modell für die Untersuchung des mittleren Hubschrauber Transport Bataillons (mHubschrTrspBtl) zum Transport von Truppen in einer und in zwei Wellen zum Schutz einer offenen Flanke unter den Bedingungen des nichtatomaren Gefechts und bei geringer Lufttätigkeit. Hierbei wurden vor allem Zeitberechnungen für Zuführung von Infanterieverbänden aus der Korpsreserve im Landmarsch und unter Zuhilfenahme von Transporthubschraubern ermittelt. So auch Zeitberechnungen für die Zuführung von zwei Grenadierverbänden aus der Korpsreserve im Lufttransport in zwei Wellen. Bewertung der Kampfkraft einer Eingreifreserve, die von einem mHubschrTrspBtl in einer Welle eingeflogen wurde.
- Gefechtssituation 2: Modell zur Untersuchung von Möglichkeiten und dem taktischen Wert einer Luftlandung eines Infanterieverbandes zur Verstärkung eines Riegels bei einem atomaren Krieg und bei starker feindlicher Lufttätigkeit.
- Unter anderem wurde hierbei der Einfluss des Wetters auf Verbands- und Einzelflüge im Raum zwischen der Lüneburger Heide und dem Harz unter besonderer Berücksichtigung der Herbstmonate, Gefährdung von Hubschraubern durch feindliche Fliegerkräfte, Gefährdung von mTrspHubschraubern durch A-Detonationen mit entsprechenden Zeitberechnungen untersucht.
- Gefechtssituation 3: Modell zur Untersuchung der Leistungsfähigkeit eines mHubschrTrspBtl für die Luftversorgung zwischen einem Depot und eines Bereitschaftsraumversorgungspunktes.
- Hierbei handelte es sich unter anderem um die organisatorische und technische Durchführung des Luftumschlags in Versorgungspunkten, der entsprechende Zeitbedarf auch im Vergleich zur Luftversorgung auf dem Gefechtsfeld durch Transportflugzeuge der Luftwaffe aber auch um den Einsatz des mHubschrTrspBtl (mittleres Hubschrauber-Transport-Bataillon) für sanitätsdienstliche Aufgaben.
- Gefechtssituation 4: Modell zur Untersuchung der Möglichkeit einer Luftversorgung durch mTrsp-Hubschr zwischen Korpsversorgungspunkt und Truppe, die von erdgebundener Versorgung abgeschnitten ist.
- Hierbei untersuchte man die Durchführung eines Transportfluges im Verband unter Nachtflugbedingungen und Luftlandung in mondheller Nacht und die Verwundbarkeit des Hubschraubers im Verbands- und Einzelflugs gegen Erdbeschuss vor allem durch Fliegerabwehr bei kurzem Überflug von feindbesetzten Geländeteilen.

Als Ergebnis der Studie war zu lesen: »[...] Das Heer benötigt eine eigene entsprechend große luftbewegliche Komponente und dazu einen geeigneten, großen Transporthubschrauber.[...] Die Aufgabe kann nur gelöst werden, wenn die Heeresflieger über einen Transporthubschrauber verfügen, der etwa sechs Tonnen Nutzlast aufnehmen kann. Jede andere Lösung ist aus personellen Gründen nicht realisierbar und die Umrüstung soll so schnell wie möglich eingeleitet werden. [...]«

Das Hauptaugenmerk legte man aber auf den etwas moderneren CH-53A (S-65)-Hubschrauber von Sikorsky, der auch bereits vom amerikanischen Marinecorps bestellt worden war.

Fast ein Jahr nach der ersten Auswahlkampagne im März 1966 hatte man eine neue Erprobungsmannschaft zusammengestellt und auf Reise in die USA geschickt. Die Erprobung begann bei Sikorsky Aircraft in Stratford am 10. April 1967 und endete am 30. April. Dafür hatte Sikorsky einen CH-53A-Hubschrauber aus der Serienproduktion bereitgestellt. Auf dem Bild zu sehen: Thomas Helmacy und Gerald Otton, beide Lehrer der Service School, von deutscher Seite Bruno Radtke, Wilhelm Nattkamp, Walter Neumann, Klaus Ossman, Karl Hiergeist, Joachim Diel, Ernest-Georg Broszio, Otto Wiswe, Hans-Joachim Worm, Wolfgang Trester und Charles Dutton von der Service School und William Goepel, Sikorsky Field Representative.

Zu einem ähnlichen Ergebnis kam eine Lufttransportstudie der Abteilung Operations Research (OR) in Ottobrunn. Der Auftrag für den neuen Hubschrauber lautete: Transport von luftbeweglichen Eingreifreserven, palettierten Mengenverbrauchsgüter, geländegängigen Kraftfahrzeugen mit Besatzung, Transport einer Haubitze als Außenlast mit Munition bis zu etwa sechs Tonnen über eine Distanz von ca. 300 km.

Die einzigen beiden westlichen Muster, die diese Leistungsdaten zu dieser Zeit erfüllen konnten, waren die seit 1960 für die US Army entwickelte und in Vietnam im Einsatz stehende Vertol V-114 (CH-47A Chinook) und die seit 1962 für das USMC in Entwicklung befindliche Sikorsky S-65 (CH-53A).

Um dieser Forderung gerecht zu werden, entschloss man sich beim Führungsstab des Heeres, zusammen mit der Hauptabteilung Rüstung im Ministerium, die beiden oben erwähnten Hubschrauber einem Vergleichstest zu unterziehen. Erst nach dem Endergebnis sollte die Entscheidung über einen der beiden Hubschraubertypen getroffen werden. Es wurde eine Erprobungsmannschaft, bestehend aus Mitgliedern von Heer, der Luftwaffe, des BMVg und des BWB (E-Stelle 61), gebildet. Sie hatte den Auftrag, beide Hubschrauber in den USA auf ihre Verwendbarkeit bei den Heeresfliegern hin zu untersuchen.

Geleitet wurde das Team von OTL Kurt W. Schütt, Dezernatsleiter im Heeresamt für die Organisation der Heeresflieger. Zum Team gehörte ferner von den Heeresfliegern, Major Röper (Pilot), Major Müller (Elektronik) und HFW Wiswe (Pilot), von der Luftwaffe Major Hoffmeister (Pilot), Hauptmann Cornelius (Luftfahrzeugtechnik), vom Ministerium Regierungsoberbaurat Dipl.-Ing. Neuheuser und von der Erprobungsstelle 61 für Luftfahrtgerät Regierungsoberbaurat Carl Bode.

Die Erprobung begann am 13. März 1966 beim US Army Aviation Warfighting Center in Fort Rucker, Alabama USA und dauerte bis zum 19. März 1966. Die US Army hatte der Bundeswehrabordnung eine fabrikneue Boeing-Vertol CH-47A zur Verfügung gestellt. Das Flugerprobungsprogramm umfasste die Überprüfung:

- der Flugleistungen,
- des Flugverhaltens in besonderen Lagen,
- der Autorotationsfähigkeit,
- der Geländeflugfähigkeit und
- der Nacht- und Instrumentenflugfähigkeit.

Darüber hinaus waren Innen- und Außenlastflüge mit verschiedenen Flugzuständen vorgesehen. Dabei sollten alle Programmpunkte von jeweils mindestens zwei Piloten geflogen werden.

Für die Techniker bestand die Aufgabe darin:

- die technische Auslegung des Hubschraubers,
- die Verträglichkeit der Systeme,
- die Leistungen der Triebwerke,
- die Funk- und Navigationsausrüstung,
- die Be- und Entladevorrichtungen und
- die Inspektions- und Wartungsfreundlichkeit zu untersuchen.

Die Tests der Sikorsky CH-53A erfolgten am US Naval Air Test Center auf dem Flugplatz Patuxent River in Maryland.

Vom 20. bis zum 26. März 1966 standen zwei Vorserienexemplare (WerkNr. 65007 und WerkNr. 65008) der CH-53A bereit, sich einem intensiven Erprobungsprogramm zu stellen. Für die Erprobung waren als MTOW 18.500 kg (40.786 lbs) freigegeben.

Diese beiden Hubschrauber wurden nun nach demselben Flugerprobungsprogramm wie zuvor die CH-47 überprüft und auch die Technik arbeitete ihren Anforderungskatalog Punkt für Punkt ab. Nach Rückkehr der Mannschaft nach Bonn und der anschließenden Auswertung aller Erprobungsergebnisse lautete die klare Empfehlung des Teams: Beschaffung der Sikorsky CH-53A.

Am 20. April 1966 fand eine Abteilungsleiterbesprechung beim Inspekteur des Heeres statt, auf der Tagesordnung stand die Lufttransportstudie der OR (MBB Operations- Research-Abteilung) Ottobrunn sowie der Leistungsvergleich CH-47/CH-53 durch das BMVg Abt T. Dieser fiel bei insgesamt sieben Kriterien mit 4:2 und einem Unentschieden zu Gunsten der CH-53 aus.

Zwar hatte der Inspekteur des Heeres mittlerweile insgesamt 255 Hubschrauber gefordert, doch musste man sich aus Kostengründen auf 153 Stück beschränken.

Diese teilten sich in 34 Lfz für jedes Korps-Bataillon zuzüglich Maschinen für Ausbildung und Kreislaufreserve auf. Eine Musterauswahl wurde nicht getroffen, sondern eine weitere Erprobung in Deutschland mit CH-53A und der verbesserten CH-47IA (Improved A, später CH-47B bezeichnet) angestrebt.

Mit in die nähere Auswahl kam die zweimotorige Boeing-Vertol CH-47 Chinook. Dieser Hubschrauber mit seinen gegenläufigen Rotoren hat das amerikanische Heer als Transporthubschrauber ausgewählt und in hohen Stückzahlen beschafft.

Technische Daten im Vergleich

Typenbezeichnung	CH-53A	CH-47A Chinook	SA 3210 (321) Super Frelon
Hersteller	Sikosky Aircraft	Boeing-Vertol	Aerospatiale (Sud-Aviation)
Ursprungsland	USA	USA	Frankreich
Verwendung	mittelschw. Transporthubschrauber	mittelschw. Transporthubschrauber	mittelschw. Transporthubschrauber
Triebwerke	2 x General Electric T64-GE-6	2 x Lycoming T55-L7	3 x Turbomeca Turmo IIIC.3
Wellenleistung pro TW	2 x 2125 kW	2 x 1976 kW	3 x 1007 kW
Besatzung	3 (4)	2	2
Länge	20,50 m	15,55 m	19,28 m
Rotordurchmesser:	22 m	2 x 18,01 m	18,90 m
Rotorblattzahl	6	2 x 3	6
Heckrotorblätter	4	/	5
Heckrotordurchmesser	4,88 m	/	4 m
Höhe	7,60 m	5,65 m	4,94 m
Leergewicht:	10.080 kg	8110 kg	6700 kg
Betriebsgewicht	15.880 kg	12.590 kg	11.000 kg
max. Startgewicht:	19.050 kg	14.970 kg	11.000 kg
max. Außenlasten	9070 kg	7260 kg	
Höchstgeschwindigkeit:	315 km/h	269 km/h auf 1500 m	259 km
Reisegeschwindigkeit:	277 km/h	241 km/h	220 km/h
Dienstgipfelhöhe:	5660 m	2895 m	3200 m
Reichweite:	420 km	400 km	465 km
Kabine	30 Soldaten oder 24 Tragbahren	33 Soldaten oder 24 Tragbahren	27 Soldaten

Am 16. Juni 1966 trug der stellvertretende Inspekteur des Heeres dieses Thema beim Bundesverteidigungsrat (heute: Bundessicherheitsrat) vor. Er begründete die Notwendigkeit von 153 MTH und setzte sich für die Beschaffung von zwei CH-47A oder, falls zeitgerecht verfügbar, eine aufgebesserte CH-47IA und drei CH-53A ein. Jeweils zwei dieser Hubschrauber sollten die deutschen Funk- und Navigationsgeräte sowie die weiteren deutschen Änderungen erproben. Die dritte CH-53 war für die Erprobung eines alternativen Triebwerks geplant. Als Alternative wurde eine weitere Erprobung in den USA genannt, welche allerdings nur taktischer Natur sein konnte.

Am 27. Oktober 1966 befasste sich der Verteidigungsausschuss mit der Beschaffung des MTH. Als Voraussetzung zur Einführung eines neuen Waffensystems mit sehr hohen Kosten, galt es sowohl den Verteidigungsausschuss als auch den Haushaltsausschuss des Bundestages zu informieren. Der Generalinspekteur General Ulrich de Maizière vertrat dabei den Antrag des Heeres. Dazu waren als Sachverständige u.a. anwesend: Die Stabsabteilungsleiter BrG Dr. Schnell und BrG Horbach, ein Vertreter der Luftwaffe und OTL Kurt W. Schütt, Dezernatsleiter im Heeresamt. Nach Vorträgen über die Konzeption der Heeresflieger und deren Gliederung erfolgte die Begründung für die Notwendigkeit des »6-Tonnen-Hubschraubers« durch den Inspekteur des Heeres GenLt Josef Moll. Anschließend erläuterte er die Entscheidung des Verteidigungsministers Kai-Uwe von Hassel das Muster CH-53 in die Bundeswehr einführen zu wollen. Dies sei aber zur Erzielung verbesserter Vertragsbedingungen vorerst noch vertraulich zu behandeln.

Nach einer Beschreibung der Musterauswahl wurde die Sitzung für die Fragestunde im Parlament unterbrochen und erst am nächsten Tag fortgesetzt. Die Sitzung konnte nicht zu Ende geführt werden, da währenddessen die FDP-Minister aus der Regierung Erhardt ausgetreten waren und damit die Koalition mit CDU/CSU aufgekündigt hatten.

Am nächsten Tag trug MinDir Bode zur Lizenzproduktion und den dadurch entstehenden Mehrkosten (ca.7%) vor. Außerdem wurde die Einführung eines »System-Managements« mit einem verantwortlichen Offizier (nach Muster der Luftwaffe) gefordert.

Um überhaupt einen Entschluss zu erreichen, wurde das Verteidigungsministerium beauftragt, eine nochmalige Erprobung der Hubschrauber durchzuführen und danach erneut einen Antrag zu stellen. Später konnte man in einem Besprechungsprotokoll vom 9. Dezember 1966 vom BMVg lesen: »Der Ausschuss wollte Zeit gewinnen, um die Entwicklung der Haushaltslage besser beurteilen zu können«. Außerdem war die erste Erprobung für ein Rüstungsvorhaben dieser Größenordnung ohnehin recht knapp ausgefallen. Die beiden CH-53A konnten seitens Sikorsky frühestens im Sommer 1967 zur Verfügung gestellt werden.

Bevor man ein Expertenteam zu einer weiteren Erprobung und Beurteilung in die USA schicken konnte und nachdem sich die militärische Führung intensiv mit der Studie »Hubschrauber Planuntersuchung« beschäftigt hatte, entstand die Militärische Forderung unter dem Planungsbegriff »Transporthubschrauber 6t«, welche dann offiziell am 23. Februar 1967 veröffentlicht wurde:

Militärische Forderung

I. Bezeichnung des Wehrmaterials

- Planungsbegriff: TrspHubschr 6t
- Planungsnummer: 1520 - 12240

II. Verwendungszweck

Durchführung von Lufttransporten und Einsätzen, unabhängig von vorbereiteten Start- und Landeplätzen, für folgende Aufgaben:

- Materialtransport (Innen- und Außenlast) einschließlich Luftfahrzeuge
- Truppentransport
- Verwundetentransport
- Verlegung von Spezialeinheiten und deren Ausrüstung
  - FK-Einheiten
  - Eloka-Einheiten
  - Fm-Einheiten
  - Luftlande-Einheiten
  - Gebirgs-Einheiten
  - vorgeschobene Befehlsstellen
- Pioniereinsätze
- Rettung und Bergung (Land und See) auch von Großgerät z.B. Luftfahrzeuge
- ABC-Aufgaben
- Absetzen von Fallschirmspringern (nur für Ausbildungszwecke)

III. Verwendungsbereich

Heer

IV. Forderung hinsichtlich Zeit, Menge und Dringlichkeitsstufe

- Auslieferung an die Truppe: Ab 1968
- Bedarf Heer: 153 Stück (einschließlich 2 Stück für E-Stelle)
- Dringlichkeitsstufe: -1-

V. Taktische Forderungen

- Einsatzmöglichkeit
  - Weltweite Verwendung bei Lufttemperaturen entsprechend Draft-STANAG 2805D
  - unabhängig von ausgebauten Plätzen
- Flugleistungen
  - bei Einsatzprofil
    - Starthöhe = 600 m (1979 ft)
    - Starttemperatur = + 30°C
    - Relative Luftfeuchtigkeit = 60%
    - Kraftstoffmenge = entsprechend der Reichweiten- bzw. Flugzeitenforderungen
    - Nutzlast = 6000 kg (13.228 lbs)
    - Besatzung = 3 Mann (1. und 2. Hubschrauberführer und Bordmechaniker/Lademeister)
    - Reichweite mit Nutzlast = 350 km (189 NM) Flugstrecke + 30 Minuten Flugzeitreserve
    - Großer Schwerpunktbereich
    - Instrumentenflugtauglichkeit
    - Autorotation muss möglich sein
    - bei Ausfall eines Triebwerkes muss der Hubschrauber manövrierfähig, der Weiterflug möglich sein

VI. Logistische Forderungen

Ausbildung von Bedienungs-/Wartungs-/Indstandsetzungspersonal durch Hersteller und Techn. Schulen Lw.

VII. Besondere Forderungen

- Wesentliche Konstruktionsmerkmale und Fähigkeiten
  - Instrumentenflugtauglichkeit
  - Notausstiege für Besatzung und Passagiere
  - Möglichst geringe Vibration und niedriger Geräuschpegel
- Laderaum und Laderaum-Ausrüstung
  - Möglichst große Abmessungen des Laderaums und gute Zugänglichkeit
  - Das Be- und Entladen von Lasten und Spezialmaterial verschiedenster Art oder deren Übernahme von anderen Transportmitteln soll auf einfache, zeitsparende Weise möglich sein. In der Bw eingeführte Handhabungsgeräte wie Gabelstapler, Feldarbeitsgeräte usw. müssen

verwendet werden können. Standard-Paletten müssen unter größtmöglicher Raumausnutzung verwendbar sein.
- Die Neigung der abgelassenen Laderampe muss ein Einfahren von Kfz mit eigener Kraft gestatten.
- Die Vorrichtungen für den Transport von Außenlasten müssen auf 8 Tonnen ausgelegt sein. Aufhängung im Schwerpunkt.
- Der Laderaum muss mit hochklappbaren Sitzen mit Anschnallgurten für mindestens 38 vollausgerüstete Soldaten ausgestatte sein.
- Im Sanitätsdienst soll die Einrichtung des Laderaums so ausgeführt sein, dass ohne Ausbau der Sitze mindestens 24 bzw. eine dem Laderaum entsprechende Anzahl von Tragen aufgenommen, bis zu 4 Sitze für Betreuungs- und Begleitpersonal und Plätze für sitzende Verwundete bereitgestellt werden können.

- Rotorbaugruppen
  - Ein automatisches Falten der Hauptrotorblätter und des Pylons muss gegeben sein.
- Funk- und Navigationsausrüstung
  - Funkausrüstung
    - Eigenverständigungsanlage
    - UHF- Sende-Empfangsanlage
    - VHF- Sende-Empfangsanlage
    - VHF/FM Sende-Empfangsanlage
  - Kenngeräte
    - FF/SIF Kenngerät in Übereinstimmung mit NATO-Empfehlungen
  - Navigation
    - TACAN-Anlage
    - VOR/ILS-Anlage
    - Funkkompass
    - VHF (FM) Zielflugvorsatz (Homing)
    - Funkhöhenmesser
    - Kurskreisel
    - Notkompass
    - Bodeabhängige Schlechtwetter-Landehilfe

Fast ein Jahr nach der ersten Auswahlkampagne im März 1966, wurde eine neue Erprobungsmannschaft (um das erste Ergebnis nicht zu beeinflussen) zusammengestellt und auf Reise in die USA geschickt. Das Erprobungsprogramm war nicht völlig vordefiniert. Es orientierte sich aber an vorangegangenen Tests die z.B. bei der UH-1D-Auswahl angewendet worden waren. Es war darüber hinaus wesentlich umfangreicher geplant, als bei der ersten Erprobung.

Die Erprobung begann bei Sikorsky Aircraft in Stratford am 10. April und endete am 30. April 1967. Dafür hatte Sikorsky einen CH-53A-Hubschrauber aus der Serienproduktion bereitgestellt. Es erfolgte eine fliegerische wie auch technische Bewertung. Lediglich einige Anteile, die in Stratford nicht durchgeführt werden konnten wurden in Quantico (Tiefflug, Außenlast) bzw. in Santa Ana (Gebirgsflug) erflogen. Diese zweite Erprobungsphase stand unter Leitung von Oberst Granz, damals Leiter des Referats FüH VI 6. Die Flugerprobung selbst leitete Hauptmann Joachim Diehl, Referent FüH I 6 (H-34 Pilot) und Hauptmann Uwe Hain, (HFlgBtl 300, H-21 Pilot). Zeitweise waren auch Herren von der Hauptabteilung Rüstung des BMVg und der E-Stelle 61 mit Vorort.

Einem Auftrag des Verteidigungsausschuss aber auch der Firma Boeing-Vertol folgend, wurde anschließend noch einmal die CH-47 geflogen. Die Firma hatte in der Zwischenzeit wesentliche Verbesserungen an diesem Muster vorgenommen und wollte sich deshalb wieder mit der CH-53 messen lassen.

Alle gesammelten Erfahrungen mussten zusammengefasst und eine Beurteilung geschrieben werden. Mitte des Jahres 1967 erging nun an den Bundesminister der Verteidigung stellvertretend – Fü L I 4 – folgender Abschlussbericht der Beurteilungsgruppe mittlerer Transporthubschrauber:

Betrifft: Vergleichende Beurteilung der mittleren Transporthubschrauber CH-47 und CH-53.

I. Zusammenfassendes Ergebnis:

- Auftragsgemäß führte die Gruppe eine vergleichende Beurteilung der Hubschraubermuster Boeing-Vertol CH-47B und Sikorsky CH-53A durch. Es wurden zur Verfügung gestellt:
  1 Hubschrauber CH-47B aus der laufenden Serie und 1 zur CH-47B modifizierten CH-47A mit Triebwerken Lycoming T55-L7B.
  2 Hubschrauber CH-53A aus der laufenden Serie mit Triebwerken General Electric T 64-GE-6 Mod.
  Die Truppenbrauchbarkeitsüberprüfung ergab folgendes Ergebnis:
  Die CH-53A ist der CH-47B überlegen und wird zur Einführung in die Bundeswehr vorgeschlagen. Dieser Hubschrauber entspricht den Vorstellungen über einen mittleren Transporthubschrauber mit 6 Tonnen Nutzlast, wie sie in der militärischen Forderung festgelegt ist. Hierdurch wird das Ergebnis der vergleichenden Beurteilung aus dem Jahre 1966 bestätigt.

Dieses Bild mit Igor Sikorsky wurde während des Aufenthaltes von Hauptmann Uwe Hain, damals Staffelkapitän im HFlgTrspBtl 300 in Mendig, im Rahmen des Vergleichsfliegens bei Sikorsky UAI in Stratford Anfang Mai 1967 aufgenommen.

- Gründe, Taktik und Logistik
  - Die Flugleistungen sind bezüglich Reichweite, Geschwindigkeit, Sicherheitsreserven und dem besseren Nutzlast-, Flughöhe-, Fluggeschwindigkeitsverhältnis überlegen.
  - Die Manövrierfähigkeit ist besser was besondere Bedeutung für den Konturenflug im Einsatz hat.
  - Der Brennstoffverbrauch bei gleicher Transportarbeit ist bei den in der CH-53A eingebauten Turbinen General Electric T64 wesentlich geringer.
  - Die Wartungsstunden und der Ersatzteilbedarf der CH-53A liegen unter denen der CH-47B.
  - Die Fahrwerksauslegung der CH-53A ist für das Rollen im Gelände geeigneter.
- Technik

  Während die CH-47B/C am Ende der Wachstumsmöglichkeiten steht, ist bei der CH-53A aufgrund der jüngeren und damit neuzeitlicheren Konstruktion die Gewähr für eine Weiterentwicklung in den nächsten zehn Jahren gegeben.
- Flugsicherheit
  - die eingebauten Systeme der CH-53A bieten eine größere Sicherheit, da sie eine bessere Redundanz aufweisen.
  - der Geschwindigkeitsbereich, der sich Gefahrenzuständen nähert, ist bei der CH-47B infolge der Tandemrotoranordnung kritischer als beider CH-53A. Der Pilot in der CH-47B muss die zulässige Höchstgeschwindigkeit aus Tabellen ablesen oder mit Hilfe eines im Hubschrauber befindlichen Rechenschiebers bestimmen. Dies bedeutet eine unzumutbare Belastung für den Piloten. Bei der CH-53A hat der Pilot nur ein Instrument (Cruise Guide Indicator) zu beachten.
- Instrumentenflugfähigkeit

  Der CH-47B hat eine doppelte Stabilisierungshilfe, die ein dauerndes Nachsteuern durch den Hubschrauberführer notwendig macht.

  Der CH 53A hat einen hochwertigen, doppelten automatischen Piloten, der ein längeres Fliegen ohne Korrekturen durch den Piloten ermöglicht. Dies ist eine Voraussetzung für zukünftige Anwendungen bodenunabhängiger Navigationssysteme und wirkt sich im Instrumentenflug günstig aus.

- Automatische Blatt- und Heckfaltung
- Während bei der CH-47B die Blattfaltung manuell erfolgen muss (5 Mann a 30 Minuten) verfügt die CH-53A über eine automatische Blatt- und Heckfaltung (eine Minute).

Der gefaltete Zustand bedeutete:
- geringerer Hallenbedarf
- geringere Beschädigungsmöglichkeiten der Rotorblätter
- bessere Tarnungsmöglichkeiten im Gelände.

Nachdem Mitte des Jahres 1967 die Großhubschrauber-Erprobung abgeschlossen worden war, sollte nun bis zum Herbst die Entscheidung über die Auswahl eines der beiden Kontrahenten CH-53 oder CH-47 getroffen werden.

Die Entscheidung

Nach langjährigem Tauziehen und umfangreicher theoretischer Betrachtung im Vorfeld sowie der Festlegung auf einen Kandidaten und nach Vorlage im militärischen Führungsrat und in einer Abteilungsleitersitzung wurde das Ergebnis »Beschaffungsvorhaben mittlerer Transporthubschrauber CH-53« dem Vorsitzenden des Verteidigungsausschusses am 14. Mai 1968 schriftlich mitgeteilt.

Prophylaktisch hatte man den Kauf von zwei Vorabhubschrauber CH-53A am 6. Juni 1968 eingeleitet. Dieser erfolgte durch Regierungskauf über die US-Navy, welche die Hubschrauber bei der. Fa. Sikorsky fertigen ließ.

Der Verteidigungsausschuss nahm am 27. Juni 1968 und der Haushaltsausschuss am 14. November 1968 von der Einführung »zustimmend Kenntnis« (so die Formulierung im amtsdeutsch), ab 1972 135 MTH CH-53D in die Bundeswehr einzuführen.

Die Entscheidung des damaligen Verteidigungsministers Helmut Schmidt über die Beschaffung des MTH Sikorsky CH-53 lautete wie folgt:

- Der mTrspHubschr CH-53 wird eingeführt
- eine zeitliche Streckung des Programms kommt nicht in Frage, das Programm ist eher zu beschleunigen
- beschafft wird zunächst ein erstes Los von 80 Hubschraubern; die Aufträge für die dazu gehörigen Triebwerke (226 Stück) sind beschleunigt zu vergeben
- über die zu beschaffende Gesamtstückzahl wird frühestens im Juli entschieden, die im Verhältnis 3:2 geplante Co-Produktion BRD-USA wird beibehalten
- auf stärkere Zusammenfassung in der deutschen Luftfahrtindustrie ist hinzuwirken

Die Reduzierung von 153 auf 135 Luftfahrzeuge hatte man im April 1968 (aus rein finanziellen Gründen) durch Verzicht auf einen Teil der Kreislaufreserve entschieden.

Nachdem letztendlich der Haushaltsausschuss des deutschen Bundestages am 14. November 1968 dem Gesamtpaket zugestimmt hatte, konnte mit der detaillierten Planung des Programms begonnen werden.

Das Beschaffungsprogramm

Die Programmkosten für die Beschaffung (inklusive Ausbildungsmittel und Ersatzteilgrundausstattung) beliefen sich auf 382,5 Mio. US-Dollar (damals ca.1,53 Mrd. DM). Somit betrug der angenommene Systempreis für eine CH-53 im Jahr 1968 etwa 11,3 Mio. DM. Laut Planung des Verteidigungsministeriums sollte mit den 135 MTH folgender Bedarf gedeckt werden:

Der MTH sollte in den Heeresfliegerbataillonen den 3. und 4. Staffeln zugeordnet werden und dort die Hubschrauber H-34 bzw. Vertol H-21 ablösen. Unter Berücksichtigung der Beschränkungen im personellen Bereich und im Hinblick auf die Enge des Haushalts beabsichtigte man in Anwendung früherer Planungen die 135 Hubschrauber wie folgt aufzuteilen:

- 6 Staffeln je 17 Hubschrauber (102 Hubschrauber)
- vorläufige Kreislaufreserve je Staffel, 1 Hubschrauber (6)
- spätere Aufstockung der Kreislaufreserve auf je 2 Hubschrauber (12)
- Heeresfliegerwaffenschule, 12 Hubschrauber
- Verwendung bei der E-Stelle 61, 2 Hubschrauber
- Technische Schule, 1 Hubschrauber

Die Beschaffung dieser 135 Hubschrauber sollte in zwei Losen erfolgen. Für das erste Los waren 80, im zweiten Los 55 Hubschrauber vorgesehen.

Bezüglich des Nachbaus von 133 Serien-Hubschraubern wurde mit der US-Regierung ab Januar 1969 ein

Memorandum of Understanding ausgehandelt und am 16. Oktober 1969 unterschrieben. Dieses regelte unter anderem:

- die Erlaubnis zum Nachbau
- den Abschluss von Lizenzvereinbarungen
- die Sicherheitsbestimmungen
- die Benutzung US-eigener Sonderbetriebsmittel und industrieller Einrichtungen
- die US-Güteprüfung
- die Kosten für Entwicklung des Hubschraubers (100.000 US-Dollar – je Hubschrauber)
- den amerikanischen Fertigungsanteil in Höhe von voraussichtlich 40%

Gleichzeitig begannen im Januar 1969 mit dem Erlass einer Dienstleistungsanweisung die Lizenzverhandlungen zum Erwerb der Nachbaulizenzen von Sikorsky durch den Bund, die am 12. Dezember 1969 zum Abschluss des Lizenzvertrages führten.

Nachdem die parlamentarischen Ausschüsse dem Beschaffungsvorhaben zugestimmt hatten, schrieb das BWB am 16. Januar 1969 zur Auswahl eines Generalunternehmers einen Wettbewerb unter den in Frage kommenden deutschen Firmen für einen »Managementvertrag« aus. Das geforderte Angebot musste die Managementkosten und die Kostensätze der vorgesehenen Fertigung enthalten.

Um den begehrten Zuschlag für die Endmontage zu erhalten, gaben sich Vertreter von VFW-Fokker aus dem Norden der Republik und den süddeutschen Luftfahrtindustrien in Bonn die Klinke in die Hand. Ludwig Bölkow als Geschäftsführer der Bölkow GmbH (später MBB), machte in Bonn immer wieder sein Wissen im Hubschrauberbau (Bo 46, Bo 105) geltend, um an das lukrative Geschäft zu kommen.

Nachdem alle Mitbewerber ihre Kostenrechnungen dem BWB zur Beurteilung zur Verfügung gestellt hatten, konnte das BWB alle Vorzüge und Nachteile bewerten. Nach eingehender Prüfung stand das Ergebnis fest: VFW-Fokker hatte die Ausschreibung gewonnen. So war es möglich, am 14. November 1969 zwischen dem Bundesamt für Wehrtechnik und Beschaffung als Auftraggeber und den Vereinigten Flugtechnischen Werken-Fokker als Auftragnehmer ein »Managementvertrag« zu unterschreiben und die Vorbereitung des Nachbaus von 133 CH-53G Hubschraubern zu beauftragen.

Da die Kostenangebote der Mitbewerber keine wesentlichen Unterschiede aufwiesen, waren der Vorlauf der Firma VFW-Fokker in der Zusammenarbeit mit der Firma United Aircraft Corporation (UAC) und ihrer Tochter Sikorsky und die damit zu erwartenden Vorteile im Management wohl ausschlaggebend für diese Entscheidung. VFW-Fokker hatte sich auch verpflichtet für die Programmleitung einen Geschäftsführer einzusetzen. Für diese Position wurde Dr. Fritz Wenck von den Henschel Flugzeugwerken Kassel ausgewählt und eingestellt. Sikorsky Aircraft war bereits durch die H-34 und den Betrieb der beiden S-64 in der Bundesrepublik aktiv, hatte seit vielen Jahren das Verkaufsbüro der United Aircraft International (UAI) in Köln und mit dem Sohn des Firmengründers Igor Sikorsky, Sergei Sikorsky einen hochrangigen Geschäftsführer dieses Büros in Deutschland. Er erhielt Unterstützung durch Dipl. Ing. Ulrich Heider von VFW-Fokker. Heider war zuvor an der Entwicklung des S-64 in USA beteiligt und bei deren Erprobung in Achum und der ErpSt 61 tätig gewesen.

Die gesamte definierte Fertigungsaufteilung für die Lizenzproduktion des CH-53 stand wie folgt fest:

- Fertigungsaufteilung zwischen den USA und Deutschland (40,6% : 59,4%)
- Fertigungsaufteilung unter den deutschen Firmen (MBB 50%, Dornier 20%,VFW 30%)

Aufgrund des Management-Vertrages hatte VFW-Fokker folgende Aufgaben übernommen:

- Produktionsvorbereitung
- Bestellung der Baugruppen mit langer Lieferzeit

Gleichzeitig hatte sich VFW-Fokker für einen eventuell zu erteilenden Hauptvertrag an die angebotenen Kalkulationsgrundlagen gebunden.

Die Beschaffungsanweisung wurde vom BWB am 1. August 1969 erteilt. Am 10. Dezember 1969 wurde die Auswahl des Hauptauftragnehmers VFW-Fokker bekannt gemacht und die Beschaffung des ersten Loses (80 Hubschrauber) freigeben.

Das BWB trat anschließend mit VFW-Fokker in die Verhandlungen über den Hauptauftrag ein, dessen Abschluss bis zum Ende des Jahres 1970 zu erwarten war.

Der Liefervertrag über die Triebwerke mit der Firma Motoren- und Turbinen-Union GmbH München (MTU), der bis März 1970 abgeschlossen sein sollte, stand noch aus. Als aber gleichzeitig Programmkürzungen bekannt wurden, mussten kurzfristig neue Preisverhandlungen eingeleitet werden. Bei der Triebwerksproduktion sollte der deutsche Anteil 50% betragen, aufgeteilt auf 30% für MTU-München und 20% für Klöckner Humboldt Deutz (KHD).

Inzwischen waren Kontrakte über Ausbildungsgerät (20. November 1969), elektronische Querschnittsgeräte, technische Vorschriften, Bodendienstgeräten und Ersatzteilgrundausstattung in Bearbeitung oder schon abgeschlossen.

Ein speziell an die deutschen Bedürfnisse angepasstes Entwicklungsprogramm sah nun vor, ausgehend von der Transporthubschrauberversion des US Marine Corps CH-53A (dieses Grundmodell hatte man ursprünglich ausgewählt) über die verbesserte Baureihe D, eine für die deutschen Belange angepasste Version zu entwickeln.

Die wesentlichen Modifizierungen der CH-53G (G, German) gegenüber den USMC-Baureihen bezogen sich auf Änderungen der elektronischen und funktionellen Ausrüstung sowie Verwendung des leistungsstärkeren Triebwerkes, dem T64-GE-7. Nach Beschaffung von zwei entsprechend modifizierten, so genannten Vorabhubschraubern, sollte die Erprobung dieser beiden Maschinen ab Februar 1969 in den USA begonnen werden. Eine Nacherprobung in der Bundesrepublik war ab dem November 1969 unter Berücksichtigung der modifizierten Ausrüstung vorgesehen.

Von politischer Seite war man immer bestrebt, die deutsche Luftfahrtindustrie mit einzubeziehen, um eine Auslastung der eigenen Fertigungsstätten zu erreichen. Es war wichtig, das vorhandene Wissen über Hubschrauberbau zu erweitern, um den Anschluss an den internationalen Entwicklungsstand nicht zu verlieren.

Ein weiterer Testflug der 84+01, Anfang April 1969 über dem Long Island Sound.

Im Rahmen einer Programm-Überprüfung, die am 23. Juni 1970 im Verteidigungsministerium stattfand und in einem Kommuniqué, welches am 6. Juli 1970 vom Fü H I veröffentlicht wurde, nannte Verteidigungsminister Helmut Schmidt erneut explizit seine Entscheidung über das Transporthubschrauber-Programm des Heeres:

- [...] Die Modernisierung der Heeresfliegerverbände auf dem Wege des Ersatzes der leichten Transporthubschrauber H-21 und H-34 durch die Beschaffung des mittleren Transporthubschrau bers CH-53G erfolgt mit zeitlichem Vorrang. Der mittlere Transporthubschrauber ist ausschließlich für Transport und nicht für Kampfaufgaben geeignet und bestimmt.
- Auf der Grundlage von US-Lizenzen soll ein Nachbau des Hubschraubers in der Bundesrepublik Deutschland erfolgen. Etwa 40% des Programms werden in der USA beschafft.
- Ein erstes Los von 80 Hubschraubern wurde bereits zur Beschaffung freigegeben. Die Entscheidung über ein weiteres Los von bis zu 53 Hubschraubern bleibt vorbehalten.
  Die getroffenen Entscheidungen sind im Rahmen des bestehenden Zeitplanes fristgerecht ergangen. Sie führen zu einer erheblichen Beweglichkeitsverbesserung des Heeres. Die ersten sechs Hubschrauber werden im Jahre 1972 der Truppe zugeführt werden. [...]

Der Anteil für die deutsche Industrie verteilte sich danach auf die Zelle (55%), Triebwerk (30%) und Ausrüstung (40%).

Dem Beschaffungsvorhaben lag folgender Kostenplan auf der Preisbasis von Oktober 1968 zugrunde:

Kostenplan	
Vorabhubschrauber einschließlich Zubehör	21,2 Mio. DM
Koproduktion von 133 Hubschraubern (Gerätestückpreis 6,53 Mio. DM)	868,5 Mio. DM
Ersatzteilgrundausstattung (40% vom Stückpreis)	346,0 Mio. DM
Änderungen, Dokumentation, Bodengerät, Ausbildungsgerät, Programm - Management	88,8 Mio. DM
Mehrwertsteuer	143,4 Mio. DM
Entwicklungskosten	53,2 Mio. DM
Nebenkosten (Infrastruktur)	12,2 Mio. DM
Beschaffungswert	1.533,3 Mio. DM
Planungsstückpreis pro Hubschrauber	11,3 Mio. DM

Die Erprobungsträger

Um unter Zugrundelegung der militärischen Forderungen eine Anpassungsentwicklung zur CH-53G durchführen zu können, hatte man im Rahmen eines Regierungsvertrages zwischen der Bundesrepublik Deutschland und dem US Navy Supply Office (NASO) Washington am 6. Juni 1968 zwei CH-53A Hubschrauber gekauft.

Das zur Festlegung der Funktionsreife erarbeitete Erprobungsprogramm für die beiden CH-53A Hubschrauber wurde unter anderem im SEPReport 65961 vom 31. Juli 1968 manifestiert. Beide Hubschrauber konnten dafür direkt aus der mittlerweile angelaufenen D-Serienfertigung für die US-Marine entnommen werden. Sie erhielten die Bezeichnung CH-53D/G. Die Modifizierung dieser Maschinen erfolgte insbesondere hinsichtlich der Avionik- und Bordgeräteausrüstung, um

- den zusätzlichen technischen Forderungen des Bedarfsträgers gerecht zu werden
- aus logistischen Gründen eine weitgehende Angleichung an die Geräteausrüstung anderer Bundeswehr-Flugzeuge sicherzustellen.

Der Erprobungsträger »German No.2« (BuNo154886 Werk.Nr 65157, später 84+02) befand sich Ende 1968 im Sikorsky-Werk Stratford in der Endmontage.

Im Bild festgehalten die Dokumentenübergabe der Erprobungsträger (im Hintergrund die 84+02 BuNo154886 Werk.Nr 65157) am 25. September 1969. Von links die Herren Wesley A. Kuhrt, Division President Sikorsky, Col. Henry Hart, US Marine Corps Assault Helicopter Program Manager und Herr Christian Tilenius, Chief Helicopter Section, Military Technology Department, BMVg Abt. T.

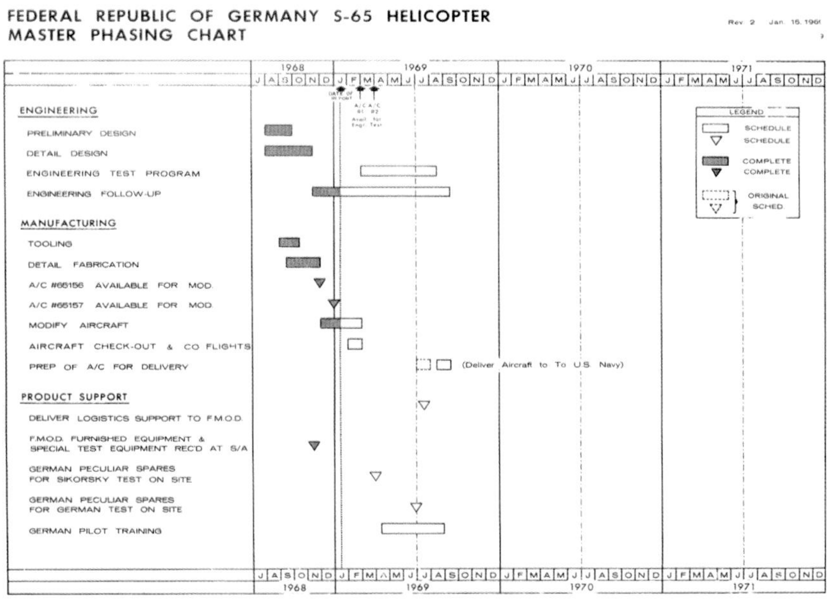

Auslieferungsplan der beiden Erprobungsträger BuNo154885, Werk. Nr 65156, später 84+01 und BuNo154886 Werk.Nr 65157, später 84+02.

Daneben enthielten die beiden Maschinen Komponenten aus der USAF-Version. Hierunter fielen, hervorgerufen durch die baulichen Vorkehrungen zur Anbringung einer Rettungswinde, das elektrische Bordsystem sowie die durch äußere Zusatztanks und das Kraftstoffschnellablasssystem verursachten Änderungen an der Zelle, dem Kraftstoffsystem, der Bordinstrumentierung und den damit zusammenhängenden elektrischen und hydraulischen Schaltelementen.

Diese beiden Vorabhubschrauber unterzog man nach beendeter Modifizierung einer werksinternen Erprobung (Erstflug Prototyp Nr.1, WerkNr. 65156 mit dem Kennzeichen 84+01, erfolgte am 31. März 1969. Erstflug Prototyp Nr.2, WerkNr. 65157 mit dem Kennzeichen 84+02, erfolgte am 23. April 1969), die unter Beteiligung der ErpSt 61 im organisatorischen Rahmen der deutschen Arbeitsgruppe CH-53 USA in der Zeit vom 26. März bis 19. September 1969 durchgeführt wurde.

Der Zweck dieser Versuche war, die deutsche Bordgerät- und Elektronikausrüstung in ihrem Zusammenspiel mit der verbliebenen US-Hubschrauberausrüstung in leistungsmäßiger Hinsicht zu verifizieren. Daneben konnte die Funktionstüchtigkeit und die elektromagnetische Verträglichkeit des Bordsystems einer Prüfung unterzogen und ein quantitativer Vergleichstest zwischen deutschen und amerikanischen Bordgeräten durchgeführt werden. Die Erprobung der Vorabhubschrauber erfolgte gemäß Weisung des BMVg ohne äußere Zusatztanks, die entsprechend der revidierten Einsatzforderungen des Bedarfsträgers auch für den Serienhubschrauber nicht mehr benötigt wurden. Aus finanziellen Gründen beließ man jedoch alle in den Vorabhubschraubern installierten Vorkehrungen für die Anbringung von äußeren Zusatztanks und für die Benutzung des Kraftstoffschnellablasses. Die Erprobung dieser beiden Hubschrauber umfasste insgesamt 78,7 Flugstunden von denen 55,5 Flugstunden durch Prototyp Nr.1 und 23,2 Flugstunden durch Prototyp Nr.2 erflogen wurden.

Um die Maschinen noch vor der Auslieferung auf den neuesten technischen Stand zu bringen, baute Sikorsky nach Abschluss der Erprobung leistungsstärkere Triebwerke (GE T64-GE-7) ein, verstärkte Getriebe für eine Leistungsaufnahme von 7850 Wellen-PS (5854 kW), verbesserte die Anlasturbinen und sah gepanzerte Sitze für Pilot und Copilot vor.

Im Rahmen einer Zeremonie übergab Sikorsky beide deutschen Vorabhubschrauber am 25. September 1969 an das BMVg. Sie erhielten am 26. September 1969 im Sikorsky-Werk in Stratford, Connecticut, ihre letzte Überprüfung bevor sie nach New York überführt und von dort mit einem Frachter nach Bremen verschifft wurden. Sie kamen dann Mitte Oktober im Bremer Getreidehafen an. Ein Schwimmkran übernahm beide Hubschrauber und brachte sie anschließend zum VFW-Fokker Werk nach Lemwerder. Am 3. und 5. November 1969 wurden die Maschinen, nun wieder flugfähig hergerichtet, an die ErpSt 61 übergeben. Die Überführung für das weitere Erprobungsprogramm mit einem kurzen Tank-Zwischenstopp in Speyer nach Manching erfolgte kurz danach.

Bereits am 8. und 9. Oktober 1969 hatte man anlässlich einer Programmkonferenz ein Ausgangsbauzustand festgelegt, obwohl die notwendige Nacherprobung noch nicht vollständig abgeschlossen war, um den Beginn der Serienfertigung der CH-53G zu ermöglichen. Basierend auf dem Auslieferungszustand wurden hierbei im Rahmen der Bauzustandsfestlegung 27 weitere technische Verbesserungen des US-Hubschraubers für den deutschen Serienbau definiert.

Beide CH-53D/G (84+01 und 84+02) wurden im Oktober 1969 nach Bremen verschifft: Dieses Bild zeigt die Entladung vom Seeschiff im Getreidehafen in Bremen. Von dort wurden sie mit dem Schwimmkran zum sehr nahe gelegenen VFW-Werk Lemwerder gebracht.

Der Managementvertrag

Mit dem Abschluss des Managementvertrages am 14. November 1969 zwischen dem BWB als Auftraggeber und VFW-Fokker als Auftragnehmer wurde VFW-Fokker mit der Vorbereitung des Nachbaus von 133 CH-53G-Hubschraubern beauftragt.

Unter anderem umfasste Paragraph 1 dieses Vertrages den gesamten Leistungsumfang der vom Auftragnehmer durchzuführenden Planungen, Vorbereitungen und Maßnahmen für die Fertigung der Hubschrauber.

Bezüglich der Triebwerke, elektrischen Geräte und Ausrüstungen, die vom Auftraggeber beizustellen waren, hatte das BWB separate Verträge abzuschließen. Obwohl das Triebwerk auch ein so genanntes Beistellteil war, wurde die Firma MTU als Lieferant einer wesentlichen Komponente in den funktionellen Ablauf mit einbezogen.

Der funktionelle Zusammenhang zwischen den Programmbeteiligten ist im nachfolgenden Strukturplan dargestellt:

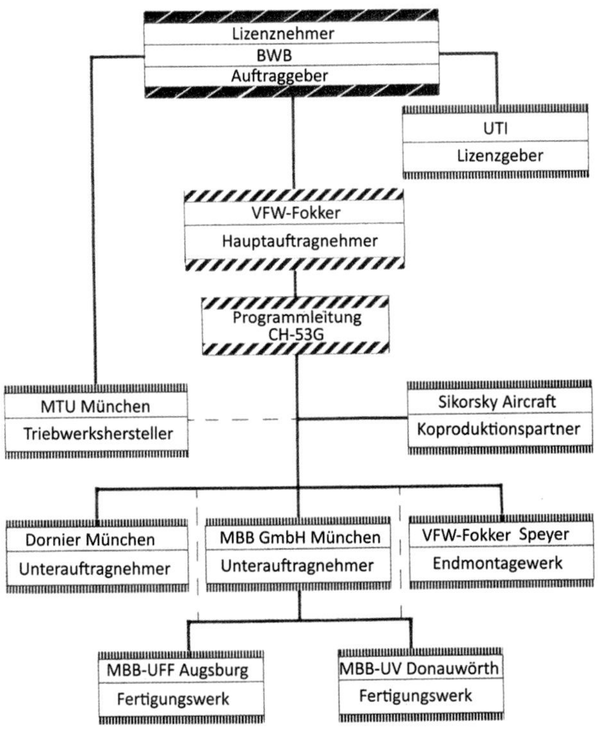

Strukturplan der beteiligten Instanzen am Nachbauprogramm CH-53G.

Zur Realisierung der nach dem Managementvertrag durchzuführenden Aufgaben installierte VFW-Fokker eine Programmleitung CH-53G. Ihr organisatorischer Aufbau siehe Abbildung:

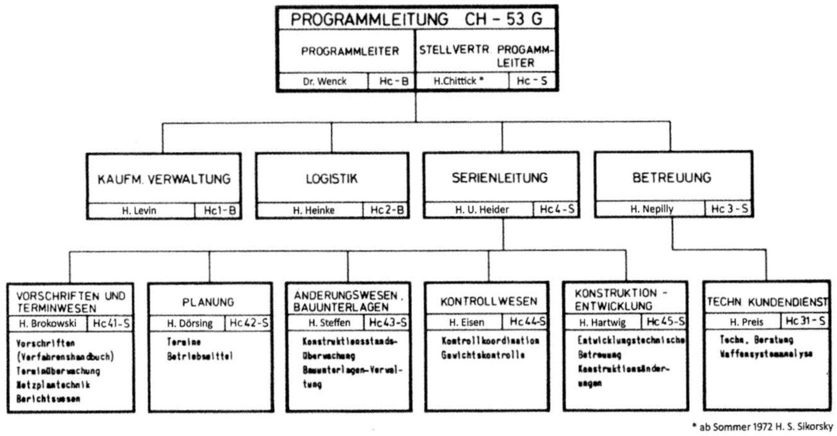

Die Programmleitung CH-53G bei VFW-Fokker.

Die Programmleitung CH-53G gliederte sich wie folgt:

- Leitung
- kaufmännische Verwaltung, verantwortlich für alle kaufmännischen und vertraglichen Belange
- Logistik, verantwortlich für alle Fragen, die Materialgrundlagen, Technische Vorschriften und sonstige Dokumentation betreffen
- Betreuung, verantwortlich für die Festlegung des Instandsetzungskonzeptes und den technischen Kundendienst
- Serienleitung, verantwortlich für Vorschriften und Terminwesen, Planung, Änderungswesen und Bauunterlagen, Kontrollwesen sowie Konstruktion/Entwicklung.

Der Sitz der Programmleitung war Bremen, der Geschäftsführung von VFW-Fokker räumlich direkt angegliedert. Hier befanden sich auch die kaufmännische Verwaltung, die Logistik und die Betreuung. Die Serienleitung konnte im Werk Speyer in ein neues Verwaltungsgebäude einziehen. Die leitenden Mitarbeiter der Serienleitung kamen mit einer Ausnahme aus dem Hause VFW. Alle zogen mit ihren Familien nach Speyer.

Die Zusammenarbeit mit dem technischen Werkleiter, Johannes Müller und dem kaufmännischen Werkleiter, Norbert Vogt, war sehr gut. Sie waren verantwortlich für den Zusammenbau und den Einflug der Hubschrauber.

Als Hauptaufgabe oblag der Programmleitung die gesamte Koordination aller fachlichen und vertraglichen Aktivitäten zwischen Auftraggeber (BMVg, BWB, MatAmtLw) und Hauptauftragnehmer sowie zwischen Hauptauftragnehmer, dem Koproduktionspartner Sikorsky, den Unterauftragnehmern Dornier GmbH und der MBB GmbH, dem Endmontagewerk von VFW-Fokker und dem Flugzeughalter.

Die Serienleitung war neben ihren fachlichen und koordinierenden Aufgaben verantwortlich für die Sicherstellung der Einhaltung sämtlicher Termine, für die Anlieferung von Hauptbaugruppen, Komponenten und Ausrüstung, den Fertigungsablauf in Endmontage/Einflug sowie für die Ablieferung der Hubschrauber an den Auftraggeber. Außerdem war sie verantwortlich für Programmplanung, die Planung der Anlaufhilfe, die Festlegung und Überwachung des Bauzustandes, Verwaltung und Verteilung sämtlicher Bauunterlagen, entwicklungstechnische Betreuung und Qualitätssicherung. Kostenplanung und -überwachung lag in der Verantwortung der kaufmännischen Verwaltung. Aus diesem Grund verfügte sie über erweiterte Kompetenzen, wie das Recht auf uneingeschränkte Information sowie ein umfangreiches Weisungsrecht, um in kritischen Fällen erforderliche Sonder- bzw. Abhilfemaßnahmen veranlassen bzw. fordern zu können.

Bei Sikorsky und bei den Unterauftragnehmern Dornier und MBB wurden Projektleiter eingesetzt, die die internen Koordinationsaufgaben durchführten und nach außen als Ansprechpartner der Programmleitung CH-53G fungierten. Der technischen Serienleitung und den Unterauftragnehmern wurde ein Stab von Fachleuten des Lizenzgebers zugeordnet, der während des Fertigungsanlaufes eine große Hilfe war. Sie hatten bis auf Ausnahmen ihre Familien mitgebracht und waren in der Serienleitung sehr gut integriert. Durch diese Spezialisten war es möglich, entstehende Probleme in kürzester Frist zu lösen. In dem Managementvertrag wurde auch ein Netzplan gefordert, der dem BWB am 18. Dezember 1969 präsentiert wurde.

Der Netzplan

Um eine optimale Planung und das Zusammenwirken aller betroffenen Bereiche wie Militär und Industrie bezüglich der CH-53 Einführung sicherzustellen, wurde vom Inspekteur der Heeres ein so genannter Netzplan, der bereits von

Die Endmontage im VFW-Fokker Werk in Speyer.

Dornier erprobt worden war, gefordert. Mit dieser EDV-gestützten Netzplantechnik (man hatte am 6. Juni 1969 an Dornier den Auftrag erteilt), konnte das Programm auf einzelne Arbeitspakete herunter gebrochen, diese auf gegenseitige Abhängigkeiten geprüft und ihnen im Programm eine Dauer und ein Termin zur Erfüllung zugewiesen werden.

Weiterhin half der Netzplan dabei, parallel oder nacheinander ablaufende Arbeitsfolgen zu koordinieren und zu überwachen. Mit Hilfe einer graphischen Darstellung war jederzeit der aktuelle Programmstand ersichtlich, um bei Problemen und Verzögerungen einzelner Arbeitsschritte den Einfluss auf das Gesamtprogramm bewerten zu können. Der Netzplan umfasste nicht nur die Fertigung selbst, sondern auch Infrastrukturmaßnahmen.

Auf Seiten des Systembeauftragten Luftwaffe lag der Schwerpunkt bei der Material- und Vorschriftenbeschaffung sowie deren Bestellung, die Ausbildung der Technik und alles was dazu gehörte. Beim Heer lagen die Verantwortlichkeiten im Bereich der Infrastruktur, dem Zulauf der Maschinen und der Ausbildung. Hierbei handelte es sich um den Bau von Hallen, Gebäuden aber auch z.B. der Betankungsanlagen. Zum Leistungsumfang des Hauptauftragnehmers VFW-Fokker für das CH-53G-Fertigungsprogramm gehörte auch der Zeitteil des Netzplanprogramms. Einmal pro Monat trafen sich alle Netzplan-Verantwortlichen, um über den Fortgang zu berichten, Schwachstellen aufzuzeigen und korrigierend einzugreifen.

Die Serienfertigung

Am 10. Dezember 1969 erfolgte die offizielle Festlegung auf VFW-Fokker als Generalunternehmer. Um dem Gewinner der Ausschreibung frühzeitig die Möglichkeit zu geben, in den Besitz der Nachbauunterlagen zu kommen, hatte das BWB bereits am 12. September 1969 den Lizenzvertrag mit der Firma United Aircraft Corporation geschlossen. Da der ehemalige Heinkel Standort Speyer zu VFW-Fokker gehörte und dieser den süddeutschen Zulieferern am nächsten lag, hatte VFW-Fokker entschieden, die Endmontage der CH-53 in Speyer durchzuführen. Dies wurde zwar zunächst

Autoklav im MBB-Werk in Donauwörth. Cockpit in der Klebevorrichtung zum Aushärten der Klebungen.

betriebsintern zugunsten von Nordenham hinterfragt, doch das ehemalige Heinkel Werk in Speyer setze sich schließlich durch, nicht zuletzt aufgrund der in Speyer vorherrschenden Auslastungsprobleme. Im Werk Speyer konzentrierte man nun das Management, die Endmontage und den Einflug der Hubschrauber. Die »Technische Serienleitung CH-53« oblag Dipl. Ing. Ulrich Heider, der zuvor Verbindungsmann im Büro der United Aircraft International in Köln gewesen war. Mit seinen Mitarbeitern wurde in Speyer zuerst unter Einbeziehung von Sikorsky-Spezialisten ein so genanntes Serienteam unter seiner Leitung aufgebaut. Oliver B. Chittick, vorher Division Vice President Accounting bei Sikorsky in Stratford / Conn. wurde Leiter des Sikorsky-Teams. Er ging Mitte 1972 in den Ruhestand und wurde dann von Sergei Sikorsky, nun Vice President, abgelöst.

Als das BWB am 10. Dezember 1969 das erste Los zur Beschaffung von 80 MTH Sikorsky CH-53 freigegeben hatte, konnte mit dem Zusammenbau der einzelnen Sektionen begonnen werden.

Doch schon im März 1970 hatte das BMVg eine erneute Überprüfung des Programms angeordnet und den Verteidigungsminister gebeten, einer Weiterführung zuzustimmen. Aufgrund der allgemeinen Preisentwicklung und einer Prognose, dass bis Ende 1970 mit Programmkosten in Höhe von 1.676 Mio. DM zu rechnen sei, entschied Verteidigungsminister Helmut Schmidt, dass

- der Hubschrauber CH-53G mit zunächst 80 Stück (erstes Los) eingeführt wird und eine zeitliche Streckung des Programms nicht in Betracht zu ziehen ist,
- das Verhältnis 40% : 60% geplante Koproduktion USA-BRD beibehalten bleibt und
- dass trotz der Mehrkosten (ca. 30 Mio. DM) die Einschaltung der Firmen MTU und KHD in die Triebwerksfertigung erfolgen solle.

Gründe dafür war der technologische Gewinn für die Bundesrepublik, aus logistischer Sicht eine unerlässliche Instandsetzungskapazität im Land, ein Erwerb des für die

In diesem Fertigungsbereich von MBB in Donauwörth erfolgte der Zusammenbau des Cockpits.

In dieser Halle im MBB-Werk in Donauwörth wurde der Rumpfbug, die Fertigung der Hilfs- und Untergruppen für Sektion 01 und 02 Rumpfbugober- und unterteil sowie Endzusammenbau durchgeführt.

späteren Wartungs- und Instandsetzungsaufgaben unentbehrlichen »Know-hows« durch die Beteiligung der deutschen Industrie an der Fertigung und die Erhaltung der Kapazität der deutschen Triebwerksindustrie. Daraufhin wurde dem BWB am 1. Juli 1970 die endgültige Beschaffungsanweisung, mit dem Inhalt, die Triebwerke von den Firmen MTU und KHD fertigen zu lassen, erteilt. Doch sechs Triebwerke T64-GE-7 mussten vorab noch über FMS-Case (Regierungsvertrag zwischen der Bundesrepublik und dem NASC) beschafft werden.

Auf der Grundlage des mit der Firma VFW-Fokker abgeschlossenen Vertrages bezüglich der Organisation und Vorbereitung des Nachbauprogramms, wurde Anfang 1970 die Fertigung bei den Firmen VFW-Fokker (Werk Speyer), Messerschmitt-Bölkow-Blohm (MBB, Werke Augsburg und Donauwörth) sowie bei Dornier AG (Werk Neuaubing) vorbereitet. Der Bau der Fertigungsanlagen, Erstellung der Fertigungszeichnungen usw. musste berücksichtigt werden. Die Hubschrauber sollten in Raten von bis zu fünf Einheiten pro Monat geliefert werden. Zur Realisierung des vom BWB vorgegebenen Terminplanes lieferte Sikorsky eine Anlaufhilfe.

Bauaufteilung für die Serienfertigung, Fertigungsanteil:

- Sikorsky: Rotorköpfe und sämtliche Getriebe
- VFW-Fokker: Fertigung von Verbindungsteilen für die Taktstraße, Kabelbaum- und Rohrleitungsfertigung, Aufrüstarbeiten, Endmontage und Einflug
- MBB Augsburg: Rumpfmittelteil vorn, hinten und Verbindungswellen
- MBB Donauwörth: Rumpfbug, Hauptrotor- und Triebwerksverkleidung, Rotorblätter
- Dornier AG München: Rumpfheck einschließlich Laderampe, Ladetor, Heckrotorträger, Stabilisierungsflosse und Fahrwerksgondeln.

Personalschulung und Beratungspersonal:
Es war vorgesehen, Spezialisten von VFW-Fokker und der Unterauftragnehmer für das CH-53 Programm bei Sikorsky in den USA zu schulen.

Rotorblattprüfstand (hier nur drei Blätter montiert, Donauwörther MBB-Werk).

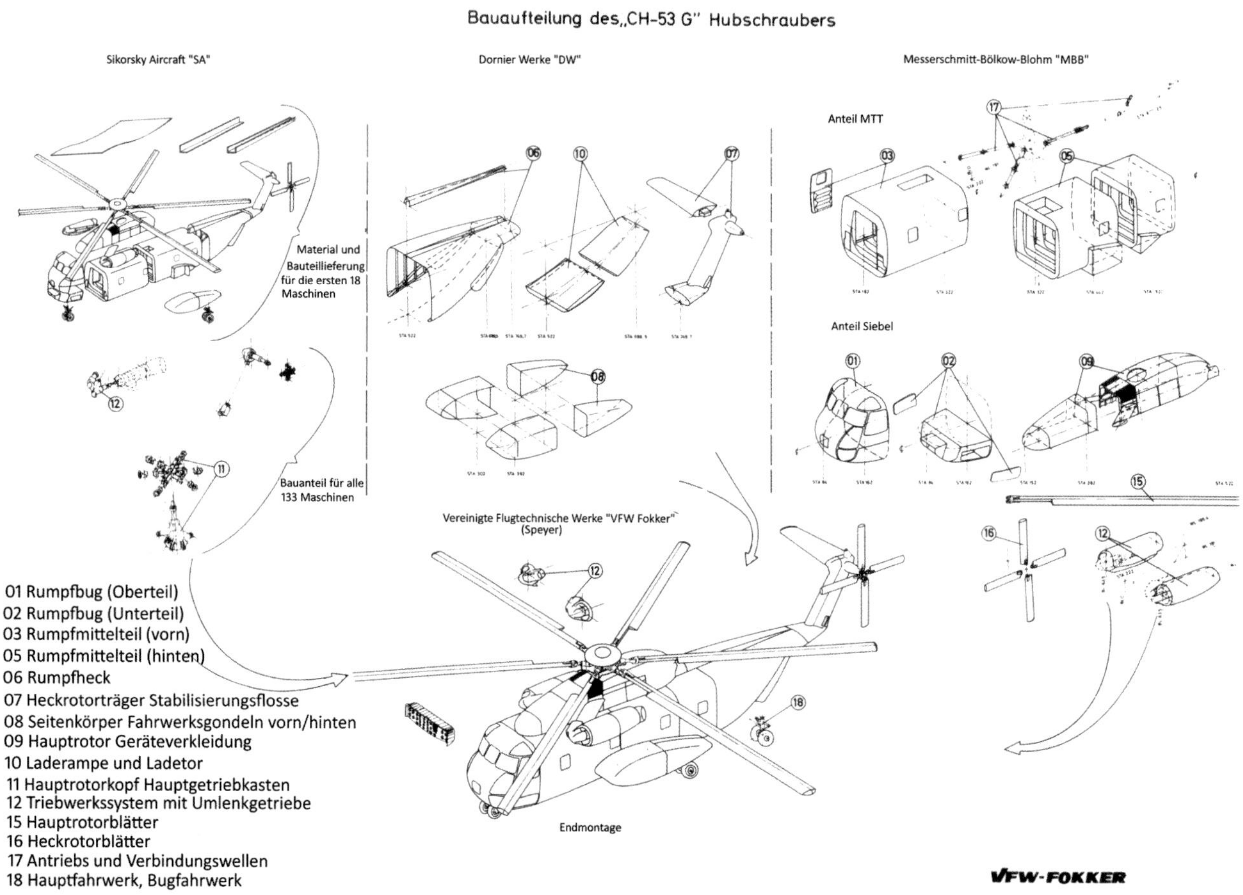

Endmontage

Anlaufhilfe

Um den äußerst knappen Zeitraum zwischen der Unterzeichnung des Lizenzvertrages und der Ablieferung des ersten Hubschraubers an den Auftraggeber so effektiv wie möglich zu nutzen und die Anlauf -und Lernphase der Serienfertigung des Hubschraubers CH-53G auf ein Minimum zu verkürzen, wurde die Beschaffung einer so genannten Anlaufhilfe bei Sikorsky beschlossen und durchgeführt:

Ein flugfähiger CH-53G Hubschrauber, der als Demonstrationsobjekt dienen sollte. Während der Montage dieses Hubschraubers in Stratford ergaben sich für die deutsche Version mehrere tausend Änderungen bzw. Ergänzungen, die in die Bauunterlagen mit eingearbeitet werden mussten.

Dieser Hubschrauber (WerkNr. V65002, Kennzeichen 84+04) wurde nach Fertigstellung im April 1971 auf das unter schwedischer Flagge fahrenden ConRo-Schiff, Atlantic Saga, Göteborg (ConRo, Container Roll on, Roll off, Platz für Container und Fahrzeuge) der Atlantic Container Line (ACL) verladen und über Liverpool, Antwerpen nach Bremerhaven verschifft. Hier wurde die 84+04 auf dem VFW-eigenen »Flugzeugträger«, der zwischen den Werken Einswarden und Lemwerder für den Transport von kompletten Flugzeugen eingesetzt wurde, nach Lemwerder gebracht und von der VFW-Begleitmannschaft, unter ihnen VFW-Werkmeister Edgar Sefrin, der den Hubschrauber auf der ganzen Reise begleitet hatte, flugfähig gemacht. D.h. die Rotorblätter mussten montiert, die Bordsysteme überprüft, Bodenprüflauf und der Testflug durchgeführt werden. Für die Überführung nach Speyer hatte die 84+04 eine vorläufige Genehmigung für einen Überführungsflug erhalten. Dieser Hubschrauber diente nun in der Folgezeit als Anschauungsobjekt (unter anderem war er auf der ILA in Hannover zu sehen) und zur Pilotenschulung.

Als Anlaufhilfe wurden darüber hinaus 18 Hauptgruppen beschafft, um die Liefertermine für die ersten Serienhubschrauber halten zu können. Außerdem weitere zwei Sätze Einzelteile, die als Muster allen am Programm beteiligten deutschen Firmen zur Verfügung standen und später in die Fertigung mit einflossen. Darüber hinaus zehn Satz Rohmaterial. Dadurch konnte die Endmontage reibungsloser beginnen und es stand mehr Zeit zur Verfügung, sich mit der neuen Technik vertraut zu machen. Anhand dieser Hauptbaugruppen konnten die entsprechenden Bauvorrichtungen leichter angepasst und abgestimmt werden.

Als Anlaufhilfe wurde ein flugfähiger CH-53G-Hubschrauber (WerkNr V65002, 84+04) im April 1971 auf dem schwedischen ConRo-Schiff, Atlantic Saga, Göteborg über Liverpool und Antwerpen nach Bremerhaven verschifft. In Liverpool wie Antwerpen musste der Hubschrauber von Bord genommen werden, um das Ent- und Beladen von Fahrzeugen zu ermöglichen. Mit dabei war unter anderem Edgar Sefrin von VFW-Fokker um das Rangieren zu überwachen.

Auf dem Weg nach Speyer.

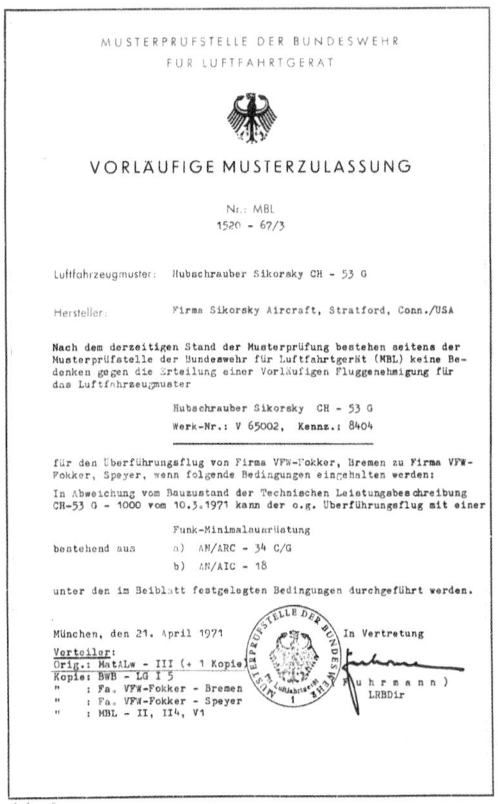

MUSTERPRÜFSTELLE DER BUNDESWEHR
FÜR LUFTFAHRTGERÄT

VORLÄUFIGE MUSTERZULASSUNG

Nr.: MBL
1520 - 67/3

Luftfahrzeugmuster: Hubschrauber Sikorsky CH - 53 G

Hersteller: Firma Sikorsky Aircraft, Stratford, Conn./USA

Nach dem derzeitigen Stand der Musterprüfung bestehen seitens der Musterprüfstelle der Bundeswehr für Luftfahrtgerät (MBL) keine Bedenken gegen die Erteilung einer Vorläufigen Fluggenehmigung für das Luftfahrzeugmuster

Hubschrauber Sikorsky CH - 53 G
Werk-Nr.: V 65002, Kennz.: 8404

für den Überführungsflug von Firma VFW-Fokker, Bremen zu Firma VFW-Fokker, Speyer, wenn folgende Bedingungen eingehalten werden:

In Abweichung vom Bauzustand der Technischen Leistungsbeschreibung CH-53 G - 1000 vom 10.3.1971 kann der o.g. Überführungsflug mit einer

Funk-Minimalausrüstung
bestehend aus a) AN/ARC - 34 C/G
b) AN/AIC - 18

unter den im Beiblatt festgelegten Bedingungen durchgeführt werden.

München, den 21. April 1971 — In Vertretung

Verteiler:
Orig.: MatALw - III (+ 1 Kopie)
Kopie: BWB - LG I 5
" : Fa. VFW-Fokker - Bremen
" : Fa. VFW-Fokker - Speyer
" : MBL - II, II4, V1

(Fuhrmann)
LRBDir

Mit einer vorläufigen Musterzulassung versehen wurde die Maschine im April 1971 nach Speyer überführt.

Während der Übernahme der Bauunterlagen zeigte sich, dass Sikorsky nicht in der Lage war, Listen zur Beschaffung des Fertigungsmaterials für die ersten Lose in bestellreifer Form zur Verfügung zu stellen. Dies machte eine erneute Ermittlung des Materialbedarfs erforderlich, die von VFW-Fokker unter Beteiligung der Firma Sikorsky, sowie MBB und Dornier durchgeführt wurde. Dieser Umstand führte zu einer Veränderung des Lieferplans, der auch zu einer Verschiebung ab WerkNr. V65019 (84+21, erster Koproduktionshubschrauber) führte.

Ursache dieses Problems war die Formulierung im Lizenzvertrag zwischen dem BWB und Sikorsky, dass Sikorsky die Bauunterlagen liefert, die sie selbst für die Fertigung des CH-53 verwendet und nicht die, die in Deutschland benötigt werden. Schon gar nicht bezogen auf einzelne Baugruppen bzw. Unterauftragnehmer.

Anlässlich einer geheimen Rüstungstagung am 25. Januar 1972 in Boppard wurde entschieden, das Beschaffungsprogramm CH-53G auf 110 Hubschrauber und ein Finanzvolumen von 1622 Mio DM zu beschränken. Durch diese Programmkürzung ergab sich ein Überbestand von so genannten »Long Time Items« (insbesondere dynamische Komponenten und Geräten) von 23 Satz, die zum größten Teil in die Ersatzteilgrundausstattung umdirigiert wurden.

Vorbereitungen für den Erstflug des ersten bei VFW-Fokker-Werk Speyer zusammengebauten Hubschraubers, der am 11. Oktober 1971 stattfand. Dieser Hubschrauber wurde durch das Zusammenfügen von Sikorsky gelieferten Baugruppen in Speyer endmontiert.

Am 26. Juli 1972 wurde nun offiziell bei einer feierlichen Übergabe im VFW-Fokker-Werk in Speyer der »erste« CH-53G-Hubschrauber WerkNr. 65010, 84+12, im Beisein von Verteidigungsminister Georg Leber, der Bundeswehr übergeben.

Sergei I. Sikorsky, ab Sommer 1972 stellvertretender Programmleiter CH-53G, und Ulrich Heider, Chef der Serienleitung bei der Durchsicht aller Prüfpunkte bevor der Hubschrauber die Endmontage im VFW-Fokker-Werk in Speyer verlässt.

Derweil hatte im VFW-Fokker Werk in Speyer die Endmontage begonnen (Produktionsbeginn 1970, Beginn der Endmontage im Februar 1971). Sie bestand in erster Linie darin, die von Sikorsky gelieferten Sektionen zusammenzufügen und den Hubschrauber zu komplettieren. Zunächst wurden zwei, später dann vier Hubschrauber pro Monat gefertigt. Es entstanden so die ersten 18 Hubschrauber aus den von Sikorsky gelieferten Hauptbaugruppen. Dies reduzierte die Vorlaufzeit für die Industrie und ermöglichte, dass bereits am 11. Oktober 1971 der Erstflug der ersten CH-53G, WerkNr. V65001, 84+03, einer bei VFW endmontierten CH-53G, stattfinden konnte. Am 30. November 1971 erfolgte dann die Auslieferung dieser Maschine an die Technische Schule der Luftwaffe (TSLw) 3 nach Fassberg zur Schulung der Techniker.

Bis zum 1. August 1972 wurden insgesamt zehn Hubschrauber (V65001, 84+03 bis V65010, 84+12) an die Truppe ausgeliefert. Sieben Hubschrauber befanden sich in der Endmontage oder wurden gerade eingeflogen.

Für die Serienfertigung hatten die Unterauftragnehmer MBB und Dornier mittlerweile die ersten deutschen Großbaugruppen nach Speyer geliefert, so dass diese termingerecht am 7. Juni 1972 für den Hubschrauber WerkNr. V65019, 84+21 zur Verfügung standen.

Der zweite Satz Hauptbaugruppen aus deutscher Produktion war für den Hubschrauber WerkNr V65020, 84+22 vorgesehen. Die Ablieferung des ersten Hubschraubers aus deutscher Fertigung, WerkNr V65019, 84+21 war für Dezember 1972 geplant.

In neuen speziell für die CH-53-Endmontage gebauten Hallen im VFW-Fokker Werk Speyer wurden die jeweiligen Baugruppen sektionsweise zusammengefügt und bis zur letzten Halle, der Halle 13, weitergereicht. So begann unter anderem in der Halle 1 die Aufrüstung und Aufbau der dynamischen Komponenten. In Halle 4 wurden die einzelnen Sektionen wie das Cockpit mit Sektion 3 und 4 zusammengefügt.

Hier fand auch die Verkabelung der Geräte statt. Mithilfe eines Computer-Teststandes, der eine stattliche Länge von ca. 10 m einnahm und über 2 m hoch war, konnten alle spezifischen Systeme getestet werden. Lochstreifen zeigten die jeweiligen Ergebnisse. In Halle 13, Taktstraße 5–7, fand die Endmontage statt. Hier erfolgte u.a. auch der Einbau der Fahrwerke, der dynamischen Komponenten und der beiden Triebwerke. In der Halle 15, auch Einflughalle genannt, erfolgte die Präparierung der fertigen Hubschrauber für deren Testflüge.

Die Abnahme der Hubschrauber erfolgte durch die Güteprüfstelle der Bundeswehr, GPS Bw (»Außenstelle« des BWB mit der vorrangigen Aufgabe der Qualitätssicherung) in Speyer. Leiter dieser Dienststelle war zu diesem Zeitpunkt Regierungsbaudirektor Carl Bode, der vorher Leiter Hubschrauber bei der Erprobungsstelle 61 in Oberpfaffenhofen war.

Im Rahmen einer feierlichen Zeremonie wurde am 26. Juli 1972 im VFW-Fokker Werk Speyer der »erste« CH-53G Hubschrauber (WerkNr. V65010, 84+12) offiziell durch Verteidigungsminister Georg Leber an das Heer übergeben. Hintergrund für die verspätete Übergabezeremonie waren Terminprobleme des Verteidigungsministers. Anschließend wurde die Maschine durch die Besatzung Oberst Granz, Major Hain, Hauptfeldwebel Heckl und Hauptfeldwebel Fritsche nach Achum zur Heeresfliegerwaffenschule überführt.

Insgesamt verlief die Serienfertigung relativ reibungslos mit Ausnahme der Probleme, die durch die Programmkürzung von 133 auf 110 Serienhubschrauber entstanden waren.

Dem VFW-Fokker Standort in Speyer fehlten mit Auslaufen der Sikorsky-Lizenzproduktion ab 1975 die Folgeaufträge. Allerdings galt es die Betreuung und Wartung der CH-53 wahrzunehmen. Parallel dazu konnte ein Auftrag der USAF eingeholt werden, bei dem es sich um die Durchführung von »Analytical Condition Inspection« an ihren HH-53C handelte.

Nachdem das Unternehmen durch die Entwicklung der VFW 614 ins Trudeln geraten war und man sich von Fokker wieder getrennt hatte, übernahm MBB in Jahre 1981 das Werk. Es entstand der Unternehmensbereich »Drehflügler und Verkehr«. Mit dem zentralen »MBB-Helicopter Service Center«, das neben den eigenen Hubschraubern wie CH-53 und Bo 105 auch Sea King Mk41 und Sea Lynx Mk88 betreute, erreichte man zumindest mittelfristig eine gewisse Auslastung. So wurde am 21. Mai 1984 die 300ste CH-53G zu einer Instandhaltung in Speyer in Empfang genommen. Durch die Beteiligung von Daimler Benz erfolgte Ende 1989 der Zusammenschluss von MBB mit der mittlerweile gegründeten Deutschen Aerospace (DASA).

Im Mai 1991 einigte sich die DASA mit dem französischen Luft- und Raumfahrtkonzern Aerospatiale aus Frankreich die Aktivitäten beider Hubschrauberbereiche zu koordinieren und eine gemeinsame Vertriebsgesellschaft, die Eurocopter International GIE mit Sitz in Paris, zu gründen. Der Unternehmensbereich Hubschrauber wurde auf die neu etablierte Gesellschaft »Eurocopter Deutschland GmbH« übertragen.

Im Rahmen weiterer Strukturbereinigungen musste das Werk Speyer auf die Hubschrauberbetreuung verzichten, welche ab dem Jahre 1991 sukzessive an das Werk Donauwörth abgegeben wurde.

Das Werk Speyer erhielt ab 1975 von der USAF diverse Aufträge.

84 71

Technik hautnah

Bereits in den 50er-Jahren legte Igor Iwanowitsch Sikorsky den Grundstein für ein zukunftsweisendes Transporthubschrauberkonzept eines schweren Transporthubschraubers, dem S-56 »Mojave«. Im Jahre 1940 hatte Sikorsky zum ersten Mal einen Hubschrauber mit einem Hauptrotor und einem Heckrotor zum Drehmomentausgleich gebaut und ihn zum Fliegen gebracht. Diese Konfiguration gilt bis heute als Standardbauweise, die im Hubschrauberbau am häufigsten angewandt wird. Konsequent weitergeführt entwickelte sich aus dem Sikorsky S-56 (CH-37A), einem zweimotorigen Hubschrauber mit maximalem Fluggewicht von über 14 Tonnen, einer Rumpflänge von über 25 Meter und einem Rotordurchmesser von fast 22 Meter eines der erfolgreichsten Hubschraubertransportsysteme, der S-65 (CH-53), dessen Einsatzende durch moderne Versionen noch nicht abzusehen ist.

Zwischen den Entwicklungen S-56 und S-65 hatten sich je nach Aufgabe unterschiedliche Konstruktionen entwickelt wie Sikorskys Kranhubschrauber S-60 und dessen Weiterentwicklung der S-64 Skycrane, der amphibische Hubschrauber S-61 und seiner Kampftransporter-Version S-61R bis hin zum schweren Kampfzonen-Transporthubschrauber S-65 (CH-53). In dessen Konzept flossen dann z.B. die Rumpfkonstruktion des S-61R oder der Rotor, die Getriebe und andere dynamischen Komponenten vom S-64 »Skycrane« mit ein. Sikorsky legte auch Wert darauf, dass der Hubschrauber im Notfall Notwassern konnte. Dafür hatte man den Kiel wasserdicht ausgelegt und Schwimmerstummel angebaut. Somit war der CH-53-Hubschrauber in der Lage in schwach bewegtem Wasser (bis zu einem Seegang der Stärke zwei) zu landen, über zwei Stunden lang zu schwimmen und dann wieder zu starten.

Die Sikorsky CH-53 erfuhr auch bei der Bundeswehr eine kontinuierliche Weiterentwicklung. Dies begann bereits im Frühstadium der Beschaffung. Hatte man im Vorfeld eines Vertrages nur über die A-Version diskutiert und diese getestet, wurde jedoch dann ein Vertrag über die D-Version abgeschlossen. Denn bereits bei den ersten beiden Vorabhubschraubern hatte man einige Anpassungen, die zur Version D/G führten, vorgenommen.

Das Grundkonzept des CH-53D hatte sich im Laufe der Jahre nicht grundlegend geändert. Die Sektionen für die ersten bei VFW-Fokker endmontierten Hubschrauber stammen aus der CH-53D-Fertigung bei Sikorsky. Bei VFW-Fokker wurden die Maschinen dann im Rahmen der Endfertigung auf den Stand CH-53G gebracht und so an den Auftraggeber Bundeswehr ausgeliefert. Wie von deutschen Militärs gefordert hatte man mit der CH-53 einen Hubschrauber erhalten, der allen Anforderungen gerecht werden konnte.

Bei den Heeresfliegern war bis in die 90er-Jahre dann nur die CH-53G-Version im Einsatz. Bis zu dieser Zeit hatte man keine große Anstrengung bezüglich einer nationalen Weiterentwicklung unternommen, außer dem Austausch der Hauptrotorblätter gegen modernere leistungsfähigere sogenannte IRB – Improved Rotor Blade (ursprünglich entwickelt für die CH-53E, Titanholm und Wabenkern mit GfK-Hülle), bis internationale Einsätze eine Reichweitenerhöhung notwendig machten. Es entstand die Baureihe GS mit ihren außen angebrachten Zusatztanks. Diese Hubschrauber wurden dann durch die kurzfristig umgerüstete Variante GE ergänzt. Bis dann die derzeit modernste CH-53-Baureihe, die GA, ein Hubschrauber ausgestattet mit aktueller Elektronik und einem »Glascockpit«, folgte.

Im Rahmen der CH-53-Beschaffungsentscheidung war es nicht als kritisch empfunden worden, dass die Lebensdauer des Hubschraubers zunächst auf 6000 Flugstunden begrenzt war. Eine Überschreitung dieser 6000 FH war allerdings bereits Ende der 90er-Jahre absehbar. Das bedeutete, man musste sich nicht nur über eine Lebensdauerverlängerung Gedanken machen, sondern auch das neue Aufgabenspektrum mit in die Überlegungen einbeziehen. Durch die Auflösung des Warschauer Paktes und die sich daraus entwickelnden regionalen Konflikte, die zum Teil eine Einbeziehung der Bundeswehr zur Folge hatten, musste das Waffensystem CH-53 dringend modernisiert werden. Da die taktische Reichweite des Hubschraubers mit 400 km deutlich zu gering war und dem Eigenschutz eine höhere Priorität eingeräumt werden musste, dachten die Planer auf der Hardthöhe über entsprechende Möglichkeiten nach.

In Zusammenarbeit mit den Betreuungsfirmen Eurocopter (heute Airbus Helicopters) und ZF wurden parallel Programme zur Lebensdauerverlängerung (Design Life) für alle CH-53G gestartet, deren Ziel eine Nutzungsdauerverlängerung (NDV) bis 10.000 FH war.

Sicherstellung der Einsatzbereitschaft (SdE)

Dieser Begriff bezeichnete die Maßnahmenpakete, die nötig waren, um die Lfz bis zur geplanten Ausphasung (derzeit 2030) in Betrieb zu halten. Dabei gliederte sich die Maßnahme in ein Paket Mechanik und ein Paket Elektrik auf.

Zur Sicherstellung der Einsatzbereitschaft (SdE) Mechanik zählte unter anderem:

- Verstärkung der Hauptgetriebe-Antriebswellenverkleidung
- Abdichtung der Zelle
- Neuvernietung der Struktur unterhalb des Hauptgetriebebereichs
- Lasthaken/Lasthakenanlage
- Verschleißteilewechsel Flugsteuerung
- Austausch G/GS-spezifischer Kraftstoffschlauchleitungen
- Verbesserte Dispenserverriegelung (GS/GE)
- Schwimmerstummel

Zur Sicherstellung der Einsatzbereitschaft (SdE) Elektrik zählten unter anderem:

- Erneuerung der gesamten Hauptverkabelung
- Elektronische Rotorblattkontrollanlage Neuverkabelung
- Wechsel von elektrischen Schaltern, Steckern und Relais
- Austausch Diodenring (Neuentwicklung)
- Stromversorgung der AFCS auf Notstromschiene verlegt
- Austausch der Intercom-Anlage

Um die Teilnahme am allgemeinen Luftverkehr sicherzustellen, wurden an allen CH-53-Hubschraubern des Zielbestands die folgenden Modifikationen durchgeführt:

- Einrüstung von STR2000 zum Aufbau der IFF Mode-S Fähigkeit und Einrüstung einer Cockpit Voice Recorder-Anlage
- STR2000: Der »Mode S-Transponder STR2000« besteht im Wesentlichen aus einer CADU (Control und Display Unit) und dem Transponder STR2000, zwei Antennen und einem Mode 4 Computer.
- Einrüstung einer zusätzlichen IFF-Antenne an der oberen Hubschrauber-Zelle und einer entsprechenden Aufnahmevorrichtung für den Transponder und die CADU.
- Einrüstung der beigestellten Geräte Data Aquisition Unit (DAU) und Flight Data Recorder (FDR)

Technische Änderungen im Rahmen der Modifikationspakete CH-53GS, G-IFR, GE

Die CH-53GS

Mit einer Taktisch-Technischen Forderung vom 20. Dezember 1990 wurde die Umrüstung der CH-53G-Flotte für Nachttiefflug in Folge der Forderungen der Konzeption des Heeres und der Zielvorstellung für die Luftbeweglichkeit des Heeres in den 90er Jahren und nach 2000 gefordert.

Mit einer weiteren Taktisch-Technischen-Forderung vom 15. Februar 1993 wurde eine Reichweitenerhöhung für die CH-53G Flotte basierend auf der konzeptionellen Leitlinie der Krisenreaktionskräfte (KRK) und der humanitären Hilfseinsätze, UN-Verifikationsaufgaben sowie Katastrophenhilfe gefordert. Diese Forderungen wurden in einer

Die CH-53GS ist durch die beiden 650 Gallonen (2460 Liter) Zusatzaußentanks und Antennen doch sehr prägnant und von weitem zu erkennen. Für das aktive Flugkörper-Abwehrsystem, der Eloka-Anlage mit ihren Radarwarner, den Raketen- und Laserwarner sind am Bug links und rechte (fast übereinander) die vier Radarwarnantennen, links und rechts neben der unteren Scheibe die optischen Sensoren und neben der linken und rechten Cockpitscheibe die Laserdetektoren angeordnet.

Militärisch-Wirtschaftlichen Forderung vom 24. Juni 1993 zusammengefasst und genehmigt.

Die Firma Eurocopter wurde mit dem Prototypenbau einer CH-53G RWE/NTF beauftragt. Im März 1996 wurde dieses Truppenversuchsmuster (85+00) an die Heeresfliegertruppe ausgeliefert.

Noch im selben Jahr entschied der damalige Verteidigungsminister Volker Rühe die Umrüstung von 20 CH-53G zu CH-53GS. Obwohl der Bedarf für die Umrüstung der Gesamtflotte hergeleitet war, ließ die Finanzplanung des Verteidigungsministeriums lediglich diese Stückzahl zu.

Mit einer Taktisch-Technischen Forderung vom 30. April 1997 wurde die Ausrüstung von CH-53G mit einer »Elektronischer Kampf-Ausstattung« gefordert. Das Vorhaben ELOKA-SA (Elektronischer Kampf - Selbstschutzausstattung) ergab sich aus der erhöhten Bedrohungslage im Einsatz, damals aktuell Ex-Jugoslawien (In diesem Zusammenhang wurde auch der Ballistische Schutz beauftragt).

Im Rahmen einer IFOR-Sofortmaßnahme wurde auf Weisung des zuständigen Staatssekretärs die ELOKA-SA auf Basis einer vorangegangenen theoretischen Einbauuntersuchung in den Hubschrauber CH-53G taktisches Kennzeichen 84+30 von der Fa. ECD mit Unterstützung der israelischen Firmen ELISRA und Rokar eingerüstet. Später wurden auch die 84+51 und 84+91 ebenfalls umgerüstet.

Die Vorhaben RWE/NTF und ELOKA-SA wurden durch eine Harmonisierungsentscheidung kurzfristig zusammengeführt und damit zur technischen Grundlage für die Typenbezeichnung CH-53GS. Die drei ELOKA-SA Hubschrauber wurden in diesem Rahmen zu CH-53GS umgerüstet.

Später wurden zwei weitere CH-53G zu CH-53GS (85+01 und 85+05) umgebaut. Damit wurden die Verluste der 84+08 (Erste »GS« / Flugunfall »Landung auf Übungsaußenlast im Ausbildungsbetrieb« am 25.01.2000) und 85+09 (Flugunfall Kabul im Einsatz ISAF 21.12.2002) kompensiert. Die 22. und letzte CH-53GS wurde der Truppe im Jahr 2007 übergeben.

Die Umrüstung beinhaltete folgende Maßnahmen:

- Einbau einer Außenzusatztankanlage (AZT) mit zwei 650 Gallonen Tanks von Sikorsky plus einer Fremdbetankungsanlage »Mk 105« zur Abgabe von Kraftstoff am Boden. Das führte zu der Reichweitenerweiterung (RWE) auf ca. 1300 km bzw. 7h Flugzeit. Einem dazugehörigen, geänderten Fuel Control- und Emergency Fuel Panel um das absprengen der Tanks zu ermöglichen und zu Kraftstoffablassen der Zusatztanks in der Luft.
- Rüstsatz HF-Funk (wurde im Laufe der Realisierung abgebrochen und getrieben durch eine Forderung aus ISAF durch SATCOM ersetzt),
- Rüstsatz Absetzen Spezialkräfte (Fast Roping Gestell hinten für maximal zwei Personen und Tür 1 Person), die Rettungs- und Bergewinde und die Swivel Door.
- Die Selbstschutz (EloKa)-Anlage bestehend aus dem Radarwarner, Raketenwarner, Laserwarner und Chaff-/Flare-Dispensern
- Triebwerkstaubluftabscheider EAPS (Engine Air Particle Separator).
  (Bei der UNSCOM Mission in den Jahren 1991 bis 1996 hatte man an den drei CH-53G sehr große Probleme aufgrund des sehr feinen Wüstensandes festgestellt der sich überall im Hubschrauber fest gesetzt hatte und in den Triebwerke zu großen Leistungsverlusten und Abnutzungserscheinungen geführt hatte).
- BiV-kompatible Cockpitbeleuchtung und Kollisionswarnleuchten.
  Für den Einsatz von Bildverstärker-Brillen (BiV) musste die Leuchtkraft von Cockpitbeleuchtung und Außenbeleuchtung angepasst werden. Durch die Nutzung von BiV ist der Einsatz der CH-53GS auch bei Nacht und schlechtem Wetter möglich.
- Navigationsunterstützungsausstattung wurde mit einem Digitalen Kartenlesegerät (DKG 3) als Kniebrettlösung und einem Moving Map Display und ab 1998 GPS realisiert.
- Batteriemanagement, bordnetzunabhängige Strom versorgung (Batterien).
  Zur Strom- und Hydraulikversorgung einer Maschine am Boden musste bei der G-Version bei Abschalten der Triebwerke das Hilfstriebwerk laufen. Für eine triebwerkunabhängige Versorgung der Maschine am Boden, ohne Hydraulikversorgung, wurde die GS-Version mit zwei Batterien ausgestattet.
- SatCom Anlage
  - Serieneinrüstung von 20 zellenfesten Anteilen (Antenne, GPS, etc)
  - Lieferung von 13 zellenlosen Anteilen (Rack, Wähleinheit, High Speed Data Terminal) mit dem Ziel der :

- Verbesserung der Kommunikationsfähigkeit des Waffensystems CH-53GS
- Ermöglichung von Datenübertragung
- Fähigkeiten der Anlage durch Verwendung des IN MARSAT Satelliten zur Verbindung verschlüsselte Übertragung von Audio-, Video- und Datensignalen.

- Nachttiefflugfähigkeit (NTF) ab 1996,
- Stromversorgung externer Geräte,
- Fußschalter Eigenverständigungsanlage Bordtechniker/Pilot,
- Bordbewaffnung M3M für Tür, Fenster und Rampe, MG3 war nur für Tür und Fenster vorgesehen.
- Crew Schrank über dem Ladetor
- Rüstsatz ballistischer Schutz

Im Laufe des Projektes CH-53GS wurden die Flugkörperwarner AN/AAR 47 ab 2004 durch modernere AN/AAR 60 MILDS ersetzt. Auch die Laserwarner wurden ab 2008 durch neue ausgetauscht.

Eine CH-53GS auf einem Überführungsflug am frühen Morgen.

Instrumententafel der CH-53GS, 84+66.

Auf beiden Seiten am Heck befinden sich weitere Antennen und Sensoren der Eloka-Anlage.

Für die CH-53GS wurde auch die Integration der Nachtsichtfähigkeit mittels Bildverstärker-Brillen (BiV) durchgeführt. Für deren Einsatz musste die Leuchtkraft der Cockpitbeleuchtung und Außenbeleuchtung angepasst werden. Dieses Bild zeigt frühe Vorversuche mit diesem System.

Instrumententafel mit den Anzeigen und Bedientafeln der neuen Systeme.

1 Copilot SPS-65 Radarwarn-/Laserwarnanzeiger,
2 Pilot SPS-65 Radarwarn- /Laserwarnanzeiger,
3 links: Copilot Lower MASTER CAUTION Light rechts Copilot Lower FIRE Warning Light, darüber das Multifunktionale Anzeigegerät MFD-255MF,
4 links Pilot Lower MASTER CAUTION Light / rechts: Pilot Lower FIRE Warning Light, darüber das Multifunktionales Anzeigegerät MFD-255MF,
5 obere 2 Instrumente: Krafstoffstandanzeige Haupttanks links/rechts untere 2 Instrumente: Krafstoffstandanzeige AZTs links / rechts,
6 Emergency Fuel Control Panel / Außenzusatztank-Notbedientafel,
7 Fuel Control Panel/Außenzusatztank-Bedientafel.

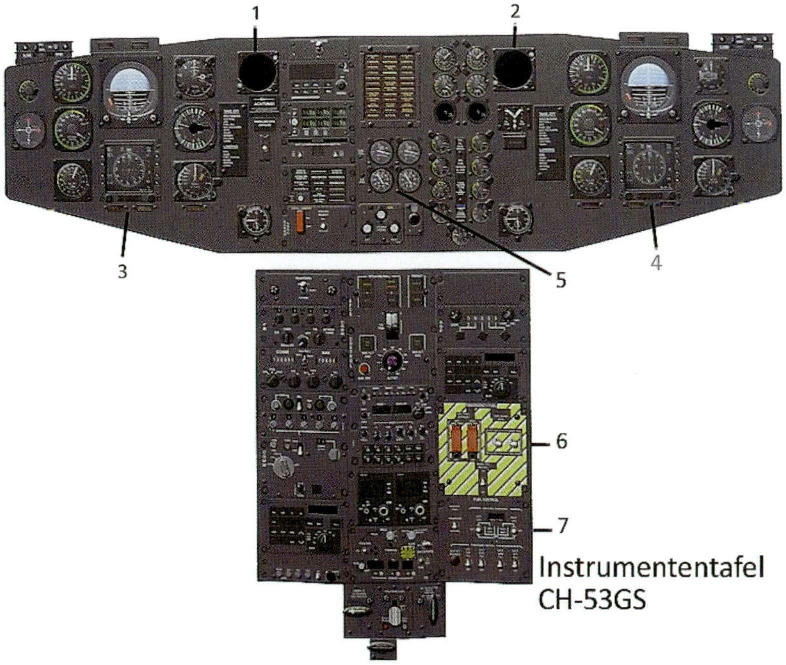

Das IFR-Upgrade, CH-53GS/GE und CH-53G IFR (MFD)

Beginnend im Jahre 2000 wurden 20 CH-53G und die 20 CH-53GS einer Modernisierung der Funk- und Navigationsausstattung mit dem Ziel unterzogen, den neuesten Ansprüchen der Zulassung und Teilnahme am internationalen IFR-Flugverkehr zu genügen. Die so modifizierten CH-53G Maschinen wurden CH-53G IFR bzw. auch »MFD-Maschinen« genannt, da sie im Cockpit zwei Multifunktionsdisplays erhielten.

Die Umrüstung beinhaltete folgende Maßnahmen:

- Erhalt der IFR-Fähigkeit mit folgenden Modifikationen:
  - Einrüstung eines Global Positioning Systems Trimble AN/ASN 175 CUGR
  - Ersatz des TACAN durch ein DME Rockwell-Collins DME 442 mit Bediengerät CTL-32
  - Einbau einer zusätzlichen VHF/AM Funkanlage Rockwell-Collins VHF 422C mit Bediengerät CTL-22C
  - Ersatz von Bearing Distance Heading Indicator (BDHI) und Course Indicator (CI) durch Multifunktionsdisplays MFD-255MF

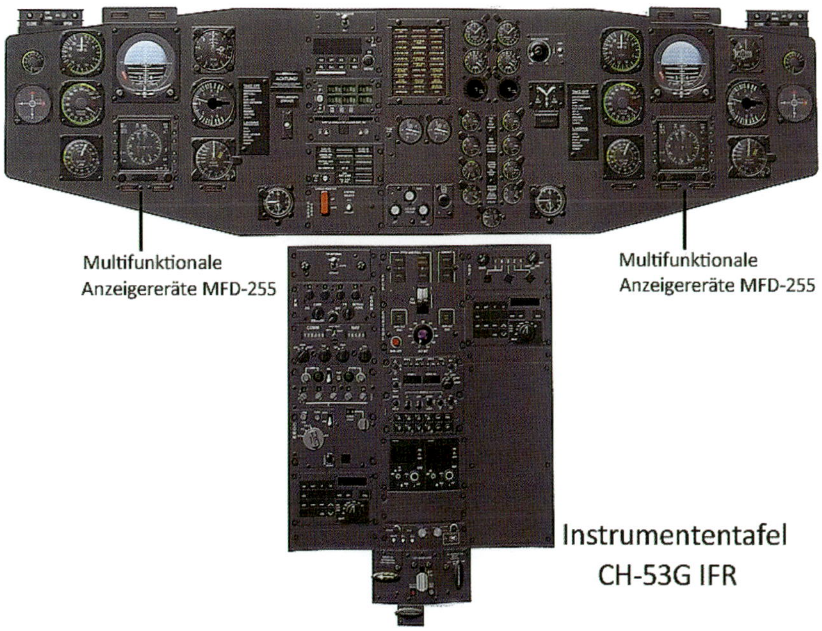

Die zentrale Instrumententafel der CH-53G IFR (MFD) mit den neu eingebauten multifunktionalen Anzeigegräten MFD-255MF als Ersatz von Bearing Distance Heading Indicator (BDHI) und Course Indicator (CI)

Die Technik der CH-53GE

Da kurzfristig Bedarf an weiteren geschützten CH-53G für den Einsatz vor allem in Afghanistan bestand, wurde im Verteidigungsministerium die Idee einer erweiterten CH-53G Version, der CH-53GE (E=enhanced) als Variante der Baureihe GS entwickelt.

Für die Umrüstung wurden CH-53G-IFR herangezogen und beinhaltete im Einzelnen folgende Systeme der Baureihe GS:

- EWS (Electronic Warfare System)
- Modifikation des H/C und Cockpit für den Einsatz von Bildverstärker Brillen (BiV)
- Battery Management Systems (BMS)
- SatCom
- Crew-Schrank
- Ballistischer Schutz
- Vorkehrungen für Einbau eines schweren Maschinengewehrs M3M (12,7mm)
- Fast Roping Provisions
- Swivel Door Einbau / Bergungswinde (Vorkehrungen)
- Vorkehrungen für Sandfilter EAPS
  Da die AZT-Anlage nicht zeitgerecht verfügbar war, wurden folgende Systeme der bereits angelaufenen GA-Entwicklung integriert:
- Innenzusatztanksystem (IZT)
  Diese CH-53GE Hubschrauber gingen bis heute allerdings nie in den Einsatz, da sie ohne die angebauten Zusatztanks für Nordafghanistan nicht genügend Reichweite besaßen. Sie leisten aber wertvolle Arbeit für die Einsatzvorbereitung, da sie quasi identisch mit der GS sind. Ferner sind sie überall da einsetzbar, wo die GS Reichweite nicht gefordert ist (dafür ist 700 kg mehr Zuladung möglich).

Die CH-53GE entspricht weitgehend der CH-53GS, allerdings fehlt die Außentankanlage.

Die Technik der CH-53

Die derzeit modernste Baureihe ist die GA, ein Hubschrauber ausgestattet mit aktueller Elektronik und einem »Glascockpit«. Von Grund auf überprüft und mit Digitaltechnik auf den neuesten Stand gebracht, können diese Hubschrauber nun bedenkenlos dem angestrebten Ausmusterungsziel im Jahre 2030 entgegensehen. Die technische Beschreibung bezieht sich nun primär auf die CH-53GA.

Bei der Version GA (GA: German Advanced) handelt es sich um eine Kampfwertsteigerung (KWS) des über Jahrzehnte bewährten Hubschraubers CH-53G der unter anderem ein sehr komplexes Avioniksystem unter dem Namen »German Avionic Management System« (GAMS) erhielt und eine Interoperabilität mit dem Tiger und NH90 aufweist.

Dieser einrotorige Transporthubschrauber besitzt eine maximalen Länge von 26,87 Meter (Hauptrotorblätter gespreizt), eine Höhe von 7,59 Meter und ein Frachtraumvolumen von ca. 42 m³. Er kann auch für den Notbetrieb auf dem Wasser landen und starten und besitzt die erforderlichen strukturellen Voraussetzungen für eine Reichweitensteigerung. Die zwei GE-T64-GE-100-Triebwerke, (Standardtagesbedingungen bezogen auf Normalnull) erzeugen eine Wellenleistung von je 2926 kW bzw. 3228 kW. Außerdem besitzt der Hubschrauber eine Flugregelanlage und einen Triebwerkvereisungsschutz, so dass er auch unter ungünstigen Wetterbedingungen fliegen kann. Er wird über eine Laderampe im Heck beladen. Lastenwinden, Frachtrollenbahnen, Lastenverzurr-Vorrichtungen und ein Außenlasthaken sind für die Hauptaufgabe den Transport von Lasten Gerätschaften, Fahrzeuge etc. (mit einer maximalen Zuladung von 8298 kg) und Truppen (36 vollausgerüstete Soldaten oder 24 Tragbahren mit vier Sanitätern) vorgesehen. Truppensitze und Tragenhalterungen dienen dem Truppentransport. Das Dreibeinfahrwerk ist einziehbar und arbeitet in Verbindung mit einem Heckspom, der die Heckrotorblätter vor Bodenkontakt schützt. Die Kraftstoffanlage ermöglicht sowohl eine Schwerkraftbetankung als auch eine Einpunktdruckbetankung.

Der 2. CH-53GA Prototyp auf seinem Erstflug bei Eurocopter, jetzt Airbus Helikopters in Donauwörth.

Äußere Systemübersicht der GA

1 Horizontal Stabilizer, 2 Formation Lights, 3 Anti-collision Strobe Light, 4 Tail Rotor Head Assembly, 5 Tail Rotor Blade, 6 Pylon, 7 Satcom-Antenna, 8 HF-Antenna, 9 Hand Holds, 10 Work Platform, 11 Main Rotor Head, 12 Main Rotor Head Fairing, 13 Main Transmission Input Drive Shafts, 14 Engine Air Inlet Ducts (with EAPS if installed), 15 Engine Oil Coolers, 16 Main Rotor Pylon Cover, 17 Cabin Heater Air Intake, 18 Pitot Tubes, 19 Windshield Wipers, 20 Radar Warn Antennas, 21 Nose Compartment Door, 22 Nose Landing Gear Door, 23 Nose Landing Gear, 24 Missile Launch Detectors, 25 Ice Probe, 26 Electronics Compartment, 27 External Power Receptacle, 28 Personnel Door (lower part), 29 Personnel Door (upper part), 30 Engine Work Platform, 31 Chaff/Flare Dispensers, 32 Position Light, 33 Fuel Filler Cap, 34 Sponson, 35 Steps, 36 Laser Senors, 37 Main Landing Gear, 38 Cargo Ramp, 39 Cargo Door, 40 Main Rotor Blade 41 Main Rotor Blade Tip Light (one each blade), 42 Pylon Fold Hinges

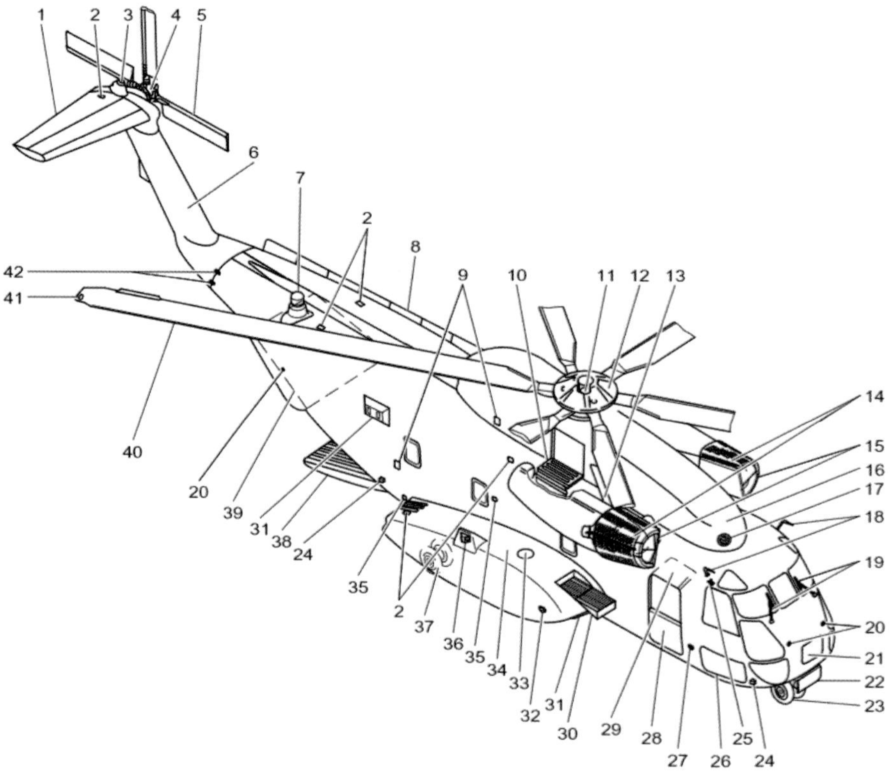

Innere Systemübersicht der GA

1 Flight Engineer Seat, 2 Cabin Crew Seat, 3 Cabin Heater, 4 Auxiliary Power Plant, 5 Auxiliary Power Plant Starting Accumulator, 6 Fire Extinguisher Containers, 7 Generators, 8 Accessory Transmission, 9 Main Transmission, 10 Rotor Brake, 11 Main Transmission Oil Cooler, 12 Transmission Compartment, 13 Rear Cargo Ramp,14 Roller Conveyors, 15 Tail Rotor Drive Shaft, 16 Tail Skid, 17 Cargo Ramp Flippers, 18 Cargo Tie-down Rings (Outside Row), 19 Cargo Tie-down Rings (Inside Row), 20 Troop Seats, 21 Engine, 22 Main Transmission Input Drive Shaft, 23 Nose Transmission, 24 Nose Transmission and Engine Oil Cooler, 25 Electronics Compartment, 26 Cockpit, 27 Copilot Seat, 28 Pilot Seat

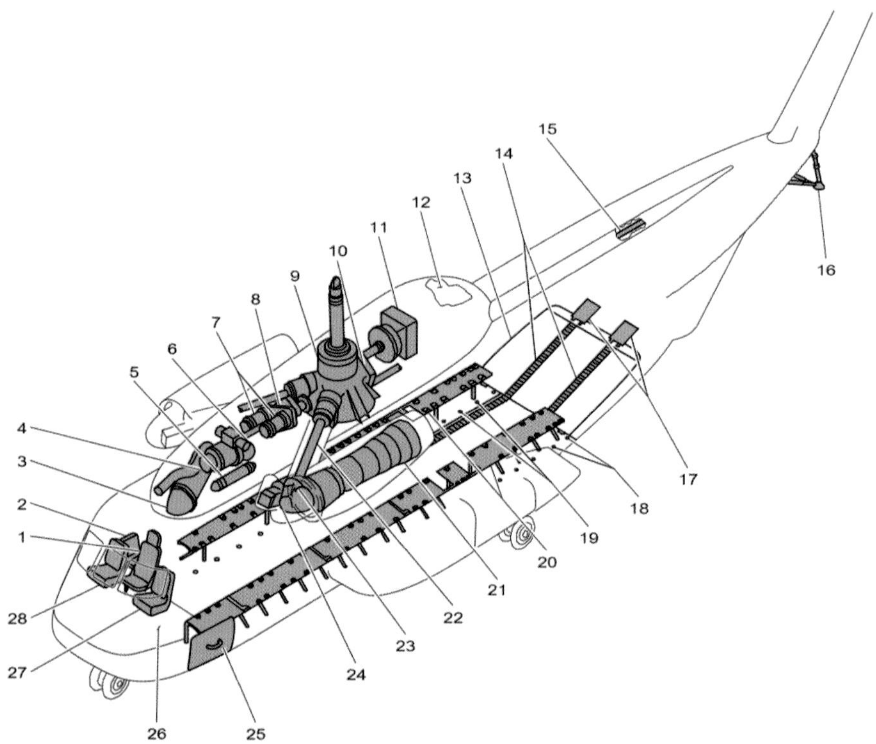

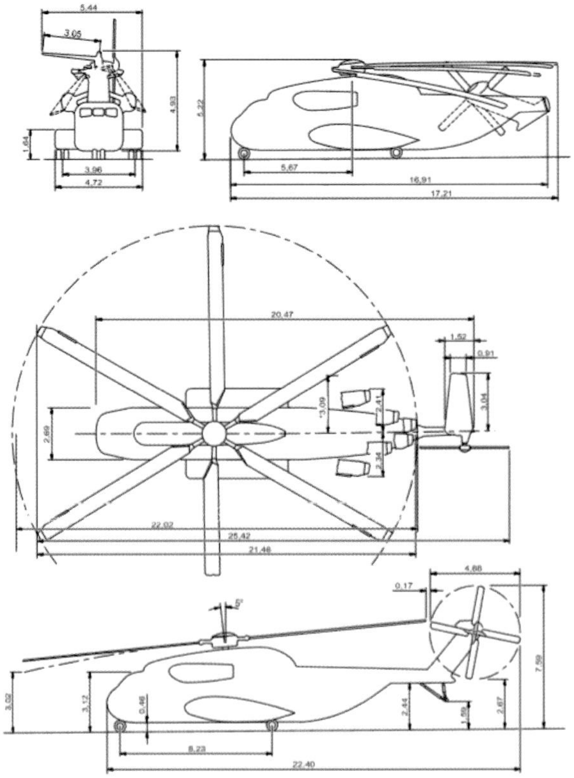

Dreiseiten-Übersicht

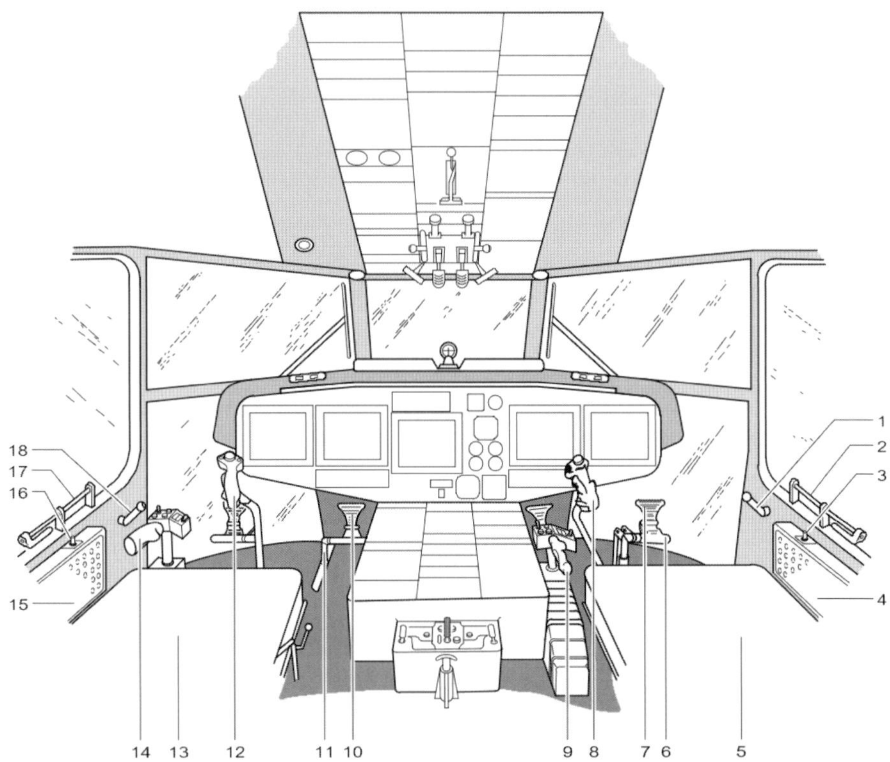

Systemübersicht Cockpit der GA
1 Pilot Window Emergency Release Handle, 2 Pilot Window Release Handle, 3 Pilot Tail Rotor Pedal Adjustment Switch, 4 Pilot Circuit Breaker Panel, 5 Pilot Seat, 6 Pilot Tail Rotor Pedal, 7 Pilot Wheel Brake Pedal, 8 Pilot Cyclic Stick, 9 Pilot Collective Pitch Lever, 10 Copilot Wheel Brake Pedal, 11 Copilot Tail Rotor Pedal, 12 Copilot Cyclic Stick, 13 Copilot Seat, 14 Copilot Collective Pitch Lever, 15 Copilot Circuit Breaker Panel, 16 Copilot Tail Rotor Pedal Adjustment Switch, 17 Copilot Window Release Handle, 18 Copilot Window Emergency Release Handle

Technische Daten CH-53G / GS / GA

Typenbezeichnung	CH-53G	CH-53GS	CH-53GA
Hersteller	Sikosky Aircraft, Lizensbau VFW-Fokker, Eurocopter, Airbus Helicopters		
Ursprungsland	USA, Deutschland		
Triebwerke	2 x T64-MTU-7 bzw. 2 x T64-GE-100	2 x T64-MTU-7 bzw. 2 x T64-GE-100	2 x T64-GE-100
Wellenleistung pro TW	2,926 kW, 3,228 kW	2,926 kW, 3,228 kW	3,228 kW
Höchstgeschw. (technisch-Vne):	295 km/h (160 KIAS)	295 km/h (160 KIAS)	295 km/h (160 KIAS)
Höchstgeschw. (Materialerh.-Vmax):	240 km/h (130 KIAS)	240 km/h (130 KIAS)	240 km/h (130 KIAS)
Gesamtlänge Hauptrotorblätter ausgeklappt	26,87 m	26,87 m	26,87 m
Hauptrotorblätter u. Heckrotorträger eingekl.	17,21 m	17,21 m	17,21 m
Maximalhöhe	7,59	7,59	7,59
Maximalhöhe, Heckrotor eingeklappt	5,22 m	5,22 m	5,22 m
Minimal Hauptrotorblätter, Heckrotorträg.eingekl.	5,44 m	5,44 m	5,44 m
Hauptrotorblätter	6	6	6
Hauptrotorduchmesser	22,02 m	22,02 m	22,02 m
Heckrotorblätter	4	4	4
Heckrotordurchmesser	4,88 m	4,88 m	4,88 m
Besatzung/Passagiere:	2 Piloten, 2 BT +36	2 Piloten, 2 BT +36	2 Piloten, 2 BT +36
Grundleergewicht (Mittelwert):	10.700 kg	11.646 kg	11.400 kg
Maximal zulässiges Gesamtgewicht	19.050 kg	19.050 kg	19.050 kg
Maximales Außengewicht	9070	9070	9070
Zulässiges Gewicht bei 30°, 6000 ft	16.230 kg	16.230 kg	16.230 kg
Maximale Reichweite	400 km	1200 km (eingeschr.Zuladung)	1200 km (eingeschr Zuladung)
Dienstgipfelhöhe max.	16000 ft max. (4877 m)	16000 ft max. (4877 m)	16000 ft max. (4877 m)
Ausrüstungskennzeichen			
Eloka-Selbstschutz	Nein	Ja	Ja
Taktischer Bodenbetrieb	Nein	Ja	Ja
SatCom	Ja (zugelassen)	Ja (eingerüstet)	Ja
Datenfunk	Nein	Nein	Ja
Kryptierter Sprechfunk	Nein	Nein	Ja
Navigationsfähigkeit	IFR-teilweise	IFR verbessert	IFR
Autopilot	3-Achs.-Stabil. + Höhenh.	3-Achs.-Stabil.+ Höhenh.	4-Achsen + Hover-Mode
Selbstschutz M3M	Ja	Ja	Ja
NTF-Fähigkeit	Nein	Ja	Ja
Flight-Management-System	Nein	Nein	Ja

Die Zelle

Die Zelle des Sikorsky CH-53 ist eine Halbschalenkonstruktion mit schwimmenden Spanten und einem wasserdichten Rumpf für Notwasserungen. Außer in möglichen Brandzonen, wo Titan und Stahl verwendet wurden, besteht die gesamte tragende Zelle aus einer Aluminiumlegierung. Wegen der einfacheren Fertigung und zur Verminderung von Verbindungsstellen wurden zahlreiche Schmiedestücke in den Hubschrauber eingebaut. Bei bestimmten Verkleidungen und in weniger beanspruchten Bereichen kommt Glasfaser zur Anwendung.

Der Rumpf umfasst fünf Abschnitte: Rumpfvorderteil mit Cockpit, Laderaum, Rumpfheckabschnitt, Heckrotorträger und Schwimmerstummel (Sponson). Die einzelnen Abschnitte sind durch vernietete T-Laschen miteinander verbunden. Zwei Hauptspanten zur Einleitung der Rotorkräfte in die Zelle liegen in der Kabinenmitte und sind durch zwei große Längsträger miteinander verbunden. An Spanten und Längsträgern ist das Hauptgetriebe mit zwölf Schrauben befestigt. Dieser Abschnitt wurde für eine Belastung von 20 g nach vorn, 20 g nach unten und 10 g zur Seite ausgelegt. Im hinteren Kabinenteil liegen der Fahrwerkshauptspant und der hintere Hauptspant zu Verteilung der in der Zelle auftretenden Kräfte und zur Befestigung der Laderampe.

Die Abmessungen des Kabinenraumes der einen gleichen Querschnitt aufweist (9,15 x 2, 29 x 1,98 m), ergeben einen Frachtraum von 42 m³. Der Kabinenboden ist mit 1500 kg/m² belastbar. Zwei vorn im Frachtraum eingebaute Winden mit je einer Zugkraft von 900 kp ermöglichen eine Beladung durch einen Mann. Die Winden können durch Fernbetätigung über Kabel von außen und innen bedient werden.

Senkrecht unter dem Hauptrotor befindet sich ein im Kabinenboden eingebauter Lasthaken für Außenlasten mit einem Gewicht von bis zu 9070 kg. Für 36 kampfmäßig ausgerüstete Soldaten können links und rechts im Rumpf hochklappbare Segeltuchbänke an der Kabinenwand eingebaut werden. Bei einem Verwundetentransport sind bis zu 24 Tragen in sechs Staffeln zu je vier Tragen übereinander einrüstbar.

Der fast »nackte« Rumpf beim Umrangieren im Airbus Helicopters Werk in Donauwörth. Er besteht aus einer Halbschalenkonstruktion und umfasst die fünf Abschnitte Rumpfvorderteil mit Cockpit, Laderaum, Rumpfhinterteil, Heckrotorträger (nicht angebaut) und Schwimmerstummel (Sponson).

Das Rumpfvorderteil ist mit seinen vielen Fensterflächen mit Sicht nach außen ideal für die Cockpitbesatzung aufgebaut.

Rumpfvorderteil mit Cockpit

Das Rumpfvorderteil mit Cockpit ist in zwei Abschnitte unterteilt, in das Oberteil, das den Raum für die Piloten bildet, und das Unterteil, von dem aus die strukturellen Belastungen nach hinten in den Kabinenabschnitt geleitet werden. Das Rahmenwerk des Cockpits ist in einem Stück aus Glasfaser gefertigt. Diese Bauart wurde für den Führerraumbereich gewählt, um den Hubschrauber wasserdicht zu machen und ihm eine aerodynamisch glatte Oberfläche zu verleihen.

Die drei großen Frontscheiben bestehen aus zwei Lagen Plexiglas mit einer Zwischenschicht aus Kunststoff. Sie sind durch eine automatisch regulierende elektrische Scheibenbeheizung gegen Vereisung geschützt.

Scheibenwischer sorgen bei Regen für eine gute Sicht durch die beiden äußeren Frontscheiben vor den Piloten. Links und rechts ist das Cockpitunterteil bis dicht über das Bugrad verglast. Die beiden Seitenfenster können geöffnet und als Notausstiege abgeworfen werden. Zwei Scheiben im Dach liefern zusätzliche Sicht. Das Cockpit ist entweder über die Heckladerampe oder die Einstiegs-und Bergungstür im vorderen rechten Kabinenbereich mittels einer Stufe zu erreichen. Dafür muss der Sitz des Bordmechanikers nach rechts geschwenkt sein. Die luftgekühlten und gepanzerten Sitze von Pilot (rechts) und Copilot (links) sind nebeneinander im Cockpit angeordnet. Für den Flug wird der Sitz des Bordtechnikers wieder nach vorne geschwenkt und verriegelt.

Die Steuerorgane für die Flugsteuerungsanlage, die Haupt- und Heckrotor steuern, werden von beiden Piloten durch periodische, kollektive und Seitensteuerungsorgane mit den Steuerknüppeln (Cyclic Sticks), den Blattverstellhebel (Collectiv Pitch Lever) und den Heckrotorsteuerungspedalen (Tail Rotor Pedals) gesteuert und sind konventionell im Cockpit angeordnet.

Die Instrumententafeln mit all ihren unterschiedlichen Monitoren und Bedienelementen aber auch die der Mittelkonsole sowie der Deckenkonsole sind für die Cockpit Besatzung übersichtlich und gut erreichbar angeordnet.

Der Rumpf von innen bzw. Laderaum mit all seinen Einbauten, Rohr-und Kabelläufen.

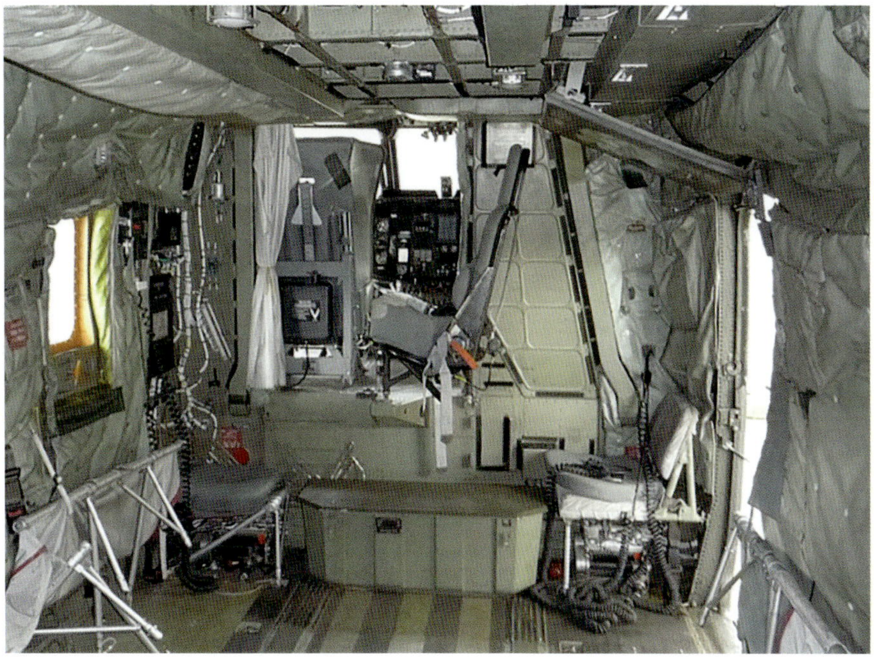

Vom Laderaum her ist das Cockpit über eine Stufe zu erreichen, dafür muss aber der Sitz des Bordtechnikers nach rechts geschwenkt werden.

Cockpit einer CH-53GA

Cockpit Instrumententafeln der CH-53GA
1 ACVMU Aircraft Crypto Variable Management Unit, 2 DTU Data Transfer Unit, 3 Cockpit Green Lights, 4 Miscellaneous Control Panel, 5 Visual Aural Debark Control Panel, 6 Master Armament Control Panel, 7 Interior Lights Control Panel, 8 Cargo Hook Control Panel, 9 Cockpit Emergency Lighting (Co-Pilot), 10 Auxiliary Power Plant Control Panel, 11 Exterior Lights Control Panel, 12 Auxiliary Power Plant Instrument Panel, 13 DC Battery Control Panel, 14 Anti Ice Control Panel, 15 Emergency Control Panel, 16 Windshield Wiper Control Panel (Co-Pilot), 17 Cabin Heater Control Panel, 18 Engine Control Quadrant, 19 Power Control Panel, 20 Hoist Shear Control Panel, 21 Fire Warning Test Panel, 22 Engine Air Particle Separator Control Panel, 23 Cockpit Emergency Lighting (Pilot), 24 Instrument Lights Control Panel, 25 Fold Control Panel, 26 Master Switch Control Panel, 27 Windshield Wiper Control Panel (Pilot), 28 Fire Warning Master Light (Co-Pilot), 29 Master Alarm (Warning and Caution) Lights (Co-Pilot), 30 Call Sign (Co-pilot), 31 Central Warning Panel, 32 Magnetic Standby Compass, 33 Standby Clock, 34 Cruise Guide Indicator, 35 Integrated Standby Instrument System, 36 Engine Gas Generator Tachometer for Engine 1 and 2, 37 Call Sign (Pilot), 38 Fire Warning Master Light (Pilot), 39 Master Alarm (Warning and Caution) Lights (Pilot), 40 Cyclic Control Grip (Co-Pilot), 41 Pedals (Co-Pilot), 42 Collective Control Grip (Co-Pilot), 43 MFD Multi Function Display (Co-Pilot), 44 Flight Control Panel (Co-Pilot), 45 Emergency Locator Transmitter Control Panel, 46 Reconfiguration Control Panel, 47 Control and display Unit (Co-Pilot), 48 Automatic Flight Control Auxiliary Unit, 49 SATCOM Control and Display Unit, 50 Ground Speed Control Unit, 51 C/F MCDU Chaff Flare Control and Display Unit, 52 Identification Friend - Foe Transponder Control Panel, 53 Control Audio Panel (3rd Crew Member), 54 Cursor Control Unit, 55 Emergency Landing Gear Extension Handle, 56 Landing Gear Control Handle, 57 Multi Function Display (Pilot), 58 Flight Control Panel (Pilot), 59 Engine Power Turbine Inlet Temperature Indicator and T5 Cycle Counter Push Buttons for Engine 1 and 2, 60 Triple Tachometer, 61 Torque meter, 62 V/UHF BU V/UHF Back Up Control Panel, 63 Control Audio Panel (Pilot), 64 Audio Alarm Control Panel, 65 Audio Control Panel, 66 Control and display Unit (Pilot), 67 Forward Looking Infrared Control Panel, 68 Parking Brake Control Handle, 69 Emergency Cargo Hook Release, 70 Cyclic Control Grip (Pilot), 71 Collective Control Grip (Pilot), 72 Control Grip for 3rd Crew Member, 73 Pedals (Pilot), 74 Free Air Temperature Gage, 75 Overhead Panel Secondary Floodlights, 76 Instrument Pult Secondary Floodlights, 77 Control Audio Panel (Co–Pilot), 78 Co-Pilot Console Secondary Floodlight, 79 Circuit Breaker Panel (Co-Pilot), 80 Pedal Adjustment Switch (Co-Pilot), 81 Pilot Console Secondary Floodlight, 82 Pedal Adjustment Switch (Pilot), 83 Circuit Breaker Panel (Pilot), 84 Avionics Bay Cooling Control Panel, 85 Alternate Static Source Selection Switch, 86 Pult Manual Cooling Override Control, 87 Radar Altimeter Remote Indicator (Co-Pilot), 88 Radar Altimeter Remote Indicator (Pilot)

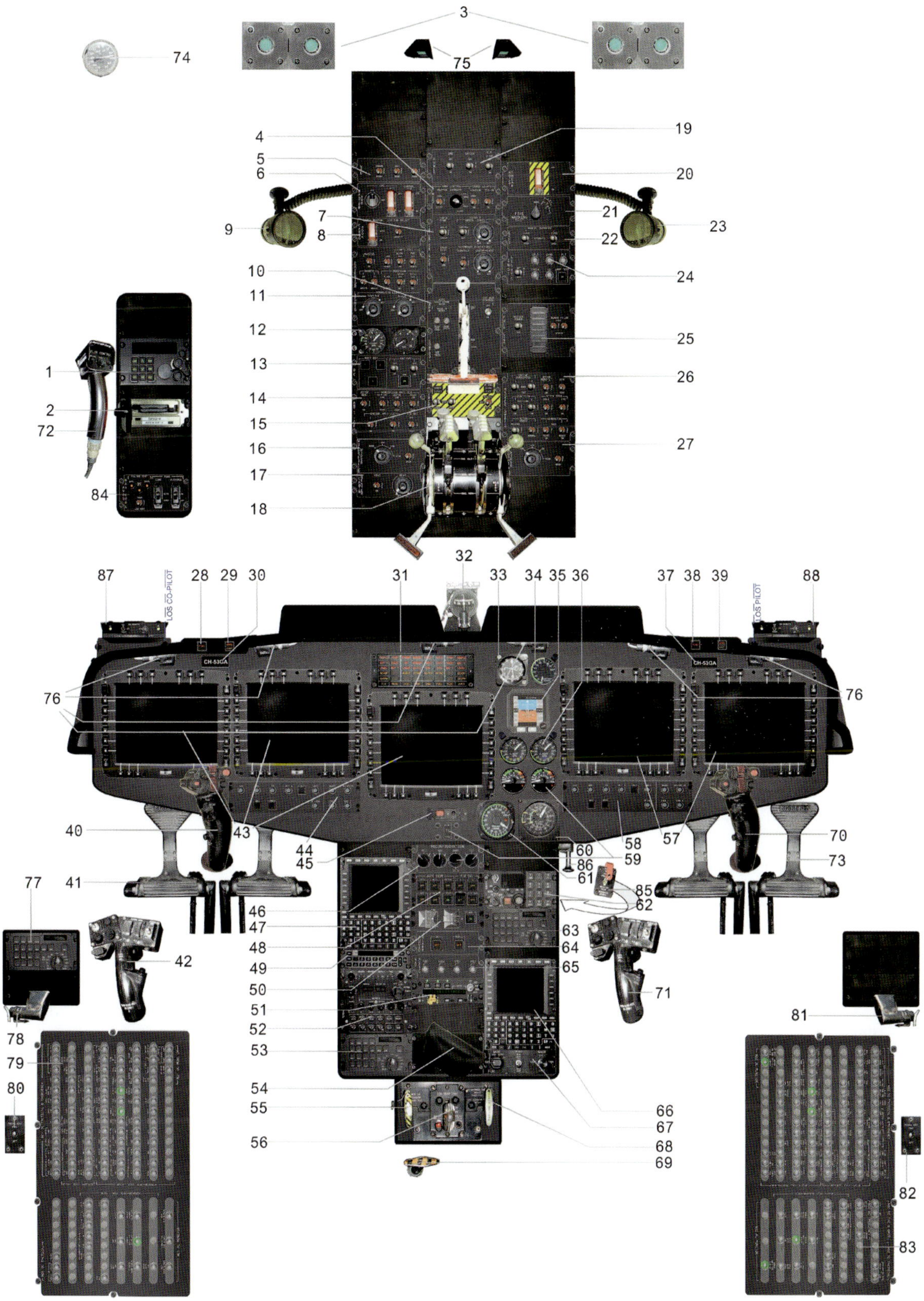

3
74
75
4
5
6
7
8
9
10
11
12
13
14
15
16
17
18
19
20
21
22
23
24
25
26
27
1
2
72
84
32
87
28
29
30
31
33
34
35
36
37
38
39
88
LOS CO-PILOT
LOS PILOT
CH-53GA
76
40
41
42
43
44
45
46
47
48
49
50
51
52
53
54
55
56
57
58
59
60
61
62
63
64
65
66
67
68
69
70
71
73
77
78
79
80
81
82
83
85
86

Der Lasthaken mit einer Tragkraft von 9070kg, der an einer Halterung im Lasthakenschacht angebracht ist, befindet sich unter dem Schwerpunkt des Hubschraubers. Eine Klappe im Laderaumboden ermöglicht den Zugang zum Lasthaken.
Die Lastauslöseschalter CARGOR EL an den Steuerknüppelgriffen und am Bediengerät im Laderaum dienen dazu, alle Lasten entweder vor oder nach Bodenberührung elektrisch auszulösen. Der Lasthaken lässt sich durch Ziehen des Lastnotauslösegriffs hinter der Mittelkonsole oder eines seitlich am Lasthaken befindlichen Hebels mechanisch öffnen. Der Lasthaken wird elektrisch durch Schalter betätigt, die sich an der Bedientafel CARGO HOOK befinden.

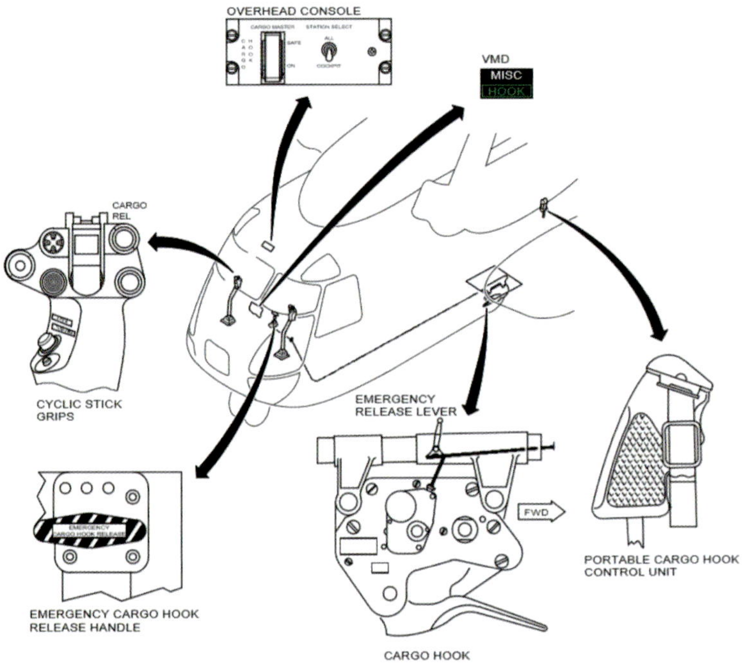

Laderaum

Direkt hinter dem Cockpit beginnt der Laderaum. Von außen ist dieser durch die auf der rechten Seite befindliche, zweiteilige Einstiegstür mit ihrem herausklappbare Unterteil und den beiden Stufen zu erreichen aber nur bis zur Einrüstung Swivel Door, danach geht das Unterteil nach innen auf und es gibt eine extra Trittstufe.

Das Oberteil wird nach innen geklappt und kann auch während des Schnellfluges diese Position beibehalten oder als Notausstieg abgeworfen werden. An jeder Kabinenseite sind vier Fenster vorhanden. Alle Fenster und das Ladetorfenster sind Notausstiege. Nur das vorne links kann samt Rahmen abgeworfen werden. Der Laderaumbereich ist mit Isoliermatten ausgeschlagen. Er ist mit zwei Frachtrollenbahnen ausgestattet um das Be- und Entladen der Fracht zu erleichtern.

Wenn sie nicht für Fracht benötigt werden, kann man diese Rollenbahnen in den Laderaumboden einklappen. Die Rückseiten bieten eine rutschfeste Oberfläche für den Transport von Fahrzeugen. Der Laderaumboden kann statische Lasten von 1500 kg/m² tragen. Mit 2268 kg belastbare Verzurrringe sind am Laderaumboden angebracht um ein Verzurren der Fracht zu erleichtern und mit Beschlägen versehen die als Befestigungspunkte für Mannschaftssitze und Feldtragen dienen. Außer der Einstiegstür auf der rechten Seite enthält der Laderaum eine Laderampe und ein Ladetor.

Laderampe und Ladetor

Eine am hinteren Ende des Laderaums eingebaute Laderampe und das Ladetor dienen dazu, das Be- und Entladen von Fracht und Truppen zu erleichtern. Die Laderampe wird gleichzeitig mit dem Ladetor betätigt, so dass das Tor in die Decke des Laderaums eingefahren wird, wenn sich die Rampe senkt. Wenn die Rampe geschlossen wird, fährt das Tor aus bis es auf die Rampe trifft und mit dieser einen vollständigen Verschluss bildet. Der Hecksporn wird automatisch eingefahren, wenn die Laderampe geöffnet wird. Die etwa 1,98 m lange und 2,29 m breite Rampenoberfläche enthält zwei Frachtrollenbahnen und zwei Rampenauffahrkeile. Die Rampenauffahrkeile müssen vor dem Schließen der Rampe hochgeklappt werden. Laderampe sowie Ladetor werden elektrisch gesteuert und mit Hydraulikdruck von der Bordbetriebshydraulikanlage betätigt. Die Rampe kann in jeder Zwischenstellung zwischen geschlossen und offen angehalten werden um sie für das Beladen benutzen zu können. Das Ladetor kann auch einzeln geöffnet werden.

Rumpfheckabschnitt und Heckrotorträger/Pylon

Die Rumpfoberfläche des Rumpfheckabschnittes ist eben und erleichtert die Wartung der Heckrotorantriebswellen und des Heckrotors. Dieser Abschnitt trägt auch die Laderampe und das Ladetor. Im Rumpfheckabschnitt befinden sich die Scharniere und die Hydraulik zum Anklappen des Pylons. Den Abschluss bilden eine rechtsseitig asymmetrische Stabilisierungsflosse und der Heckrotor.

Schwimmerstummel (Sponson)

Die beiden Schwimmerstummel links und rechts des Rumpfes bestehen aus zwei strukturmäßig unabhängigen Teilen: dem vorderen Tankteil und dem hinteren Fahrwerksteil. Sie sind durch Schotts getrennt.

Rotoren

Das Rotorsystem des CH-53 besteht aus einem Vollgelenk-Hauptrotor der den Auf- und Vortrieb des Hubschraubers gewährleistet und einen Heckrotor, der ein Gegendrehmoment zum Drehmoment des Hauptrotors erzeugt. Beide Rotoren werden über die Kraftübertragungsanlage von beiden Triebwerken angetrieben und durch die Flugsteuerung bedient.

Der riesige sechsblättrige Hauptrotor des CH-53 ist mit einem Durchmesser von 22,02 Meter gegenüber der Längsachse des Hubschrauberrumpfes 5 Grad nach vorn geneigt, um die aerodynamisch günstige Form der Zelle beim Schnellflug zu nutzen und den Widerstand zu verringern.

Der Hauptrotor

In der Hauptsache besteht der Hauptrotor aus sechs Rotorblättern, der Taumelscheibe und dem Rotorkopf. In ihn eingebunden sind die Schlag-, Schwenk- und Blattdrehgelenke. Der Rotorkopf besteht aus einer Rotornabe und einer Taumelscheibe. Die Rotornabe sitzt keilverzahnt auf der Abtriebswelle des Hauptgetriebes und besteht aus zwei übereinander gesetzten, sechsarmigen Sternen, zwischen denen die Schwenkgelenke und deren hydraulische Dämpfer angeordnet sind. Die Hauptrotorblattwurzeln sind an den Blattdrehgelenken befestigt, die die Drehung der einzelnen Rotorblätter um ihre Längsachse ermöglichen. Schlag- und Schwenkgelenke ermöglichen Vor-, Nach- und

Die CH-53GA besitzt einen Vollgelenk-Hauptrotor und einen Heckrotor der ein Gegendrehmoment zum Drehmoment des Hauptrotors erzeugt. Der riesige sechsblättrige Hauptrotor ist mit seinen 22,02 m Durchmesser gegenüber der Längsachse des Hubschrauberrumpfes 5° nach vorn geneigt.

Schlagbewegungen der Rotorblätter. Schlagsperren und Durchhangbegrenzer verhindern Schlagbewegungen bei stehendem Hauptrotor.

Die Taumelscheibe besteht aus einem oberen (drehenden) Stern der von der Hauptrotornabe angetrieben wird und einem unteren (stehenden) Stern, der zur Verhinderung einer Rotation über eine Mitnehmerschere am Hauptgetriebe angebracht ist. Beide Teile der Taumelscheibe sind an einer Kugelgelenkbaugruppe angebracht, so dass sie immer parallel bleiben und gleichzeitig durch die mit den Armen des unteren Teils der Taumelscheibe verbundenen Komponenten der Flugsteuerung in alle Richtungen geneigt werden können. Sowohl die zyklischen als auch die kollektiven Blattverstellungen erfolgen über die Taumelscheibe in dem deren Neigung durch den Steuerknüppel geändert bzw. die ganze Taumelscheibe durch den Blattverstellhebel axial verschoben wird. Diese Änderungen der periodischen oder kollektiven Blattverstellung werden von dem unteren Teil der Taumelscheibe über Verbindungen am oberen Teil der Taumelscheibe auf die Rotorblätter übertragen. Ein hydraulisch betriebener Rotorsteller auf der Rückseite des Hauptgetriebes bringt den Hauptrotorkopf vor dem Falten in die geeignete Stellung. Die sechs Hauptrotorblätter sind an den Blattdrehgelenken der Hauptrotornabe angeflanscht.

Hauptrotorblätter

Bis zur Einführung der »IRB« (so genannte Titanblätter) Anfang der Neunziger bestanden die einzeln austauschbaren Ganzmetallblätter mit ihrem symmetrischen Profil aus einem durchgehenden Aluminiumholm, der den vorderen Teil des Profils bildete und einer dahinter anschließenden Aluminiumstruktur mit Blechverkleidung. Die Vorderkante des Holms war mit einem geklebten Stahlschutz gegen Staub und Witterungseinwirkungen versehen.

Anfang der 90er war die Kreislaufreserve der herkömmlichen Rotorblätter weitgehend aufgebraucht. Sikorsky kündigte zudem die Einstellung des Supports an, gleichzeitig wurden die zwischenzeitlich für die CH-53E neu entwickelten »Improved Rotor Blades« (IRB) mit Titanholm angeboten. Diese waren jedoch für die amerikanischen Muster noch nicht zugelassen und so wurden diese zuerst ab 1992 bei der WTD 61 erprobt. Ab 1993 wurden diese Blätter bei der UNSCOM Mission im Irak auf der 85+10 unter der TA (Technische Anweisung) 9066 insgesamt 144 Std geflogen, nach deren Beschädigung allerdings wieder abgebaut. Später folgten Belastungsprüfungen über das komplette Flugleistungsspektrum.

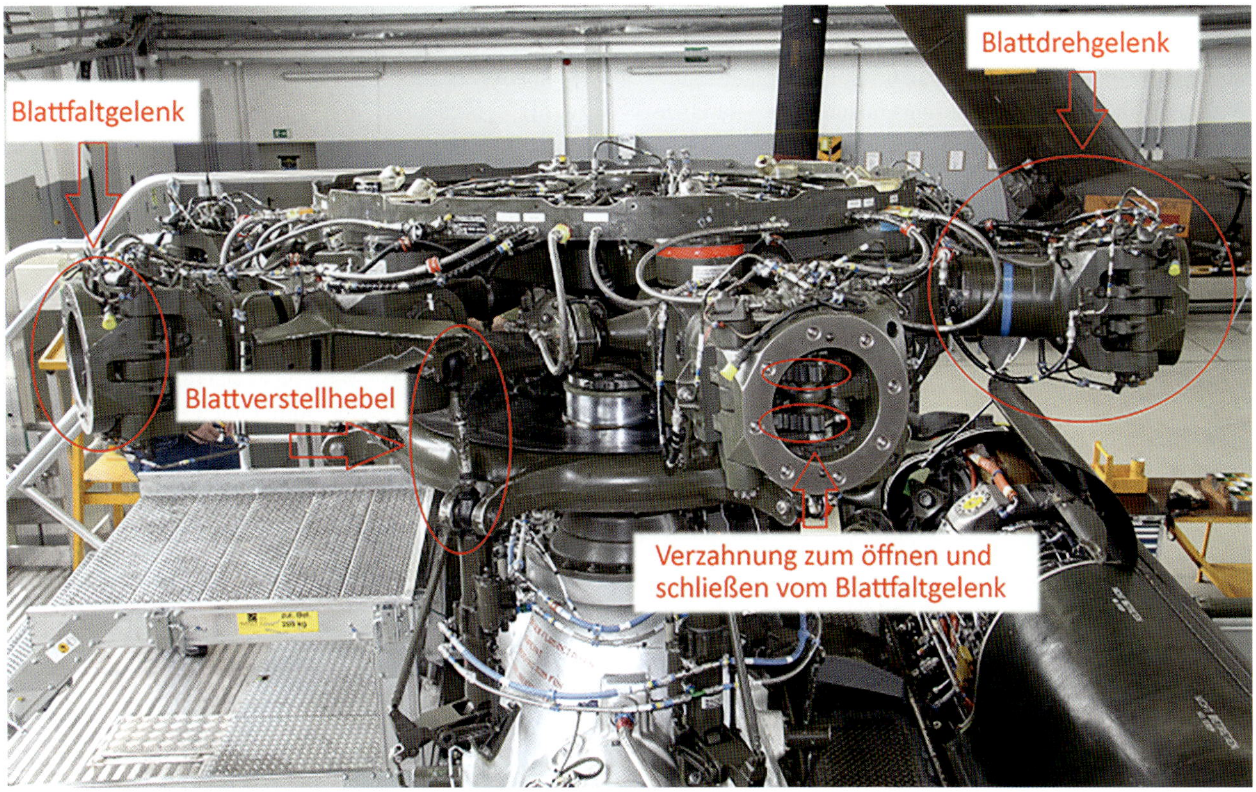

Der Hauptrotor und, hier dargestellt, der Hauptrotorkopf wird für die Steuerung des Hubschraubers gebraucht. Die Blätter werden sowohl kollektiv als auch periodisch angesteuert. Z.B. wenn der Hubschrauber abheben will, werden alle sechs Hauptrotorblätter gleichzeitig verstellt (kollektiv). Aber wenn der Hubschrauber eine Kurve fliegen will, werden die Blätter alle unterschiedlich angesteuert (periodisch). Der Hauptrotor wird über drei Arbeitszylinder gesteuert, die die Taumelscheibe verstellen. Die Taumelscheibe hat einen stehenden Teil und den oberen drehenden Teil, der sich mit dem Hauptrotor zusammen mit 185 U\ min dreht. Durch die Verstellung der Taumelscheibe werden auch die Blattverstellstangen und dann das Blattdrehgelenk verstellt.

Bei den frühen Hauptrotorblätter handelte sich um Ganzmetallblätter mit symmetrischen Profil aus einem durchgehenden Aluminiumholm. Bei den, wie hier gezeigten, »Titan«-Hauptrotorblättern besteht dessen Holm aus geschmiedetem Titan.

Alle Geschwindigkeiten, Kurvenzustände etc. wurde erflogen und der gravierende Leistungssprung (erhöhter Wirkungsgrad) nachgewiesen. Allerdings mussten einige Änderungen am Luftfahrzeug vorgenommen werden. Das Hilfstriebwerk (Auxiliary Power Plant, APP) musste eine geänderte Abgasführung erhalten, da der heiße Abgasstrahl nicht direkt auf die Rotorblätter treffen durfte (der Verbundwerkstoff am Titanrotorblattholm ist anfälliger für Hitzeschäden als das Aluminiumrotorblatt). Mit der TA 9009 wurde eine weitere Truppenerprobung ab Mai 1994 an insgesamt 16 Maschinen durchgeführt. Ab Ende 1996 fand die Umrüstung an allen verbleiben CH-53 statt. Die sogenannten Titan-Rotorblätter zeichnen sich durch ein modernes, asymmetrisches Profil aus. Dieses ermöglicht einen höheren Auftrieb. Das Blatt besteht aus einem geschmiedetem Titanholm, Wabenprofil und einer GfK-Haut. Bei dem Hauptholm handelt es sich um ein hohles Titanprofil, das die Vorderkante des Rotorblattes bildet. Das integrale Teil ist mit einem Wabenkern an der Holmhinterseite befestigt um die Kontur des Rotorblattprofils zu vervollständigen. Auch dieses Blatt besitzt an der Vorderkante einen geklebten Abrasionsschutz (Verschleißschutz) gegen Staub und Witterungseinwirkungen, der aus Polyurethan, Titan und Nickel besteht. Es hat eine Länge von jeweils 9,75 m und eine Breite von 74,3 cm.

Auf der Oberseite der Blattspitze ist eine Positionsleuchte für Nachteinsätze eingebaut. Um die Sicherheit auch bei diesem Blatt zu gewährleisten ist der Titanholm ebenfalls mit Stickstoff druckbeaufschlagt und verfügt über eine BIM-Druckanzeige die sich bei Druckabfall schwarz färbt. Mittlerweile besitzen alle Hubschrauber zusätzlich die elektronische Rotorblattkontrollanlage (ERK) im Cockpit. Hier wird im Führerraum optisch angezeigt, ob der Gasdruck in einem Hauptrotorblatt unter den vorgeschriebenen Mindestwert abgefallen ist.

Das BWB plante zunächst eine Lizenzfertigung von insgesamt 820 Blättern in Auftrag zu geben, wobei dies nur als Lizenzauftrag mit Sikorsky abgewickelt werden konnte. Dabei hätte Sikorsky selbst 65 Blätter komplett hergestellt und die restlichen sollten bei Eurocopter in Donauwörth hergestellt werden. Doch das BWB entschied sich gegen einen Nachbau und kaufte alle Blätter in den USA.

Heckrotor

Beim Hubschrauber CH-53 wird der Drehmomentausgleich durch einen Heckrotor vorgenommen und dieser wiederum durch Pedale im Cockpit, mit der Wirkung entsprechend eines Flächenflugzeuges, gesteuert.
Der vierblättrige Heckrotor besteht aus der Heckrotornabe, einer Heckrotorwelle mit Steuerwelle, vier Blattdrehgelenken mit Blattverstellanlage, einem Schmieröltank und den vier Aluminiumheckrotorblättern. Die Heckrotornabe, die sich auf der linken Seite des Heckrotorträgers befindet, ist kerbverzahnt mit der Heckrotorwelle verbunden. Die Heckrotorblätter sind an den Blattdrehgelenken befestigt. Diese besitzen Schlaggelenke, die den Heckrotorblättern Schlagbewegungen und Drehungen um die Querachse zur Blattverstellung ermöglichen.

Er ist mit einem Blattverriegelungssystem ausgerüstet, das bei Stillstand die einzelnen Blätter starr in der Nabe verriegelt, um sie gegen Windbelastungen am Boden zu sichern. Durch die Zentrifugalkraft beim Betrieb werden die Blätter entriegelt. Der Heckrotor wird vor dem Anklappen des Heckrotorträgers automatisch in eine vorbestimmte Drehlage gebracht und verriegelt.

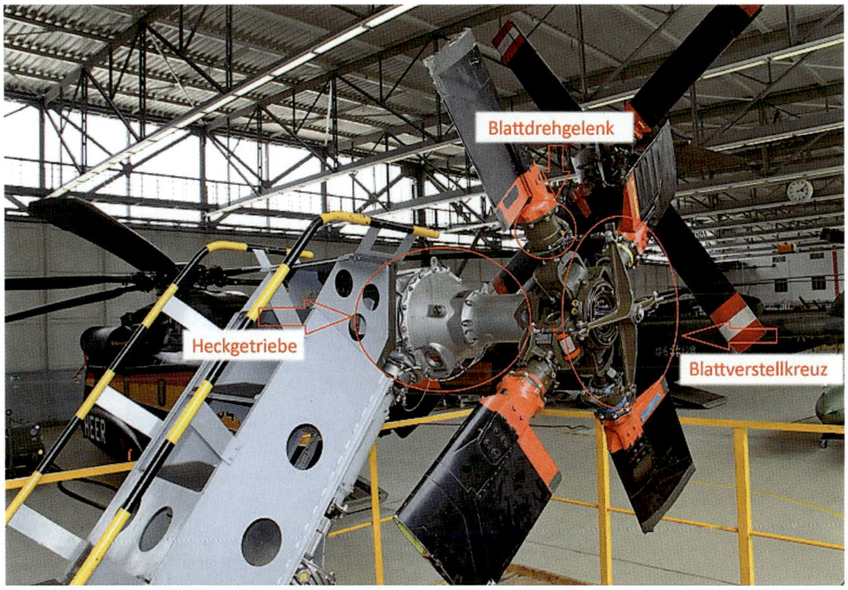

Der Heckrotorkopf ist für den Drehmomentausgleich des Hubschraubers zuständig, d.h. dass er sich nicht um seine eigene Achse dreht. Das Heckgetriebe ist dafür verantwortlich, den mechanischen Kraftfluss um 90° zu lenken und den Heckrotor mit einer verringerten Drehzahl von 792 U/min anzutreiben. Er wird über den Heckrotorarbeitszylinder, der mitten durch das Heckgetriebe verläuft, kollektiv angesteuert. Alle vier Heckrotorblätter werden gleichzeitig und gleich verstellt. Das Blattverstellkreuz wird vom Heckgetriebe angesteuert. Das Kreuz nimmt die Blattverstellstange mit und verstellt somit das Blattdrehgelenk.

Rotorbremsanlage

Um das Rotorsystem des CH-53 mit seiner Masse in einem akzeptablen Zeitrahmen zum Stehen zu bringen, ist auf der Heckgetriebe-Antriebswelle am Hauptgetriebegehäuse sitzend eine hydraulisch betätigte Rotorbremsanlage eingebaut, die zum Abbremsen des drehenden und zum Halten des stehenden Rotors dient. Nachdem die Triebwerke abgestellt wurden, kann die Bremsanlage aktiviert werden. Sie ermöglicht es, die Rotoren mit der Rotorbremsanlage von einer Drehzahl von 100% innerhalb von 30 Sekunden abzubremsen.

Rotorstelleinheit und Rotorbremsanlage
Beim Falten des Hubschraubers muss sich der Hauptrotor in der Faltposition befinden. Ist dies nicht der Fall, wird das Rotorstellsteuerventil angesteuert. Dieses steuert den Einrückzylinder an, der ein Ritzel auf die Bremsscheibe schiebt. Danach wird der Stellmotor angesteuert und der Rotor dreht sich, bis die Faltposition erreicht ist. Damit der Hauptrotor dann anhalten kann, wird die Rotorbremse benutzt. Sie schleift während des kompletten Vorganges an der Bremsscheibe. Sobald die Faltposition erreicht ist, zieht sich die Rotorbremse komplett an. Der Hauptrotor befindet sich nun in Faltposition.

Sobald der Hauptrotorkopf die richtige Faltposition hat, werden die Blattdrehgelenke mechanisch verblockt, so dass sie sich nicht mehr verdrehen können. Diese Verblockung befindet sich in den Drehgelenken selber. Danach werden die oberen und unteren Verriegelungszylinder, die sich jeweils an jedem Blattdrehgelenk befinden, geöffnet. Somit wird das Blattfaltgelenk freigegeben. Der Faltkolben, der sich ebenfalls im Drehgelenk befindet, beginnt auszufahren. Über eine Verzahnung wird das Blattfaltgelenk in Faltposition gefahren. Sobald das Faltgelenk am Endanschlag ist, wird eine Verkniehung geschlossen, die das Faltgelenk zusätzlich mechanisch verriegelt. Die Breite bei gefaltetem Hauptrotor und nach vorne geklapptem Heckrotorträger beträgt 5,44 m.

Hauptrotorfalt- und Heckrotorträger-Klappanlage

Da die CH-53 primär für die amerikanische Marine entwickelt wurde und der Hubschrauber auch auf Flugzeugträger unterzubringen war, stand im Pflichtenheft unter anderem das Falten der Rotorblätter und das Abklappen des Hecks. Diese beiden Voraussetzungen waren unter anderem auch ein Entscheidungskriterium, den Hubschrauber bei der Bundeswehr einzuführen. Auch hier war der Raum beengt und für seine ersten Aufgaben, Einsatz im Gelände, wichtig um beim Abstellen und Tarnen die Silhouette so gering wie möglich zu halten. Nicht allzu lange Zeit durfte dieser Faltvorgang in Anspruch nehmen. Gefaltet nimmt der Hubschrauber dann nur noch einen Raum von 17,25 x 4,73 Meter ein.

Aktiviert wird der ganze Vorgang über die Schalter »MASTER« und »BLADE PYLON« an der »FOLD CONT« Bedientafel im Cockpit. Wenn alle Bedingungen erfüllt sind und die Schalter auf der Position »POWER« und »FOLD« stehen, werden die Verriegelungen am Blattflansch der jeweiligen Rotorblätter gelöst und über einen Zahnmechanismus die Blätter je nach Stellung des Rotors nach hinten gefahren. Die Anlage ist so ausgelegt, dass zunächst die Hauptrotorblätter in Stellung gebracht werden und dann der Falt- bzw. Klappvorgang durchgeführt wird. Die Vorgänge lassen sich jederzeit unterbrechen bzw. umsteuern. Sie können getrennt gewählt und durchgeführt werden, aber die Hauptrotorblätter lassen sich nicht falten, wenn der Heckrotorträger bereits angeklappt ist.

Kraftübertragungsanlagen

Für die Kraftübertragung von den Triebwerken über die Front- bzw. Winkelgetriebe bis zum Hauptgetriebe, dem Haupt- bzw. dem Heckrotor und allen zugeordneten Versorgungsaggregaten hatte Sikorsky ein sehr ausgeklügeltes Kraftübertragungssystem entwickelt. Das Grundkonzept mit einzelnen Komponenten hatte sich bereit in der S-56 bewährt welches dann weiterentwickelt in den Folgemustern S-60, S-64 und nicht zuletzt in der S-65 ihre Anwendung fand.

So wird die Leistung der beiden links und rechts oberhalb des Rumpfes angeordneten Triebwerke entnommen und über zwei Front- bzw. Winkelgetriebe in das Hauptgetriebe eingeleitet. Dabei wird die Drehzahl schon in den Winkelgetrieben reduziert. Im Hauptgetriebe wird dann

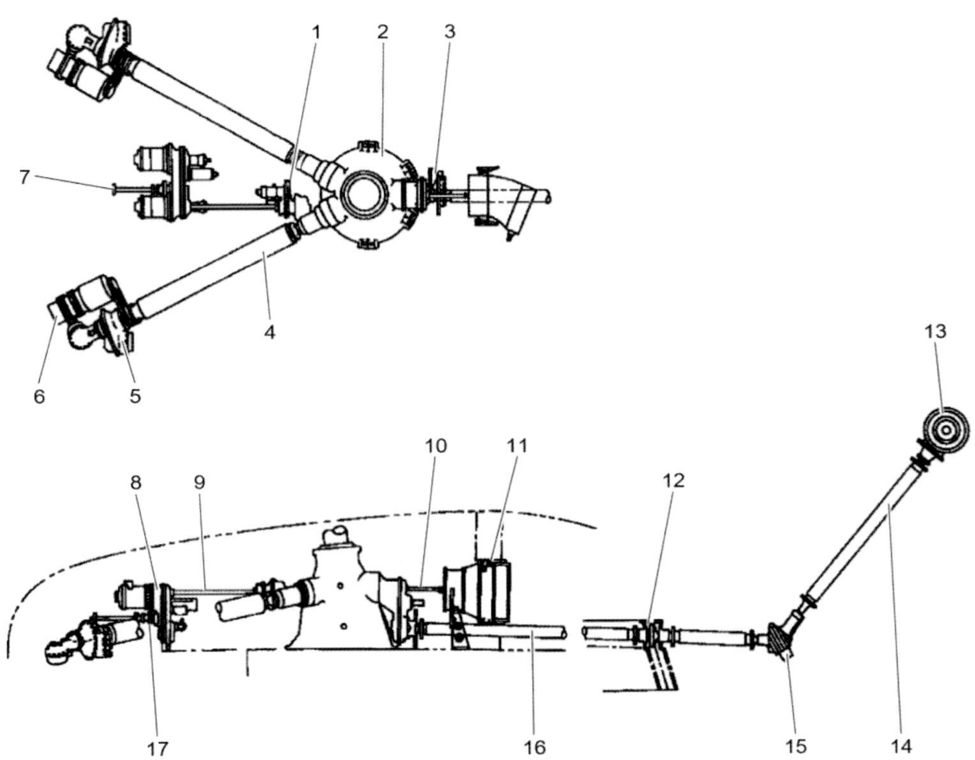

Die Kraftübertragung

1 Main Transmission Accessory Drive
2 Main Transmission
3 Rotor Brake
4 Main Transmission Input Driveshaft (6023 RPM)
5 Nose Transmission
6 Nose Transmission and Engine Oil Coolers
7 APP Driveshaft (8216 RPM)
8 Accessory Transmission
9 Accessory Transmission Driveshaft (6023 RPM)
10 Main Transmission Oil Cooler Driveshaft (7070 RPM)
11 Main Transmission Oil Cooler
12 Disconnect Coupling
13 Tail Rotor Transmission (792 RPM)
14 Pylon Driveshaft (2298 RPM)
15 Intermediate Transmission
16 Tail Rotor Driveshaft (3011 RPM)
17 APP Clutch

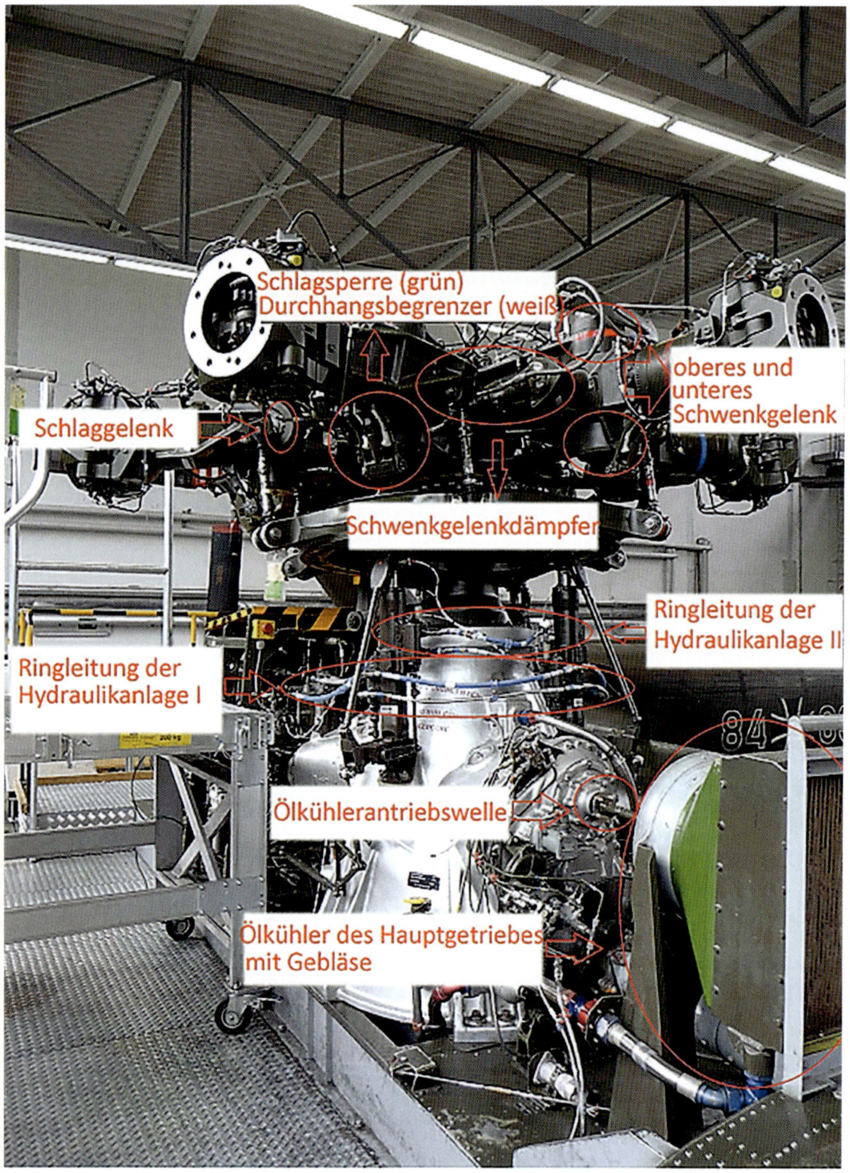

Das Hauptgetriebe mit seinen Hauptkomponenten
Schlagsperre:
Gibt bei einer Drehzahl von 25% des Hauptrotors den Weg für das Blatt nach oben frei. Das Schlaggelenk begrenzt diesen Weg allerdings auf 30°.
Durchhangsbegrenzer:
gibt bei einer Drehzahl von 75% des Hauptrotors den Weg für das Blatt nach unten frei. Das Schlaggelenk begrenzt diesen Weg allerdings auf -6°.
Schlaggelenk:
Drehpunkt für auf und ab Bewegung des Hauptrotorblattes.
Schwenkgelenk:
Drehpunkt der Hauptrotorblätter bei Schwenkbewegungen im Bereich von -3° - +15°.
Schwenkgelenkdämpfer:
Dämpfung der Schwenkbewegung Blätter werden bei stehendem Rotor in die -3° Position (vorderer Anschlag) gedrückt.
Ringleitungen:
Hydraulikversorgung der drei Haupttandemarbeitszylinder.
Redundantes System:
Fällt Anlage I (Ringleitung unten) aus übernimmt automatisch Anlage II (Ringleitung oben)
Ölkühler:
Er wird durch die Ölkühlerantriebswelle, die direkt vom Hauptgetriebe mit 7070 Umdrehungen/min angetrieben wird, gedreht.

die Leistung der beiden Triebwerke zusammengefasst und an das Hauptrotor- und über ein Zwischen- und Heckgetriebe an den Heckrotor sowie den Hilfsantrieb abgegeben.

In die beiden Antriebe des Hauptgetriebes sind Freilaufkupplungen eingebaut. Der Freilauf ermöglicht nur das Freilaufen des Hauptgetriebes bei Autorotation und Triebwerkausfall. Die Triebwerke lassen sich nicht auskuppeln! Sobald sich die Nutzleistungsturbine dreht, dreht auch der Hauptrotor! Das Hauptgetriebe nimmt das von den Triebwerken erzeugte und von den Frontgetrieben übertragene Drehmoment auf und gibt es an die Haupt- bzw. die Heckrotor-Antriebswellen ab.

Hauptgetriebe

Das oberhalb des Laderaums angebaute Hauptgetriebe ist ein sehr robustes Planetengetriebe welches, wie bereits beschrieben, gegenüber der Längsachse des Hubschrauberrumpfes nach vorn geneigt ist. Es nimmt die Antriebe der beiden Turbinen auf, untersetzt die Umdrehungszahlen und verteilt diese auf die verschiedenen Abtriebe. Der Hauptantrieb ist mit dem Hauptrotor verbunden und auf 185 U/min untersetzt. Das Hauptgetriebe ist für eine Leistung von 5148 kW (7000 PS) ausgelegt. Die Hauptrotorwelle führt senkrecht durch das Getriebe zum Hauptrotor, während alle übrigen Wellen waagrecht vom Hauptgetriebe ausgehen. Im Einzelnen führen diese nach vorne als Antrieb für das Hilfsgerätegetriebe und nach hinten als Antriebswellen zum Hauptgetriebeölkühler und zum Heckrotor. Die Leistung für den Heckrotor wird durch eine Drehwelle über ein Zwischengetriebe im Heckrotorpylon und ein Winkelgetriebe am Heckrotor selbst übertragen.

Triebwerke

Das Triebwerk General Electric T64-GE-100

Bereits Mitte der 50er Jahre erreichte der Kolbenmotor im Hubschrauberbau seine obere Leistungsgrenze. Eine Leistungssteigerung sahen die Konstrukteure nur noch im Einsatz von Wellenleistungstriebwerken, auch kurz Gasturbine (Teil des Gesamttriebwerks) genannt. In einem Interview bezog Igor Sikorsky Stellung auf die Frage welchen Einfluss die Gasturbine für die zukünftige Entwicklung im Hubschrauberbau haben wird:

> »Die Gasturbine ist von größter Bedeutung, denn zukünftige Hubschrauber werden hauptsächlich Gasturbinen haben, die über ein Getriebe den Rotor antreiben. Diese Antriebsart bringt durch ihr geringes Gewicht im Vergleich zur Leistung und die Verbesserung des spezifischen Kraftstoffverbrauchs, die dies in Nutzlast umzuwandeln erlaubt, große Vorteile«.

Diese Aussage spiegelte sich bei Sikorsky in den neuen Hubschrauberentwicklungen wie S-61, S-62, S-64 bis hin zum S-65 (CH-53) wider. Ausschlaggebend hierfür waren auch die Weiterentwicklungen und Leistungssteigerungen im Triebwerksbau.

Infolge dessen hatte im Jahre 1959 die US Navy im Hinblick auf die zu erwartenden modernen Wellenleistungstriebwerke der Leistungsklasse von 3000 bis 4500 PS (2237 kW bis 3355 kW) die Entwicklung eines solchen Triebwerks in Auftrag gegeben. Nach fünf Entwicklungsjahren war das Triebwerk mit der Bezeichnung GE T64 und einer Wellenleistung von 2850 PS (2125 kW) fertig gestellt.

Als wesentliches Konstruktionsmerkmal wies dieses Triebwerk neben einem geringen Gewicht, niedrige Wartungskosten und einen niedrigen, spezifischen Kraftstoffverbrauch auf. Die erste wesentliche Leistungssteigerung auf 3430 PS (2557 kW) unternahm General Electric im Auftrag der US Navy für die Sikorsky CH-53A. Ohne konstruktive Änderungen der Turbine wurde diese Leistungssteigerung allein durch einen höheren Luftdurchsatz, ein höheres Verdichter-Druckverhältnis, Verbesserung des Turbinen-Wirkungsgrades und eine Erhöhung der Turbineneintrittstemperatur erzielt. Mit Umstellung auf Titan als Baustoff für den Verdichter wurde neben einer Herabsetzung des Gewichts eine wesentliche Erhöhung des Korrosionswiderstandes auch in Salzwasserumgebung erreicht.

Mit einer Wellenleistung von nun 3370 Wellen PS (2513 kW) bei einer Umgebungstemperatur von +33°C

Das Triebwerk General Electric T64 auf einem Transportwagen.

Technische Daten General Electric T64		
Hersteller	General Electric, MTU	
Ursprungsland	USA, Deutschland	
Bauart	Zweiwellengasturbine mit freilaufender Arbeitsturbine	
Muster	T64-MTU-7	T64-GE-100
Leistung kW	2926	3228
Axialverdichter	14 stufig	14 stufig
Verdichtungsverhältnis	13:1	14:1
Ringbrennkammer	12 Duplex Einspritzdüsen	12 Duplex Einspritzdüsen
Gasgenerator-Turbine	2 stufige Axialturbine	2 stufige Axialturbine
Arbeitsturbine	zweistufige Axialturbine vom Gasgenerator unabhängige Freilaufturbine	
Luftdurchsatz kg/s	13,3	13,3
Drehzahl 1/min	18.230	18.370
Gesamtlänge mm	2006	2006
Durchmesser mm	510	510
Masse kg	323	327

(Standardtagesbedingungen bezogen auf Normalnull) wurde dieses Triebwerk auch der Bundeswehr zur Ausrüstung des Hubschraubers CH-53A angeboten.

Der Bundestagshaushaltsausschuss stimmte am 14. November 1968 der Beschaffung von 135 MTH CH-53D zu. Diese Entscheidung beinhaltete auch Aufträge für die dazu gehörigen Triebwerke. Bei der Triebwerksproduktion sollte der deutsche Fertigungsanteil 50% betragen, aufgeteilt auf 30% für MTU-München und 20% für KHD. Für die deutsche Variante CH-53G hatte man das leistungsstärkere General Electric Triebwerk GE T64-GE-7 vorgesehen. Dem BWB hatte das BMVg am 1. Juli 1970 die endgültige Beschaffungsanweisung, mit dem Inhalt die Triebwerke von den Firmen MTU und KHD fertigen zu lassen, erteilt. Doch sechs Triebwerke T64-GE-7 mussten vorab noch über FMS-Case (Regierungsvertrag zwischen der Bundesrepublik und dem NASC) bei General Electric direkt beschafft werden. In der Lizenzversion erhielt das Triebwerk die Bezeichnung T64-MTU-7.

Im Hinblick darauf, den Auftrag für eine Serienfertigung zu erhalten, schloss die MTU Vorgängerfirma MAN Turbo GmbH bereits im Juni 1966 ein Lizenzabkommen mit General Electric ab, welches MTU die Rechte sicherte, das Triebwerk T64 nachzubauen, zu betreuen und zu überholen.

Waren die ersten Hubschrauber der CH-53-Familie noch mit Triebwerken GE T64-6 ausgerüstet, folgten diesen ab 1969 die leistungsgesteigerte Version in der Klasse bis 4000 PS (2982 kW). Als dann die ausgedehnten Erprobungsreihen abgeschlossen waren, bei denen das neue Triebwerk seine Leistung, Zuverlässigkeit und Wirtschaftlichkeit nachgewiesen hatte, fiel gleichzeitig die Entscheidung in der Bundesrepublik den Sikorsky CH-53G nachzubauen und in Dienst zu stellen.

Die Firma MTU München wurde im Juli 1970 beauftragt, ab Februar 1971 insgesamt 226 Triebwerke zu liefern. Um wichtige Bauteile im Nachbauprogramm zu liefern, wurde die Firma Klöckner-Humboldt-Deutz AG, Werk Oberursel, in die Fertigung als Unterlieferant mit 20% Anteil beteiligt. Sie fertigte unter anderem, die Drehmomentmessanlage, Verdichter und Turbinengehäuse, Turbinen-Leitkränze der Stufe 3 und 4, sowie die durch das gesamte Triebwerk gehende hohle Abtriebswelle. MTU fertigt mit 30 % Anteil alle Trw-seitigen Getriebe, die Verdichter- und Turbinenläufer ohne Beschaufelung, Brennkammergehäuse und Ringbrennkammer, die besonders hohen Temperaturen ausgesetzten Turbinen-Leitkränze der Stufe 1 und 2 und führte zudem die Montage und Abnahmeläufe der Triebwerke als Hauptauftragnehmer aus. Vom Lizenzgeber General Electric wurden zugeliefert: Die Verdichterschaufeln, Turbinenlaufschaufeln, Hilfs- und Regelgeräte, Pumpen, Hauptlager, Dichtelemente und kleinere Bauteile. Da in der Zeitspanne zwischen Auftragserteilung, im Juli 1970 und Lieferung der ersten Triebwerke, im Februar 1971 kein Nachbau mit allen erforderlichen Einzelschritten zu realisieren war, musste für den Programmanlauf auf GE-Zulieferungen zurückgegriffen werden. Der Auftrag umfasste 15 vollständige Triebwerksbausätze, die bei der MTU montiert und getestet wurden. Die Auslieferung dieser Zuliefertriebwerke konnte größtenteils 1971 abgeschlossen werden, so dass ab Februar 1972 die ersten Triebwerke aus deutscher Fertigung dem Auftraggeber übergeben werden konnten. Die Lieferrate betrug nun zirka zehn Triebwerke pro Monat. Im Juli 1971 hatte das BWB bereits die zu liefernde Stückzahl auf insgesamt 369 erhöht aber Anfang 1972 wieder auf 273 Stück reduziert.

Die 18-monatige Lieferzeit pro Triebwerks-Nachbau war doch etwas zu kurz bemessen, da es Fertigungsschwierigkeiten durch die zum Teil sehr komplizierten Bauteile gab. Auch bestanden auf verschiedene Zulieferteile wie Bleche, Guss- und Schmiedeteile lange Lieferzeiten, die auf die Durchlaufzeit Einfluss nahmen.

Die Auswahl der hier zu fertigenden Teile geschah insbesondere unter den Gesichtspunkten: Auslastung bestehender Kapazitäten, Einführung von neuer Technologie in die Fertigung und Vertiefung von Kenntnissen in Verfahren, deren Anwendung in der Serie erst angelaufen war. Das traf vor allem auf die Bauteile des Verdichters aus Titan zu, die Brennkammerbaugruppe, die durch das gesamte Triebwerk gehende, hohle Abtriebswelle mit sehr engen Toleranzen und natürlich die Bearbeitung sehr hochwarmfester Bauteile aus Nickel- und Kobalt-Kühlluftbohrungen in Turbinenschaufeln.

Zur Abnahmeprüfung standen zwei Triebwerkprüfstände zur Verfügung, mit Wasserbremsen bis 6000 PS bei Drehzahlen bis 17.000 U/min, sowie ein Getriebeprüfstand, auf dem die beiden Getriebe vor Anbau an das Triebwerk mit einem Vielfachen der im Einsatz zu übertragenden Last ihre Funktionstüchtigkeit nachgewiesen werden mussten. Während der normale Triebwerk-Abnahmelauf vor Übergabe an den Kunden nur einige Stunden dauerte, war mit einem der ersten Nachbau-Triebwerke ein Zulassungslauf von 150 Stunden Dauer, nach einem genau festgelegten Prüfplan zu fahren, um den Nachweis zu erbringen, dass deutsche Nachbautriebwerke mindestens dem gleichen Qualitätsstandard entsprachen, wie bereits im Einsatz befindliche amerikanische Triebwerke. Der erste 150-Stunden-Lauf fand erfolgreich im März 1972 in München statt. Er wurde mit dem dritten Nachbau-Triebwerk durchgeführt. Sämtliche kritischen Teile waren danach in einem einwandfreien Zustand. Dieser Befund bildet eine der Beurteilungsgrundlagen für die Überholzeit der ersten ausgelieferten Triebwerke. Es wurde der Wert von 1800 Stunden erreicht, der für diese Triebwerke damals bei der US-Luftwaffe galt und für militärische Hubschrauber-Triebwerke mit ihren ständig wechselnden Einsatzbedingungen und kurzen Betriebszyklen sehr hoch war.

Nach über vierzig Jahren Betriebszeit brachten die GE T64-MTU-7-Triebwerke aufgrund des altersbedingten Verschleißes (die T64-7 haben eine durchschnittliche Laufzeit von 4000 Stunden) nicht mehr in allen Bereichen ihre volle Leistung (Maximalleistung 3206 kW). Vor allem unter den erschwerten Einsatzbedingungen in Afghanistan wurden Leistungsdefizite offensichtlich.

Aus diesem Grund beauftragte am 12. August 2003 das damalige Bundesamt für Wehrtechnik und Beschaffung MTU Aero Engines mit der Modernisierung der Triebwerke von 20 CH-53GS.

In diesem Rahmen und mit einem Volumen von 28 Mio. Euro unterzog MTU von 46 Triebwerke (zwei pro Hubschrauber plus sechs in Reserve) einer Grundüberholung und dabei gleichzeitig einer Modernisierung mit der die ursprünglichen Leistungen auch unter schwierigen klimatischen und geographischen Bedingungen wieder hergestellt bzw. gesteigert werden konnte. Dabei wurden vor allem neu entwickelte verbesserte Turbinenschaufeln (Titan, Inconel) eingebaut sowie auch Änderungen an den Brennkammern durchgeführt, sodass die Triebwerke konstruktiv dem Stand der aktuellen US-Version T64-GE-100 entsprechen.
Mit einer Leistung von 3229 kW gehört das T64-GE-100 zu den stärksten Hubschrauberantrieben der Welt. Es hat eine freie zweistufige Nutzturbine, einen vierzehnstufigen Axialverdichter, eine Ringbrennkammer und eine zweistufige Gaserzeugerturbine. Diese kommt auf über 18.000 Umdrehungen pro Minute und die Nutzturbine auf rund 13.600 Umdrehungen.

Mit zusätzlichen 300 kW hat das T64-GE-100 rund zehn Prozent mehr Leistung als das Vorgängermodell. Die Leistungssteigerung wird durch eine erhöhte Verbrennungstemperatur erreicht. Besonders deutlich wird diese Verbesserung bei so genannten Heißtagen, da in diesem Szenario eine um 23 Prozent höhere Wellenleistung gegenüber dem T64-MTU-7 Triebwerk zur Verfügung steht. Um zu verhindern, dass die Verdichter der Triebwerke durch Staub ausgewaschen werden und dass die Kühlluftbohrungen der Turbinenschaufeln zusetzen, sind die Hubschrauber mit zusätzlichen Staubschutzfiltern ausgerüstet, so genannten EAPS (Engine Air Particle Separator). Am 29. Januar 2005 konnte MTU Im Rahmen einer Feierstunde im nordrhein-westfälischen Rheine offiziell das erste modifizierte Serientriebwerk T64-100 für die CH- 53GS der Bundeswehr übergeben.

In diesem Jahr 2005 erhielt dann die MTU einen weiteren Auftrag zur Umrüstung von zusätzlichen 40 Triebwerken. Die modifizierten Triebwerke sollten bis zum Jahre 2030 bei der Truppe einsetzbar bleiben. Inzwischen wurden 165 Triebwerke für die übrigen 66 Luftfahrzeuge CH-53GS/GE/GA umgerüstet (finaler Bestand T64-GE-100). Das letzte Triebwerk wurde im November 2014 an die Bundeswehr übergeben.

Triebwerksauslegung

Als Antrieb für den Hubschrauber CH-53 GA/GE/GS dienen zwei Triebwerke T64-GE-100 mit einer Maximal-Leistung von je 4330 shp (3229 kW). Das Triebwerk ist ein zwei Wellenleistungstriebwerk axialer Bauart mit Überdrehzahlschutz für die Nutzleistungsturbine. Es besteht aus dem Titanverdichter mit 14 Stufen, davon haben die vorderen vier Stufen hydraulisch verstellbare Leitschaufeln einer Ringbrennkammer, einer zweistufigen Gaserzeugerturbine und einer zweistufigen Freifahr-Arbeitsturbine. Der Antrieb erfolgt nach vorn über eine Drehmomentübertragungswelle mit Messeinrichtung zum Winkel- oder Frontgetriebe.

Das Triebwerk General Electric T64-GE-100 Innenaufbau

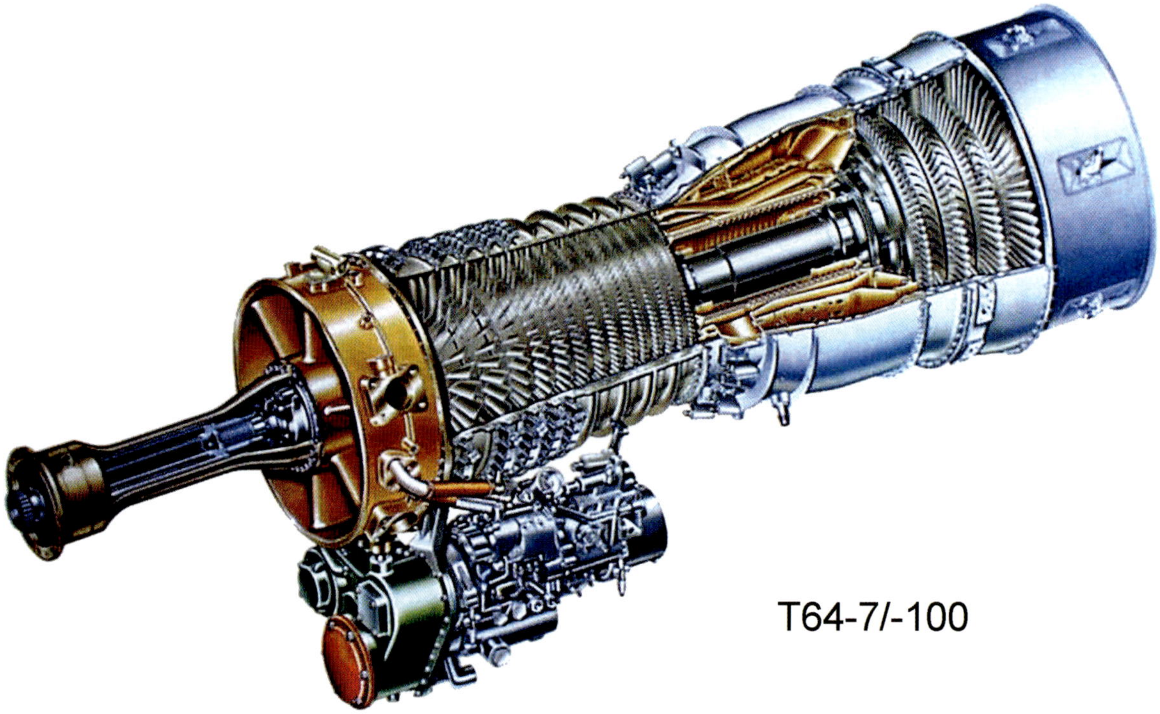

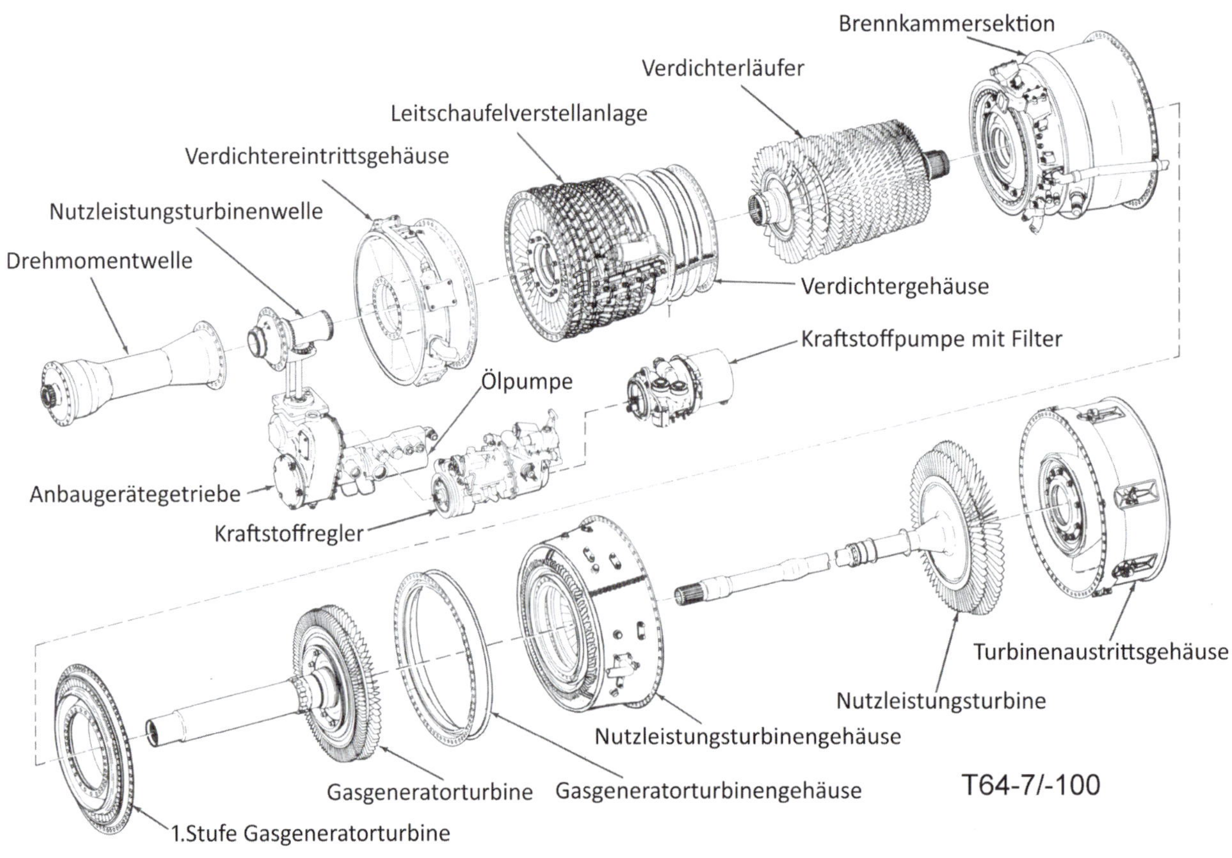

Der Hubschrauber besitzt die strukturellen Voraussetzungen für den Einbau eines Triebwerk Luftfilters (EAPS, Engine Air Particle Seperator).

Zu den Triebwerksanlagen zählen unter anderem:

- Kraftstoffanlage
- Leistungshebel
- Zündanlage
- Triebwerkluftfilter
- Triebwerküberdrehzahlschutzanlage
- Abgasgehäuse
- Drehmomentmesswelle
- Triebwerk-Schmierölanlage
- Vereisungsschutzanlage
- Anlassanlage
- Triebwerksüberwachungsinstrumente

Funktion des Triebwerks

Der Startvorgang eines jeden Triebwerks wird von der Triebwerksbedienanlage an der Deckenkonsole im Cockpit eingeleitet. Nachdem alle Sicherheitsvorkehrungen außerhalb und im Cockpit der Maschine getroffen wurden und die Voraussetzungen erfüllt sind, wird der Triebwerkanlassknopf von Triebwerk 2 (zuerst wird in der Reihenfolge das Triebwerk 2 gestartet) gedrückt. Durch das Lösen der Rotor-Bremse beginnt mit dem Hochlaufen der Turbine der Rotor langsam zu drehen und erreicht im Leerlauf eine 30-35% Rotordrehzahl. Bei mindestens 20% nG (Gasgenerator-Drehzahl) wird der Leistungshebel von Triebwerk 2 in die Position »GRD IDLE« gebracht. Bei entsprechendem Kraftstoffdurchfluss schaltet sich nun die Anlassanlage von Triebwerk 2 bei einer Drehzahl zwischen 43 und 58% nG ab. Die Leerlaufdrehzahl steigt nun auf einen Wert zwischen 64 bis 67% nG. Nach dem Stabilisieren der Triebwerksdrehzahl, werden die Steuerorgane auf Freigängigkeit und die Hydraulikanlagen auf Funktion überprüft, bevor man das zweite Triebwerk (im Regelfall Triebwerk 1) in Gang setzt. Langsam können jetzt beide Triebwerkshebel auf 100% nN gestellt werden. Die Gasgenerator-Welle (nG), die zwischen Turbine und Verdichter frei läuft, kann je nach Kraftstoffzufuhr ihre Drehzahl verändern, so dass die nN Welle (Abtriebswelle) konstant 100% Drehzahl hält, die so auch am Hauptgetriebe ankommen. Manuell ist es auch möglich, die Drehzahl zu verändern. Wenn z.B. schwere Außenlasten geflogen werden, kann die nN Drehzahl kurzzeitig auf 105% nachgeregelt werden oder bei Problemen mit dem Triebwerk kann dieses auch manuell nach unten geregelt werden.

Die Hauptsysteme

Die Hauptsysteme des Triebwerks werden über die Triebwerkbedienanlage auf der Deckenkonsole aktiviert bzw. kontrolliert. So befinden sich darauf die Leistungshebel von Triebwerk 1 und Triebwerk 2 mit den gekennzeichneten Stellungen SHUT OFF, GRD IDLE, usw. Bringt man nun einen Leistungshebel in Stellung GRD IDLE, wird dem Triebwerk soviel Kraftstoff zugeführt, dass man damit eine Drehzahl von 64 bis 67% nG für Normaltagbedingungen erreicht. Mit den Feineinstellknöpfen an jedem Blattverstellhebelgriff kann man Leistungsänderungen und die Drehzahlsynchronisierung der Triebwerke erreichen. Wenn die Leistungshebel in die Stellung SHUT OFF gebracht werden, wird die Kraftstoffzufuhr zum Triebwerk abgesperrt.

Um die Kraftstoffversorgung des Triebwerks sicherzustellen, besteht die Kraftstoffanlage jedes Triebwerks unter

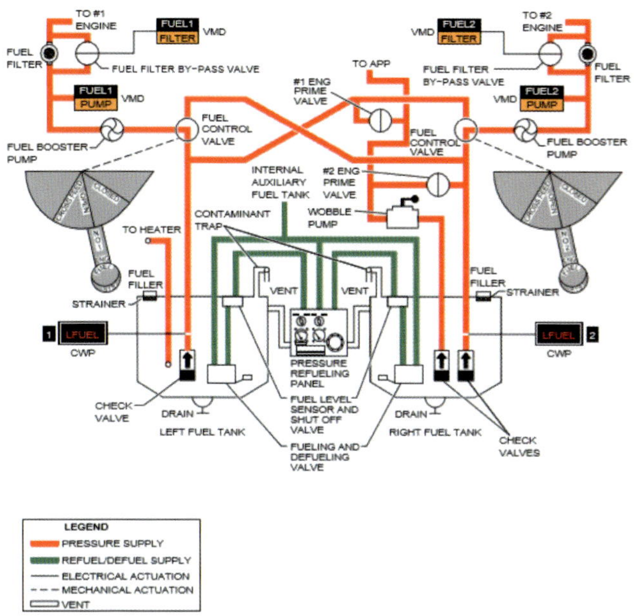

Grafik der Triebwerks-Kraftstoffversorgung

Der Engine Air Particle Separator (EAPS)
Die Triebwerksluft-Partikelabscheider, einer für jeden Motor, sind dafür ausgelegt, Sand, Staub und andere Fremdpartikel, die in der Triebwerkseinlassluft eingesaugt werden können, zu filtern, über Bord zu entfernen und die Luft zu reinigen. Die Separatoren die sich vor und hinter dem Außenbord des Motorlufteinlasskanals befinden, sind selbstreinigend und so konstruiert, dass sie vom Triebwerk wegschwingen. Die Inbetriebnahme von EAPS und der Betrieb mit geschlossenen EAPS-Klappen führt zu einer Leistungsreduzierung von ca. 3% (niedrige Fluggeschwindigkeit) bzw. bis zu 9% Geschwindigkeitsverlust über 100 KIAS. Wie wichtig der EAPS ist, zeigt diese Aufnahme vom Einsatz in Afghanistan. Der helle Sand durchdringt alle Ritzen.

anderem aus einer Hochdruckkraftstoffpumpe mit Filter, einer Kraftstoffregelanlage, einem Kraftstoffverteiler, zwei Leitschaufelverstellvorrichtungen und den Kraftstoffaustrittsdüsen.

Für die Schmierung hat jedes Triebwerk einen unabhängigen Schmierölbehälter mit einem Fassungsvermögen von 15,2 Liter von dem aus das Schmieröl über die Triebwerk-Schmierölpumpe zum Triebwerk und über die drei Ölsümpfe und dem Anbaugerätegetriebe zurück gefördert wird. Zur Verhinderung der Eisbildung am Lufteinlauf des Triebwerks wird das Rücköl zur Erwärmung des Verdichters Eintrittsgehäusestrebe genutzt.

Zum Starten besitzt jedes der Triebwerke einen Hydraulikanlasser. Da die Ladewinden-/ Triebwerkanlasspumpe den Hydraulikdruck für den Anlasser liefert, wird diese vom Hilfsgeräteantrieb angetrieben. Am Boden wird dafür das Hilfstriebwerk (APU Solar T62-T-27) verwendet. Die benötigten Triebwerksüberwachungsinstrumente befinden sich auf der mittleren Instrumententafel (Instrumentenbrett). Sie übermitteln unter anderem Anzeigewerte für eine Drehmomentanzeige, Triebwerk-Drehzahl, Nutzleistungsturbinen-Eintrittstemperatur, Kraftstoffdurchfluss-Anzeigeanlage und die Öltemperaturanzeige.

Das Hilfstriebwerk APP (Auxiliary Power Plant)

Gemäß seinem autarken Einsatzprofil musste es der Hubschrauber- Besatzung möglich sein, unabhängig von Bodengeräten den Hubschrauber im freien Gelände zu landen und wieder zu starten. Dafür war für den Hubschrauber von Beginn an ein Hilfstriebwerk, das so genannte Auxiliary Power Plant (APP) oder auch als APU bezeichnet, vorgesehen. Mit ihm ist es möglich, die CH-53 unabhängig von Elektrik oder Hydraulik zu versorgen und die Triebwerke zu starten.

Das Solar T62-T-27 befindet sich vor dem Hauptgetriebe unter einer aerodynamischen Verkleidung oberhalb der Kabine.

Bei Bedarf wird diese Gasturbine nicht wie üblich mit einem elektrischen Anlasser gestartet, sondern mittels eines hydraulischen Druckspeichers.

Die normale Gasturbinen-Nennleistung beträgt 75 kW auf Meereshöhe. Die APP lässt sich für den Betrieb in einer Druckhöhe bis zu 10.000 ft (etwa 3000 m) einstellen.

Die Bedienelemente befinden sich auf der Deckenkonsole im Cockpit und bestehen aus einer Bedien- und einer Anzeigetafel. Die Anlage besteht des Weiteren aus einem Hydraulikanlasser, einer Kraftstoffanlage, einer Ölumlaufschmieranlage und einem mechanischen Antrieb. Das Anlassen mit dem Hilfstriebwerk (APP) erfolgt unabhängig von einer Außenbordstromversorgung oder dem Bordnetz des Hubschraubers, da die Zünd- und Steuerspannung vom APP-getriebenen Generator zugeführt wird.

Mit dem Bedienhhebel auf der Hilfstriebwerk-Bedientafel APP CONTROL wird der Betrieb des Hilfstriebwerks gesteuert. Wenn der Hebel auf START gestellt wird, werden die Elemente der automatischen Anlassanlage eingeschaltet und das Hilfstriebwerk gestartet. Das Hilfstriebwerk treibt dann das Hilfsgerätegetriebe mit einer konstanten Geschwindigkeit an.

Der T-Handgriff, der sich vor dem Bedienhebel befindet, dient dazu, die Feuerlöschanlage zu aktivieren und die Kraftstoffzufuhr zum Hilfstriebwerk und zur Laderaumheizung zu sperren.

Das Hilfstriebwerk (APP, Auxiliary Power Plant, auch APU genannt) hat die Aufgabe über das hinter ihm angebaute Hilfsgerätegetriebe die Hydraulik- sowie Strom-Versorgung zum Starten der Haupttriebwerke bereitzustellen. Am Hilfsgerätegetriebe sind zwei Generatoren, Hydraulikpumpe Bordbetriebshydraulikanlage, Hydraulikpumpe Anlage zwei und die Ladewindentriebwerkstartpumpe angebaut. Wenn die Haupttriebwerke laufen und das Hilfstriebwerk abgeschaltet wird, treibt das Hauptgetriebe das Hilfsgerätegetriebe an.

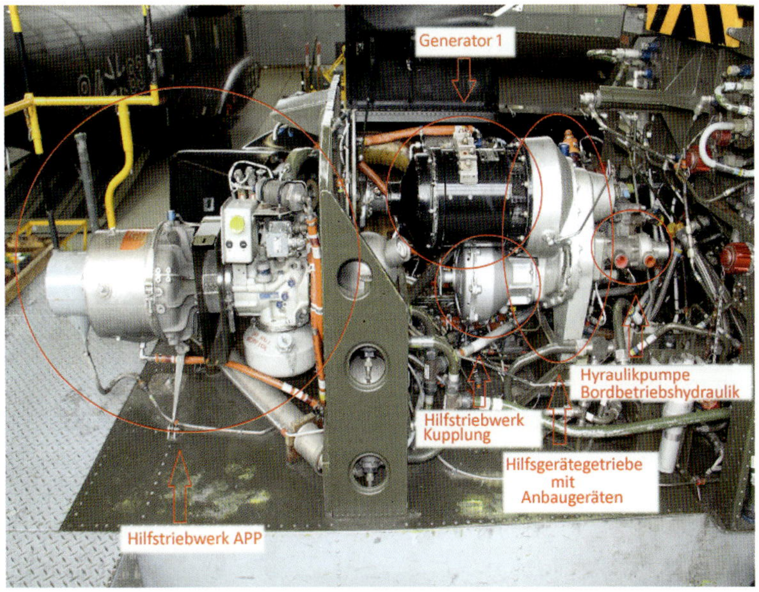

Kraftstoffanlage

Der Kraftstoff des CH-53G Hubschraubers ist ausschließlich in den beiden Hauptkraftstofftanks in den Schwimmerstummel oder auch Flächenstummeln genannt Sponson untergebracht und kann entweder mit Druck- oder Schwerkraft betankt werden. Verwendbar sind insgesamt 2340 Liter bei Schwerkraftbetankung (Druckbetankung 2270 l). Als Kraftstoff kommt F24/F27, F-34 (JP8), F-40 (JP4) oder F-44 (JP5) in Frage. Mit dem angegebenen Kraftstoffvorrat ist eine maximale Reichweite (mit Reserve für ca. 15 Minuten) von 480 km möglich. Vorrichtungen zum Anschluss von Innenkraftstoff-Zusatzbehälter sind vorhanden. Zwei Anzeigeinstrumente, die die Kraftstoffmengen pro Tank darstellen befinden sich auf der mittleren Instrumententafel im Cockpit.

Das gesamte Kraftstoffsystem wird mechanisch bzw. hydraulisch betrieben, ist also auch bei Ausfall der elektrischen Anlage voll funktionsfähig. Die Kraftstoffförderpumpen, die von den Triebwerken angetrieben werden, sind direkt auch an diesen angebaut. Sie arbeiten als Saugpumpen.

Zur Kraftstoffanlage der CH-53GA gehören zwei Unteranlagen für Saugförderung, eine Anlage für jedes Triebwerk und eine Druckbetankungsanlage. Die Anlagen sind durch Förderleitungen miteinander verbunden, um eine optimale Nutzung des Kraftstoffs sicherzustellen. Kraftstoff für die APP wird aus dem rechten Kraftstofftank und Kraftstoff für die Kabinenheizung aus dem linken Kraftstofftank geliefert. Der Hubschrauber kann durch das Sumpfablassventil entleert werden oder durch den Einpunkt-Tankadapter entlüftet werden.

Kraftstofftanks

Die beiden selbstdichtenden Hauptkraftstofftanks, die jeweils einen Kraftstoffsacktank enthalten, sind mit allen erforderlichen Leitungen und Bauelementen für die Druckbetankung und die Kraftstoffförderung ausgestattet. Die Beschusssicherheit ist für ein Kaliber bis zu 12,7mm (0.50 cal) gegeben. Jeder Kraftstofftank verfügt über ein Druckbetankungs-Absperrventil, einen Vollstandfühler, ein Überdruckventil Entlüftungsleitungen und ein Sumpfablassventil. Entlüftungsleitungen werden durch den Laderaum geführt, um die Gefahr einer Vereisung zu minimieren und eine ausreichende Entlüftung sicherzustellen, wenn sich der Hubschrauber auf dem Wasser befindet. Danach erfolgt die Entlüftung in die Atmosphäre.

Die Hauptkraftstofftanks können durch einen Kraftstoffeinfüllstutzen oben auf dem Schwimmerstummel

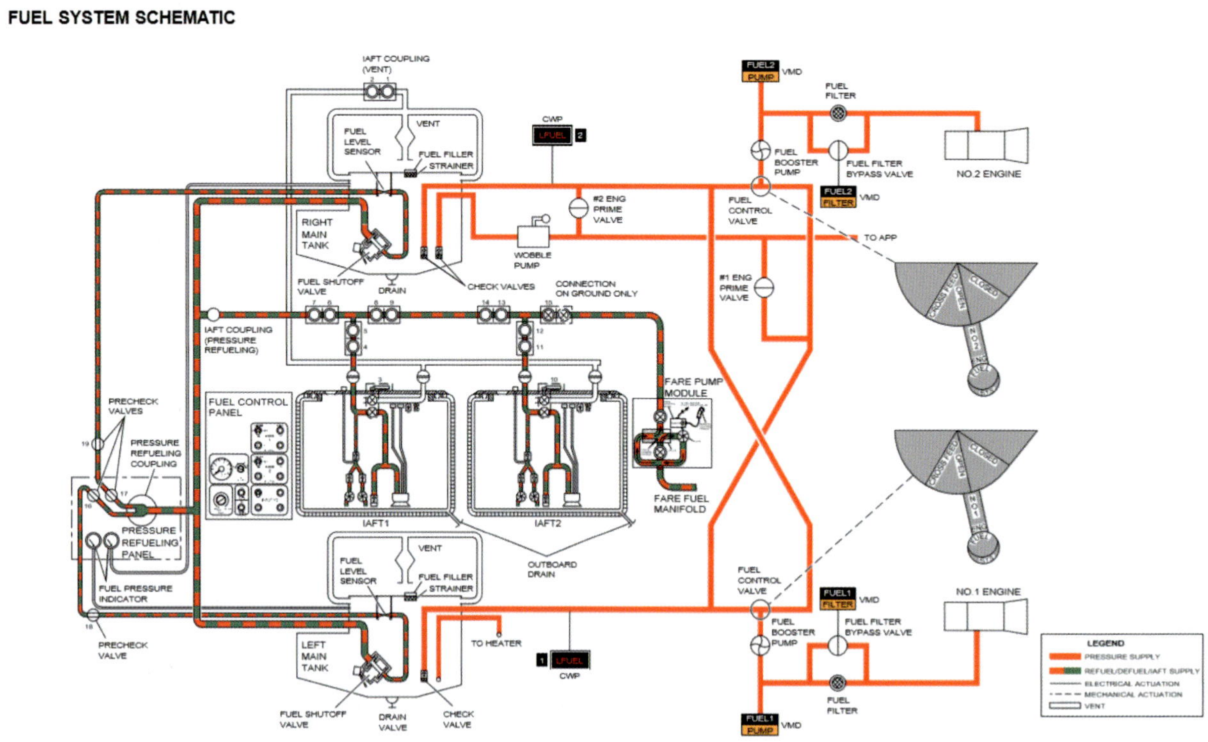

Schematische Darstellung der Tankanlage

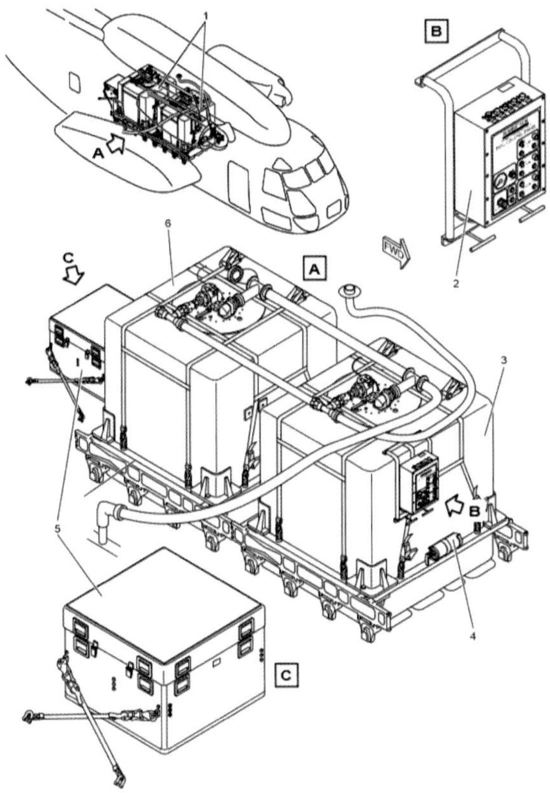

Einbauten der Internal Auxiliary Fuel Tanks (IAFT)
1 IAFT Installation Variante 4
2 Fuel Control Panel
3 Forward IAFT
4 Tragbarer Feuerlöscher
5 FARE Kit (Container)
6 Hinterer IAFT

betankt werden (Schwerkraftbetankung). Durch den für die Einpunkt-Druckbetankung vorgesehenen Druckbetankungsadapter an der linken Rumpfseite vor dem Schwimmerstummel können beide Kraftstofftanks gleichzeitig druckbetankt werden. Ein Absperrventil im Boden jedes Kraftstofftanks stellt sicher, dass das Enttanken abgeschlossen wird, bevor der Kraftstofftank vollständig entleert ist und kein Unterdruck entsteht.

Internal Auxiliary Fuel Tank (IAFT)

Der Hubschrauber ist außerdem mit Vorkehrungen für die Installation von internen Zusatzkraftstofftanks (IAFT) ausgestattet.

Das System besteht aus einem oder zwei Tanks mit einer Nennkapazität von jeweils 800 US-Gallonen. Die Tanks werden im Kabinenteil des Hubschraubers untergebracht und am Kabinenboden mit einem speziellen Rückhaltesystem gesichert. Sie sind mit dem Flugzeugkraftstoffsystem unter Verwendung eines Schlauchverteilers verbunden. Die Kraftstoffverteilung wird über die Kraftstoffsteuertafel, die am vordersten Tank angebracht ist, vorgenommen. Hier werden auch die Kraftstoffmenge in jedem Tank und die Gesamtkraftstoffmenge in allen Tanks angezeigt. Einzelne Tanks können je nach Einbauposition im Laderaum mit einem begrenzten Maximum von 425, 465 oder 800 Gallonen (1609, 1760 oder 3028 Liter) Kraftstoff installiert werden. Bei der Doppeltankvariante dürfen die Tanks nur mit einem begrenzten Maximum von 600 (vorne) und 650 (hinten), insgesamt 1250 Gallonen (2271 + 2460 = 4731 Liter) Kraftstoff gefüllt sein. Optional kann ein FARE-Kit (Forward Area Refuelling Equipment) mitgeführt werden, das für die Treibstofftransfer von der IAFT zu anderen Flugzeugen oder Fahrzeugen am Boden verwendet werden kann.

Der interne Hilfstank (IAFT), wie er für das Hubschraubermodell CH-53GA konfiguriert wurde, ist ein ballistisch selbstdichtendes Hilfstanksystem, welches die Reichweite des Hubschraubers CH-53GA erhöht.

Flugsteuerung

Wie bei einem Hubschrauber üblich, muss der Pilot mit beiden Händen und Füßen für Gier- (Bewegung um die Hochachse), Roll- (Bewegung um die Längsachse) und Nickbewegungen (Bewegung um die Querachse) »arbeiten«. Da jedoch bei so einem großen Gerät die aufzuwendenden Kräfte für den Piloten zu groß wären, haben die Entwickler bei Sikorsky zur Unterstützung hydraulisch betätigte Flugregler-Servos eingebaut. Damit besteht keine direkte mechanische Verbindung zwischen den Bedienelementen und der Taumelscheibe. Die mechanischen Gestänge von Steuerknüppel und Blattverstellhebel dienen zur Betätigung von Steuerventilen, die ihrerseits drei Doppelservos an der Taumelscheibe (sog. Haupttandemarbeitszylinder) entsprechend den Steuereingaben mit Hydraulikdruck beaufschlagen. Ausnahme ist ein Teil der Heckrotorsteuerung, hier werden zur Ansteuerung der Ventile streckenweise Steuersegmente und Seile verwendet.

Die Steuerbewegungen vom Blattverstellhebel (Collective Pitch Lever) zur Steuerung der vertikalen Luftfahrzeugbewegungen und des Steuerknüppels (Cyclic Stick) zur Steuerung der Nick-und Rollbewegungen des Luftfahrzeugs werden in einem Mischgerät, das sich direkt vor dem Hauptgetriebe befindet, miteinander kombiniert und mittels der Servos über die Taumelscheibe und Steuerstangen auf die Blattdrehgelenke und von dort auf die Rotorblätter übertragen.

Die Blattverstellhebel (Collective Pitch Lever), die sich auf der linken Seite der Sitze von Pilot und Copilot befinden, ändern gleichzeitig die Blatteinstellwinkel aller

Schematische Darstellung der Flugsteuerung und Bauteilübersicht

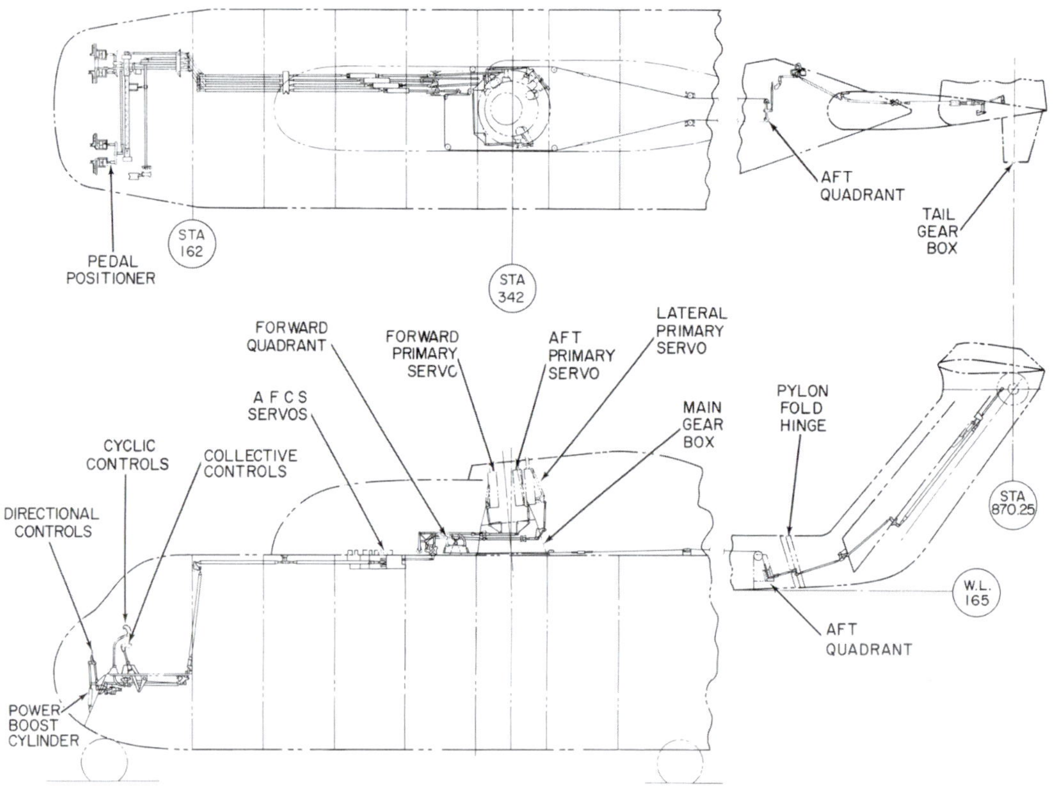

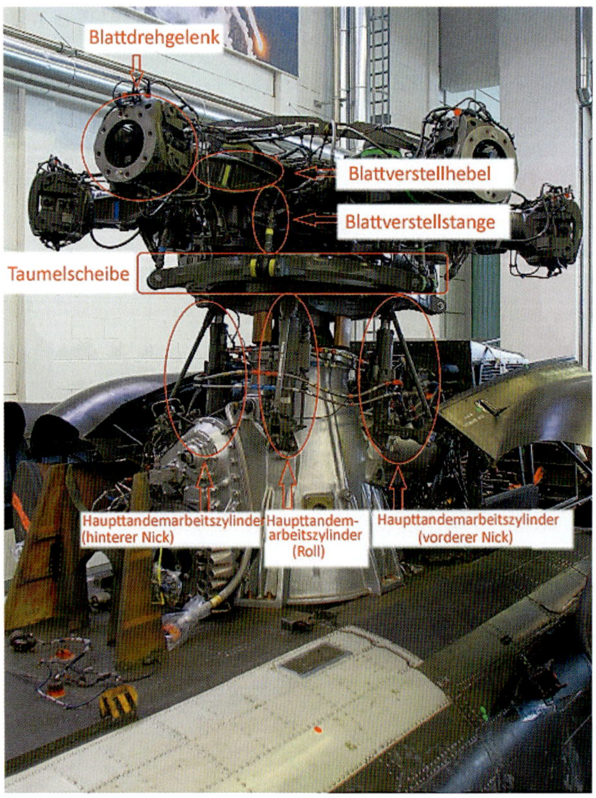

Hauptrotorblätter. Der Blattverstellhebel ist an die Gier-und Rollsteuerung gekoppelt, um eine automatische Kompensation bei Änderungen der kollektiven Blattverstellung sicherzustellen.

Die Steuerknüppel (Cyclic Stick), die sich vor den Sitzen von Pilot und Copilot befinden dienen zur Nick-und Rollsteuerung des Luftfahrzeugs. Bei einer Bewegung des Steuerknüppels in eine beliebige Richtung wird die Blattspitzenebene des Hauptrotors in die jeweilige Richtung geneigt und der Hubschrauber bewegt sich in die entsprechende Richtung.

Steuerung

Eine ankommende Steuereingabe, die über das Steuergestänge an die Haupttandemarbeitszylinder gelangt, öffnet den hydraulischen Weg über den Steuerschieber und bewirkt das Ein- oder Ausfahren des Arbeitszylinders. Die Taumelscheibe, die die drehenden Bauteile von den stehenden Bauteilen am Hauptrotor trennt, wird an dieser Stelle angehoben oder herunter gezogen und verstellt dadurch jede Blattverstellstange wenn sie sich der Position des Arbeitszylinders nähert oder entfernt. Hierdurch bekommt das Blatt einen anderen Einstellwinkel, da das Blattdrehgelenk, welches über den Blattdrehhebel mit der Blattverstellstange verbunden ist, gedreht bzw. verstellt wird und dadurch an der Position mehr oder weniger Auftrieb erzeugt.

Die Heckrotorsteuerung wird mit den Steuerungspedalen eingeleitet. Mit ihnen verändert man den Einstellwinkel der Heckrotorblätter und somit den Schub des Heckrotors sowie den Steuerkurs des Hubschraubers. Er erzeugt ein Gegendrehmoment zum Drehmoment des Hauptrotors. Zur Kompensation von Drehmomentänderungen kann der Einstellwinkel der Heckrotorblätter und somit der Schub des Heckrotors erhöht oder verringert werden.

Die Bewegungen der Heckrotorsteuerungspedale werden auf den Servo übertragen, der dann hydraulisch das Blattverstellkreuz am Heckrotor verstellt.

Hydraulikanlage

Das Hydraulik-System ist die Hauptschlagader des CH-53- Hubschraubers. Vor allem die Steuerungsanlagen aber auch Laderampe und Ladetor und das Fahrwerk sowie die Hauptrotorfalt- und Heckrotorträgerklappanlage werden hydraulisch betrieben.

Die CH-53 ist mit vier unabhängig voneinander arbeitenden Hydraulikanlagen ausgerüstet: Hydraulikanlage 1, Hydraulikanlage 2, Bordbetriebshydraulikanlage und Rotorbremsanlage.

So versorgt die Hydraulikanlagen 1 und 2 die Hauptservos. Hydraulikanlage 1 und BBH (Bordbetriebshydraulik) versorgen den Heckservo, Hydraulikanlage 2 und BBH versorgen AFCS Nick und Roll und Hydraulikanlage 2 versorgt Gier und Höhe. Außerdem werden noch verschieden Teilanlagen von der Bordbetriebshydraulikanlage versorgt.

Die Hydraulikanlagen 1 und 2 sowie die Bordbetriebshydraulikanlagen haben je eine eigene Pumpe. Die mit der Bordbetriebshydraulikanlage verbundene Ladewinden-/Triebwerkanlassanlage ist ebenfalls mit einer eigenen Pumpe ausgerüstet. Durch dieses Aggregat wird der Druck zum Anlassen der Triebwerke aufgebaut. Solange sich der Hauptrotor dreht, werden alle Pumpen angetrieben damit auch während eines Autorotationsfluges die Hydraulikdruckversorgung gesichert ist. Alle Pumpen mit Ausnahme der für die Hydraulikanlage 1, können auch vom Hilfstriebwerk (über das Hilfsgerätegetriebe) angetrieben werden.

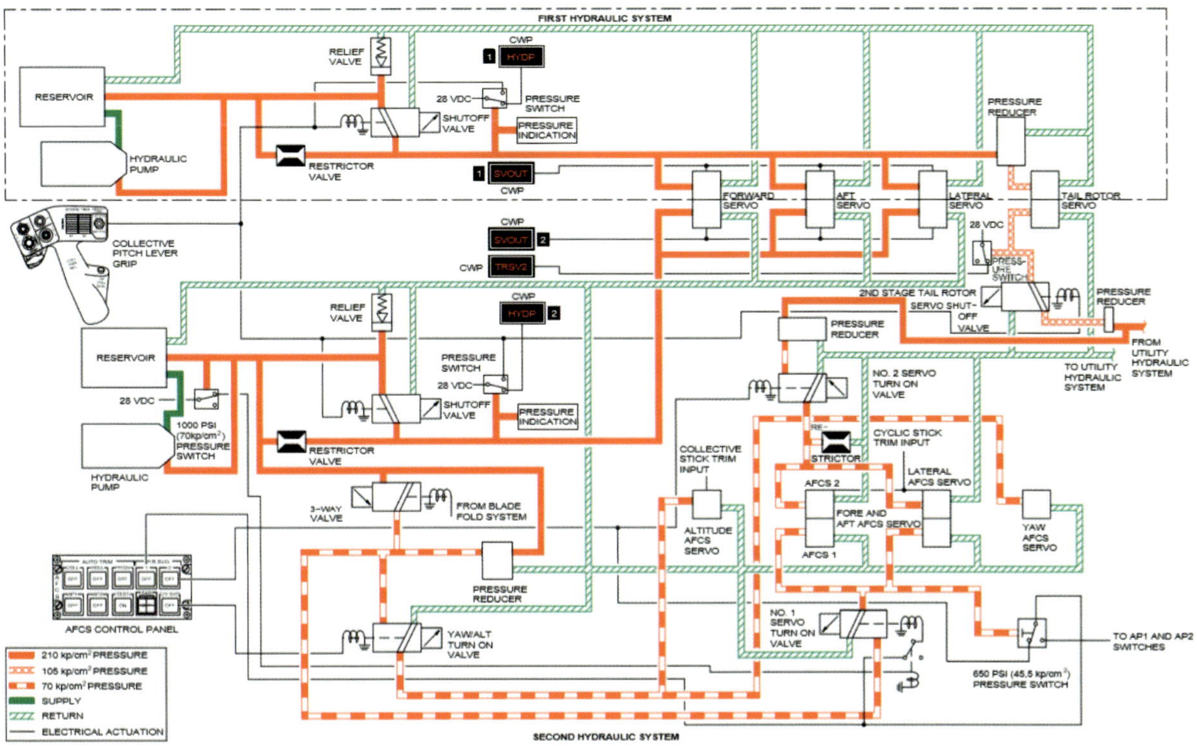

Schematik der Hydraulikanlage

Die Bordbetriebshydraulikanlage versorgt die folgenden Teilanlagen mit Hydraulikdruck:

- Hilfstriebwerkanlassanlage (»APP-Druckspeicheraufladung«),
- Fahrwerkanlage,
- Ladetor-und Laderampenanlage,
- Radbremsanlage,
- Hauptrotorstell- und Faltanlage,
- Heckrotorträger-Klappanlage,
- eine Kammer des Heckrotorsteuerungs-Tandemarbeitszylinders,
- Ladewinden-Triebwerkstartanlage (nur Versorgung mit Flüssigkeit der Bordbetriebshydraulikanlage da hier eine eigene Pumpe existiert, 3000PSI Ladewinde 4000PSI Triebwerkstartvorgang),
- Bergungswinde (falls eingebaut) und
- Je eine Kammer der Flugregler-Nicksteuerungs- und Flugregler-Rollsteuerungs-Tandemarbeitszylinder. Der Hydraulikbehälter der Bordbetriebshydraulikanlage befindet sich vor dem Hauptgetriebe im Hydraulikkompartment

Die Autopilotanlage der CH-53GA (Automatic Flight Control System, AFCS)

Wenn man einem solchen Hubschrauber eine hochgradige Beweglichkeit bei Tag und Nacht und bei jedem Wetter (auch in Bodennähe) ins Pflichtenheft hineinschreibt, ist dieses nur mit starken Triebwerken, einem robusten Rotorsystem, einer integrierten Navigationsanlage und einem Flugregelsystem möglich, das den Piloten bei ihrer Arbeit hilft und große Kraftaufwendungen abnimmt.

Im Rahmen des umfangreichen Modifizierungsprogramms erfuhr der Hubschrauber eine Modernisierung des Autopilot AFCS (Automatic Flight Control System):

- durch einen 4-Achsen Autopilot, einschließlich Schwebeflugautomatik
- Unterstützung einer Landung im White-Out und Brown-Out
- Erhaltung bestehender Funktionalität und Basisbetriebsarten

So stellt die Autopilotanlage (AFCS) der CH-53GA eine Dreiachsen-Basisstabilisierung für Lage/Kurs und höhere Betriebsarten in allen 4 Achsen zur Verfügung. Die dynamischen Signalgrößen aus der Autopilotanlage (AFCS) werden durch elektro-hydraulische Aktuatoren mit eingeschränkter Autorität als mechanische Bewegungen der Haupt- und Heckrotorblätter umgesetzt.

Die Autopilotanlage (AFCS) basiert auf einem Master/Slave-Prinzip mit zwei Autopilotmodulen APM 1 und APM 2.

Die Autopilotanlage besteht aus folgenden Geräten:

- 2 Autopilotmodul (APM 1 und 2) incl. Montagerahmen mit Lüfter
- Relaismodul AFCS
- Diodenmodul
- 4 Relaiskästen (Servo Relay Unit – SRU), Nick-, Roll-, Gier und Höhenkanal
- 2 Air Data Computer (ADC)

Das AFCS enthält folgende Bediengeräte und -elemente:

- 2 Flugregler-Bediengeräte FCP 1 und 2
- Autopilot-Steuergerät AFCAU
- Bediengerät RECONFIGURATION (RCU)
- Schwebeflug-Bediengerät GSCU
- Schalter GS, AP CYC DCPL, TRIM REL, TRIM und AP DIS an den
  - Steuerknüppelgriffen Pilot/Copilot
- Schalter COLL TRIM REL, AP COLL DCPL, TRIM und G/A an den
- Blattverstellhebeln Pilot/Copilot
- Schalter STICK TRIM COLL und STICK TRIM CYC an der Hauptschaltertafel
- MASTER SWITCH.

Die AFCS Sensoren sind 16 Weggeber. Diese sind redundant ausgelegt und es befinden sich acht Weggeberbaugruppen im nicht kraftverstärktem Bereich (NKVZ) und 8 Weggeberbaugruppen im kraftverstärktem Bereich (KVZ). Diese Weggeber sind mechanisch mit dem Steuergestänge und der Luftfahrzeugzelle verbunden und messen den Stellweg der einzelnen Steuerstangen.

Als Mastersensoren sind noch sechs weitere Weggeber als Trimmstellunggeber am Nick-, Roll und Höhenflugsteu-

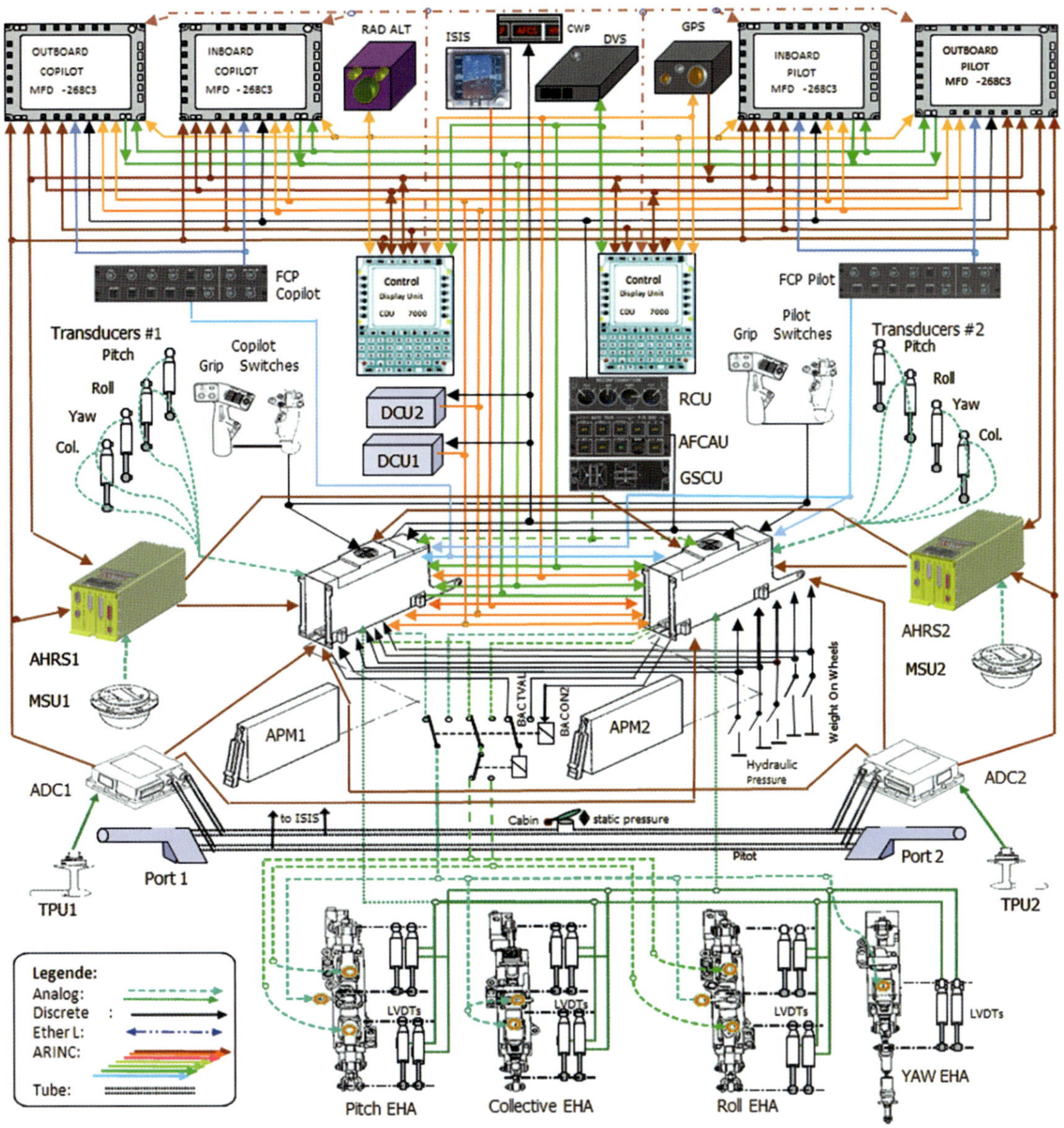

Schematische Darstellung der Flugregelanlage (Automatic Flight Control System, AFCS) und AFCS Abkürzungen: AFCS Auxiliary Unit (AFCAU), Air Data Computers (ADC's), Attitude and Heading Reference Systems (AHRS's), Automatic Flight Control System (AFCS), Autopilot Modules (APM's), Control and Stability Augmentation System (CSAS), Data Concentrator Units (DCU's), Doppler Velocity Sensor (DPLR), EHA series actuators, Flight Management System (FMS), Flight Control Panel (FCP), Global Positioning System (GPS), GSCU Ground Speed Control Unit, Integrated Standby Instrument System (ISIS), Stability Augmentation (SAS), Reconfiguration Control Unit (RCU), Radar Altimeter (RA)

erungsarbeitszylinder verbaut. Diese sind mit jeweils zwei Weggebern zu einer Trimm-Weggebereinheit je Steuerzweig zusammengefasst, mechanisch mit dem Trimmkolben der Flugregler-Arbeitszylinder verbunden und messen den Stellweg des Trimmkolbens.

Das Herz der Autopilotanlage sind die zwei Autopilotmodule APM 1 und APM 2 mit jeweils zwei Prozessoren, auf denen die Applikations-Software implementiert ist. Die Software ist auf beiden Autopilotmodulen identisch, wobei die kritischen Funktionen auf jedem der beiden Prozessoren innerhalb eines Autopilotmoduls redundant berechnet werden.

Die Autopilotfunktionen umfassen:

- Basisstabilisierung und Pilotenunterstützung Hands-On (Fly-Through Funktionen)
- höhere Betriebsarten einschließlich Referenzvorwahl und Statusanzeigen am
- Bildschirmsystem
- Fehlererkennung und automatische Rekonfiguration einschließlich Fehleranzeigen - am Bildschirmsystem
- Vorflugprüfung und interaktive Test- und Anzeigefunktionen im Wartungsmodus der
- Software

Zur Bedienung der Autopilotanlage stehen ein Autopilot-Steuergerät AFCAU, zwei identische Flugregler-Bediengeräte FCP 1 (Flight Control Panel) und FCP 2 für die höheren AFCS-Betriebsarten sowie spezielle Schalter an den Steuerknüppeln und Blattverstellhebeln zur Verfügung. Die Aufschaltung der Hydraulikversorgung für die Flugregler-Arbeitszylinder erfolgt über drei zugeordnete Schalter P/R SVO 1, P/R SVO 2, C/Y SVO mit integrierten Statusanzeigen am Autopilot-Steuergerät AFCAU.

Zum Betrieb der AFCS erhält die Software der Autopilotmodule über direkte ARINC 429-Schnittstellen Informationen von den folgenden Sensoren:

- zwei Kreiselgeräte AHRU 1 und AHRU 2
- zwei Luftwerterechner ESCADU 1 und ESCADU 2
- ein Dopplergeschwindigkeitssensor
- ein Integriertes Notinstrumentensystem (ISIS) für Inertial- und Luftdaten
- eine Satellitennavigationsanlage TA-24
- zwei identische Datenwandler DCU 1 und DCU 2 zur Übertragung von Triebwerkdaten (NR, NG1, NG2) und Statusinformationen der Hydraulikanlage 2 und Bordbetriebshydraulikanlage

Folgende zusätzliche Signale für die Navigationsbetriebsarten werden den beiden Autopilotmodulen über die ARINC 429-Anbindungen des Bildschirmsystems zugeführt:

- Radarhöhe
- NAV und VOR Bearings
- ILS Gleitpfadabweichung
- Radionavigationsfrequenzen

Die Autopilotanlage arbeitet mit unterschiedlichen Betriebsarten. Nach dem Einschalten liefert die Autopilotanlage Informationen zur Fluglagehaltung in der Nick- und Rollachse und zur Lagehaltung im Schwebeflug oder zur Kurshaltung im Reiseflug in der Gierachse. Die Kopplungen zwischen den Luftfahrzeugachsen werden automatisch korrigiert. Nach Ausfall oder Abschaltung der Funktion AUTO TRIM ist in der betroffenen Achse nur noch Stabilisierung möglich, d. h. externe Störungen werden ausgeregelt. Der Pilot muss Hands-On fliegen.

Die Steuerknüppel- und Blattverstellhebeltrimmung ist funktionsmäßig in die beiden Autopilotmodule APM 1 und APM 2 integriert. Eine manuelle Trimmung ist möglich, wenn dazu über die Tasten AUTO TRIM am AFCAU die AUTO TRIM-Funktion in der betreffenden Achse deaktiviert wird (OFF wird angezeigt).

Bei aktivierter AUTO TRIM-Funktion werden die Trimmzylinder vom Autopiloten angesteuert. Die Eingaben des Piloten über den 4-Wege-Trimmschalter TRIM werden an die beiden Autopilotmodule geleitet und bewirken eine Änderung der Referenz (Sollwert) in der betreffenden Achse. Abhängig vom momentanen Flugzustand und dem Änderungswunsch des Piloten werden die erforderlichen Verstellsignale für die Trimm- und Arbeitszylinder berechnet und das Luftfahrzeug wird auf die neue Referenz gesteuert. Weiterhin arbeitet die Autopilotanlage mit sogenannten höheren Betriebsarten. Diese höheren Betriebsarten werden vom Piloten/Copiloten an den beiden Flugregler-Bediengeräten FCP ausgewählt. Um eine höhere Betriebsart zuschalten zu können,

- muss AUTO TRIM in der entsprechenden Achse aktiv sein.
- muss die erforderliche Sensorinformation verfügbar und gültig sein.
- müssen die Flugregler-Arbeitszylinder in den entsprechenden Achsen fehlerfrei arbeiten.
- muss sich das Luftfahrzeug innerhalb des zulässigen Geschwindigkeitsbereiches für die Betriebsart befinden.

Mit der Autopilotanlage können unterschiedliche Betriebsarten für den Schwebeflug (z.B. HT/HOV – 3D Schwebflug), den Reiseflug (z.B. IAS – Indicated Air Speed) und mit gekoppelten Navigationsgeräten (NAV - ILS/VOR Localizer erfassen) angewählt bzw. genutzt werden.

Mit Eingabe einer Flugroute und Nutzung aller der AFCS angebundenen Sensoren steht dem Piloten ein vollumfänglicher Autopilot zur Verfügung.

Die Flugregelanlage der CH-53GS/GE

Im Vergleich zur CH-53GA besitzen diese Muster einen anderen Autopiloten mit anderer Arbeitsweise und Modis.
So verfügt die CH-53GS/GE über ein doppelt eingebautes automatisches Flugregelsystem (Automatic Flight Control System, AFCS), welches ein automatisches Halten von Höhe, Geschwindigkeit und Steuerkurs, aber keine höheren Betriebsarten ermöglicht. Beide Systeme arbeiten in der Regel parallel, wobei bei Ausfall eines Systems diese Funktionen dann von der zweiten (redundanten) noch intakten Anlage übernommen werden kann.

Um das AFCS-System zu aktivieren, sind auf der Bedientafel AFCS CONTROL, auf der Mittelkonsole im Cockpit, die Drucktaster AFCS für »Pitch and Roll« und Yaw/Alt zu drücken. Die dann eingeschaltete Flugregelanlage übernimmt nun diverse Funktionen um z.B. die Steuerungscharakteristik des Hubschraubers zu verbessern.

Die gewünschte Fluglage wird durch die Steuerorgane (Collective Pitch oder Cyclic Stick) eingegeben und vom AFCS gehalten. Der Unterschied zwischen einer gewünschten Fluglage und der tatsächlichen Fluglage auf entsprechenden Anzeigern im Cockpit als Korrektursignale dargestellt, die von den Bedienelementen und Sensoren der Anlage geliefert werden. Zur Korrektur der Fluglage wird dann der Hydraulikdruck auf die Steuerorgane verstärkt.
Die sechs Ventile der Flugregelanlage sind mit einem Sekundärsteuergestänge ausgerüstet, das als redundanter Lastübertragungsweg fungiert und somit eine ununterbrochene Steuerung bei einem Ausfall des Primärsteuergestänges sicherstellt. Das AFCS ist funktionsmäßig in die Steuerknüppel und Blattverstellhebel-Trimmanlage integriert um deren gewünschte Position sicherzustellen. Sie kann jederzeit mechanisch bzw. von der Flugsteuerung übersteuert werden. Der Pilot hat über die Schalter auf der AFCS Bedientafel außerdem eine direkte Kontrolle über die Anlage. Das AFCS besteht aus vier Kanälen, dem Nick, Roll-, Gier- und Höhenhaltungskanal. Sie sind redundant ausgelegt.

Die Steuerungsarbeitszylinder von AFCS 1 werden von der Hydraulikanlage 2 und die Zylinder von AFCS 2 von der Bordbetriebshydraulikanlage mit Hydraulikdruck beaufschlagt.

Der Nickkanal stabilisiert den Hubschrauber um die Nickachse (vorne und hinten) mit Hilfe der Korrektursignale des Lotkreisels, des Nickstellungsgebers am Steuerknüppel und des Trimmknopfes CG TRIM.

Der Rollkanal stabilisiert den Hubschrauber um die Rollachse (rechts und links) mit Hilfe der Korrektursignale des Lotkreisels und der beiden Rollwendekreisel.

Die Höhenhaltungs- und Gierkanäle sind nicht redundant ausgelegt und können nicht umgeschaltet werden. Sie werden durch den AFCS-Schalter YAW/ALT auf der AFCS Bedientafel gleichzeitig aktiviert und deaktiviert und arbeiten unabhängig voneinander. Der Höhenhaltungskanal besitzt zwei Betriebsarten: Zur Höhenhaltung die barometrische Höhenhaltung (BAR ALT) sowie die Radarhöhenhaltung (RDR ALT). Beide Betriebsarten können gewählt werden, wenn YAW/ALT SERVO und AFCS YAW/ALT aktiviert sind. Die Betriebsarten BAR ALT und RDR ALT müssen deaktiviert werden, wenn der Blattverstellhebel zur Änderung der Höhe betätigt wird und erneut aktiviert werden, wenn eine neue Bezugshöhe festgelegt wird. Eine Aktivierung der beiden Betriebsarten ist nur möglich, wenn die Blattverstellhebel-Trimmanlage eingeschaltet ist.

Ein scheinlotrichtiger Kurvenflug wird folgendermaßen durchgeführt:

- Bewegung des Steuerknüppels und Drücken eines der vier Schalter, die sich an den Heckrotorsteuerungspedalen befinden oder
- Drücken eines der Schalter an den Heckrotorsteuerungspedalen und manuelle Bewegung des Steuerknüppels zur Überwindung der Kräftegradienten oder Bewegung des Steuerknüppels mit den Schaltern STICK TRIM.

Funk- und Navigationsausrüstung der CH-53GA

Das Avioniksystem der CH-53GA wird als »German Avionic Management System« (GAMS) bezeichnet und basiert auf der Rockwell Collins Flight 2 Architektur, die auch unter dem Namen »Common Avionic Architecture System« (CAAS) bekannt ist.

Das CAAS ist aus einer Forderung der US-Armee nach einer gemeinsamen digitalen Avionik-Architektur für Drehflügler entstanden, um Integrations- und Supportkosten bei gleichzeitig leistungsfähigsten Systemen niedrig zu halten. Ursprünglich für das 160th Special Operations Aviation Regiment und deren MH-47G Chinook und MH-60L/M Black

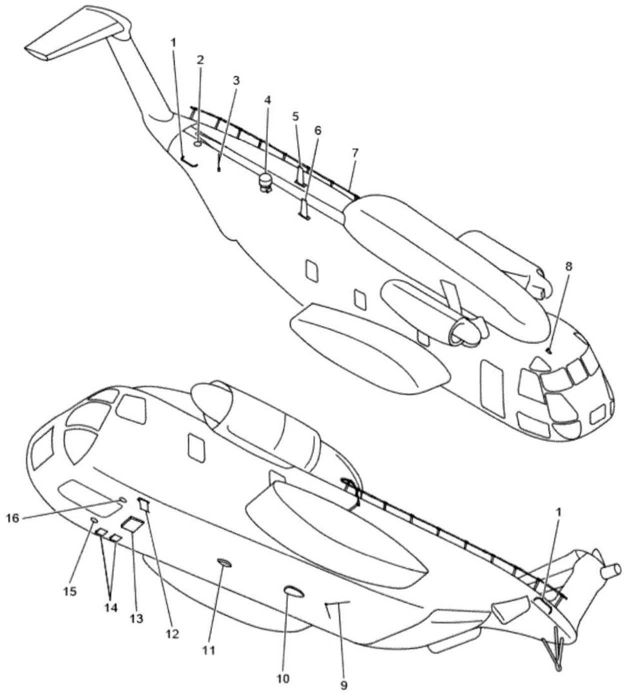

Antennen
1 VOR/ILS (PREMOD VOR/ILS dipoleantenna),
2 GPS,
3 Emergency Locator Transmitter,
4 Satcom,
5 V/UHF2,
6 VHF/FM,
7 HF,
8 IFF Transponder (upper),
9 VOR/ILS (POSTMOD VOR/ILS dipole antenna),
10 LF-ADF,
11 Marker Beacon,
12 V/UHF1,
13 Doppler,
14 Radar Altimeter,
15 DME,
16 IFF Transponder (lower)

Hawk sowie Littlebird Hubschrauber entwickelt, wird das einsatzbewährte »CAAS Cockpit« auch in weiteren Heavy-Lift-, Nutz-, Spezialluftfahrzeugen eingesetzt, einschließlich Such-und Rettungshubschraubern wie z.B. der UH-60, CH-47 und MH-60.

Das CAAS bildet das sogenannte »Core-System« der CH-53GA Avionik.

Für die CH-53GA und ihre Aufgaben wurde das German Avionics Management System (GAMS) installiert, welches integrierte Anzeigefunktionen und Steuerfunktionen für die Flugzeugkommunikations- und Navigationsausrüstung, das Primary Flight Display (PFD) und die dazugehörigen externen Missionsgeräte bietet.

Kommunikationssyteme, Navigations-, Missions- und Selbstschutzsystem werden über definierte Schnittstellen angebunden. Damit ist eine Hauptforderung an die CH-53GA, die Interoperabilität mit Tiger und NH90 sowie die Fähigkeit zur Teilnahme am internationalen Flugverkehr (GAT, General Air Traffic) unter IFR-Bedingungen gegeben. Auch zeichnet es sich durch eine besondere Flexibilität und Skalierbarkeit aus. Es ist eines der ersten vollständig offenen, nicht proprietären Avioniksuiten. Auch nachträgliche Modifikationen und Integrationen sind durch die Modularität deutlich einfacher zu realisieren als in hochintegrierten Avioniksystemen der ersten Generation.
Eine Erweiterbarkeit/Modernisierung dieser Systeme war und ist mit vertretbarem Aufwand möglich, ohne das gesamte Core-System zu verändern.

Das Cockpit der CH-53GA erfuhr durch die Produktverbesserung umfassende Änderungen, die eine erhebliche Entlastung des Piloten bewirken. Dadurch kann sich der Pilot auf seine eigentliche Missionsaufgabe konzentrieren. Dies wird vor allem durch die interaktiven Komponenten zwei »Control- & Display Unit« (CDU) und fünf »Multi Function Display« (MFD) des GAMS erreicht. Das GAMS bietet eine völlige Unabhängigkeit der einzelnen Komponenten. Sämtliche Anzeige- und Kontrollfunktionen können von jedem Display aus wahrgenommen werden.

- ein Kommunikationssystem welches als Kernstück durch Funkgeräte gebildet wird, die den HF, V/UHF, VHF FM und Satcom (Inmarsat) Bereich abdecken.
- Die Fähigkeit zur Teilnahme am zivilen IFR-Luftverkehr (GAT)

Das nun in der GA-Version verwendete Kommunikationssystem bietet UHF / AM-, VHF / AM- und FM- und HF-Funktionen. Optional kann ein Satellitenkommunikationssystem (Satcom) für die Telekommunikation über Satelliten und auch für die Datenübertragung installiert werden. Letzteres wird durch ein herausnehmbares Satcom-Bediengestell in der Kabine bereitgestellt. Die Navigationsausrüstung umfasst LF / ADF, DME, VOR / ILS mit Marker Beacon und GPS. Transponder-Ausrüstung besteht aus einem IFF-Empfänger-Sender. Die Höhe über dem Boden wird von einem Radar-Höhenmesser bereitgestellt. Die Kommunikations- und Navigationsausrüstung wird über die Bedien- und Anzeigeeinheit (CDU) oder einzelne Bedienfelder an den oberen und mittleren Konsolen und den Bedienfeldern des Intercommunication-Systems gesteuert.

Das digitale Navigationsanzeigesystem

Der Digital Map Generator (DMG), auch als Eurogrid Tactical Mission Computer (ETMC) bezeichnet, bietet Echtzeitdarstellung von farbig topografischen Karten auf zwei verschiedenen, unabhängigen Videokanälen mit programmierbarer Überlagerung von missionsbezogenen Informationen, einschließlich korrelierter Höheninformationen, grafischer Überlagerungen (OVL) und Symbolen. Bis zu 40 verschiedene OVL (abhängig von der Softwareversion) mit jeweils maximal 200 Symbolen können zur Präsentation und Bearbeitung verwaltet werden. Luftfahrtinformationen können überlagert auf den Karten oder parallel zu den Karten angezeigt werden. Das Moving Map (MAP)-System, das angezeigt wird, kann automatisch oder manuell an der Bewegung und Ausrichtung des Hubschraubers ausgerichtet werden. Es stehen mehrere andere Anzeigemodi zur Verfügung, die über Bedienereingaben auf dem Multifunktionsdisplay (MFD) gesteuert werden. Die digitalen Kartenformate können auf dem zentralen MFD (MFD 5) und den beiden integrierten MFDs (MFD 2, MFD 3) angezeigt werden.

Anzeige System auf den Center Instrument Panel
1 Radar Altimeter Remote Indicator (Co-Pilot), 2 Instrument Panel Secondary Floodlights, 3 Fire Warning Master Light (Co-Pilot), 4 Master Alarm (Warning and Caution) Lights (Co-Pilot), 5 Central Warning Panel (CWP), 6 Magnetic Standby Compass, 7 Standby Clock, 8 Integrated Standby Instrument System (ISIS), 9 Cruise Guide Indicator, 10 Fire Warning Master Light (Pilot), 11 Master Alarm (Warning and Caution) Lights (Pilot), 12 Radar Altimeter Remote Indicator (Pilot), 13 Multi Function Display 4 (Pilot), 14 Multi Function Display 3 (Pilot), 15 Flight Control Panel (Pilot), 16 Engine Gas Generator Tachometer Engine 2, 17 Engine Power Turbine Inlet Temperature Indicator and T5 Cycle Counter Engine 2, 18 Triple Tachometer, 19 Engine Power Turbine Inlet Temperature Indicator and T5 Cycle Counter Engine 1, 20 Torque meter, 21 Engine Gas Generator Tachometer Engine 1, 22 T5 Cycle Counter Push Button, 23 EmergencyLocator-Transmitter(ELT)Control Panel, 24 Multi Function Display 5 (Center), 25 Flight Control Panel (Co-Pilot), 26 Multi Function Display 2 (Co-Pilot), 27 Multi Function Display 1 (Co-Pilot)

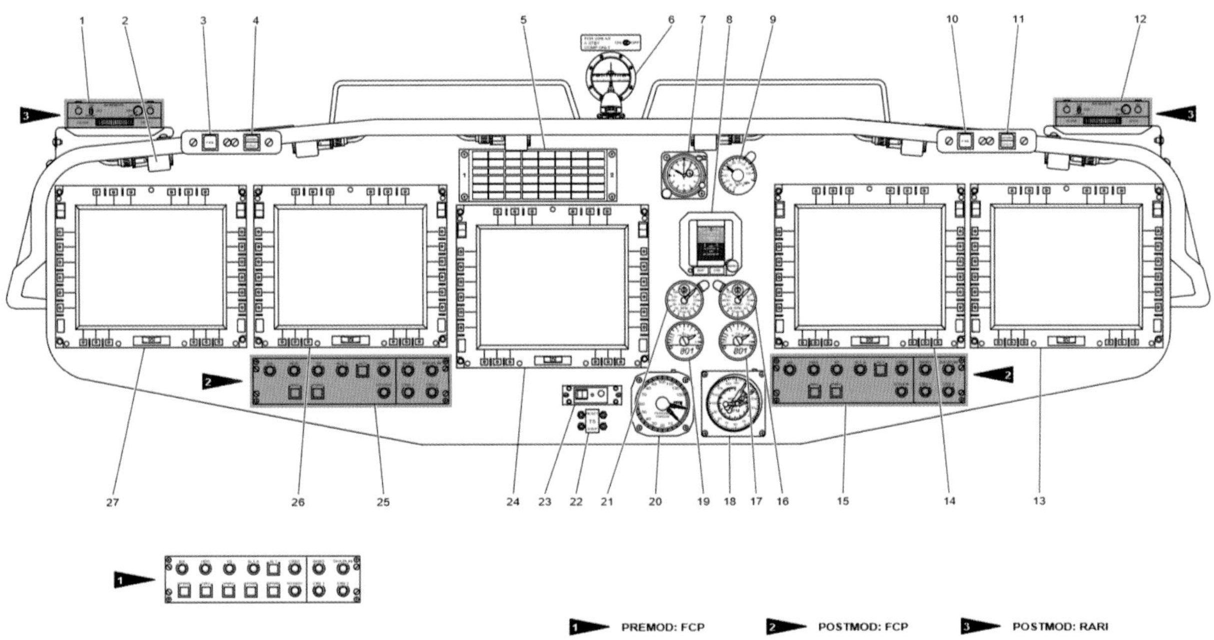

Primary Flight Display PFD

1 Triple Tacho,
2 Torque,
3 Airspeed indicator,
4 Vertical Deviation Scale and Pointer,
5 AFCS Strip,
6 Attitude Direction Indicator (ADI),
7 Barometric altitude indicator,
8 Vertical speed indicator,
9 Radar Altitude indicator,
10 Landing Gear Display,
11 NSRC key,
12 Bearing 2 Display,
13 Navigation Source Data Block,
14 Full Rose Horizontal Situation Indicator (HSI),
15 Wind indicator,
16 Data Source State Annunciations,
17 Mode selection keys,
18 Bearing 1 Display,
19 Ground speed,
20 T5 and NG readout,
21 Sub-mode selection keys

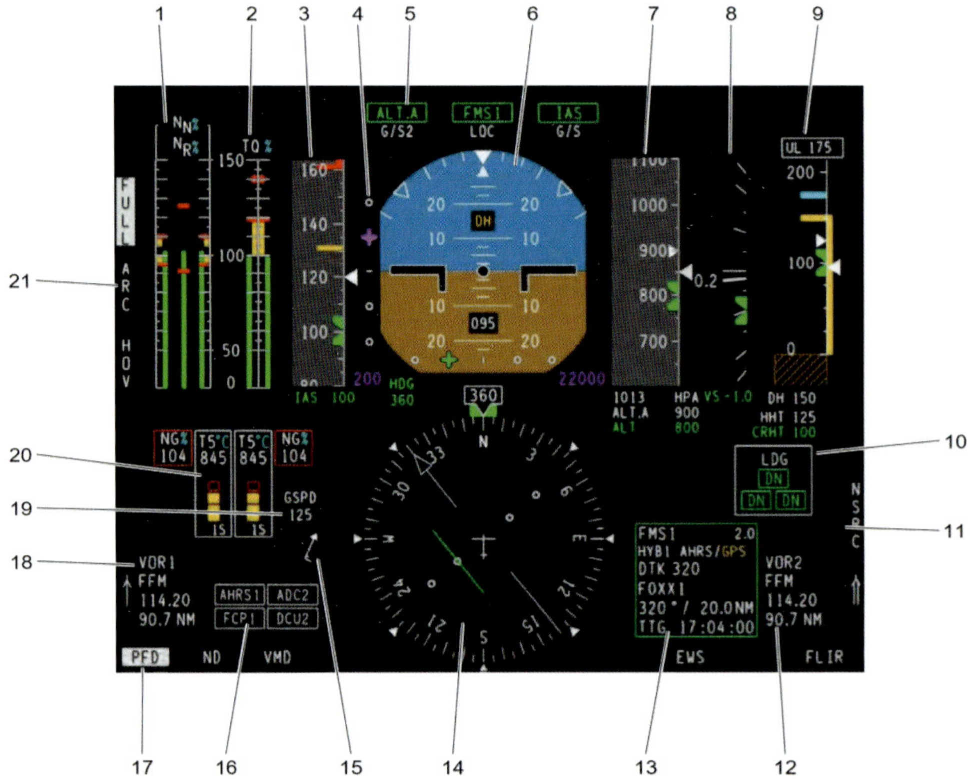

DMG-Vektorkarte mit Geländefärbung und Profilfenster
Bei der Auswahl des Vektorkartentyps bietet der Digital Map Generator (DMG) auch die Funktion zur Geländefarbenanalyse (TCA). TCA generiert anhand der aktuellen Höheninformationen der Karte farbcodiertes Gelände. Das Profil wird als Schnitt durch die vertikale Achse des Bildschirms angezeigt. Diese Funktionen helfen der Besatzung, Bodenkollisionen zu vermeiden.

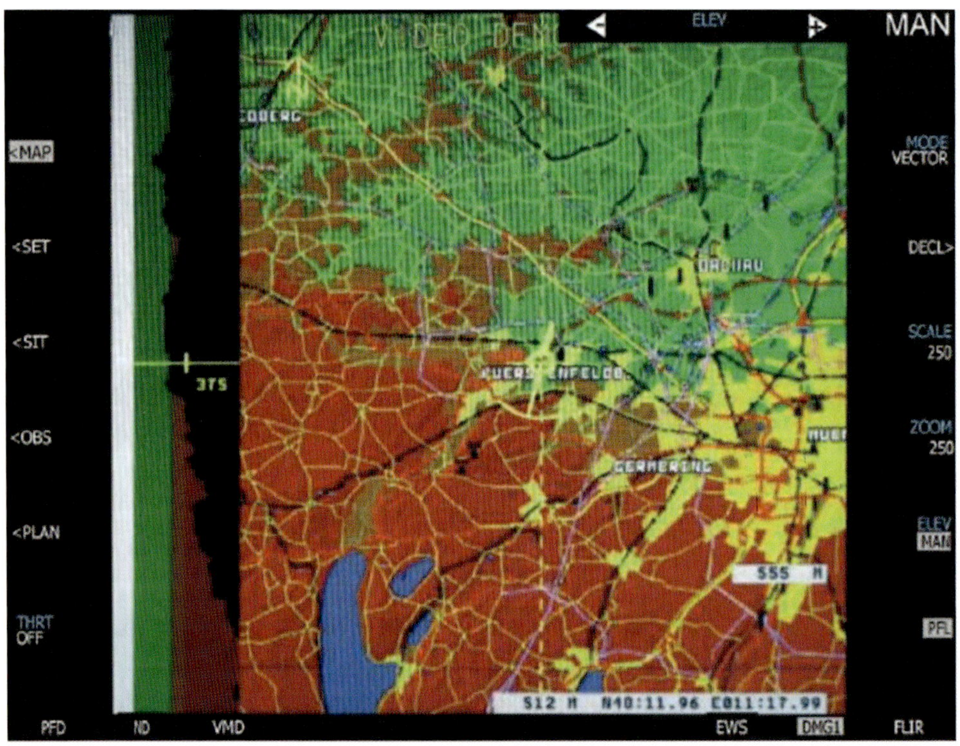

Die sechs Digital Map Generator (DMG)-Hauptformate, die mit den Zeilenauswahltasten (LSK) des Multifunktionsdisplays (MFD) ausgewählt werden, sind: - MAP (Kartenhandhabung): Auswahl des Kartentyps, Kartenentschlüsselung, Karten-OVL, Maßstab, Zoom, Terrain Coloration Analysis (TCA), Profilfenster - SET (Displayeinstellungen): Kartenorientierungseinstellung, zentrierte / dezentrierte Kartenanzeige, Kartenbewegungsmodus, Streckensymbol, Koordinatensystem, Kontrast - SIT (Situation): Umgang mit OVL - OBS (Hindernisse): Hindernisinformationsmanagement, FlightSector (FLS), HoverSector (HVS) -Range - PLAN (Planung): Scrollen von Flugplanpunkten, Scrollen von taktischen Flugroutenpunkten, Auswahl der Flughafenkarte - THRT (Bedrohung): Auswahl der Anzeige für das Electronic Warfare System (EWS).

Elektrische Anlagen

Zu den elektrischen Anlagen der CH-53GA gehört eine Primärwechselstromanlage, die von zwei bürstenlosen Generatoren mit Strom versorgt und eine Sekundärgleichstromanlage, die über zwei Transformatoren-Gleichrichter mit Strom versorgt wird. Diese Anlagen können auch über eine Außenbord-Wechselstromversorgung Strom erhalten. Erst ab der GS/GE und GA erhielt der Hubschrauber zwei 24V, 44Ah Batterien und für die Gleichstromversorgung neue elektronische Transformer Rectifier Units (TRU's).

Generatoranlage

Die Generatorenanlage besteht aus zwei Generatoren mit einer Leistung von 40 kVA, 115/200 V, die auf dem Hilfsgerätegetriebe angebracht sind. Jeder dieser Generatoren hat eine Nennleistung von 52 kVA (bei eingeschalteter Triebwerk-Vereisungsschutzanlage). Generator 1 wird von der Antriebswelle des Hilfsgerätegetriebes angetrieben. Wenn die Drehzahl des Rotors unter 100% fällt, erzeugt das Hilfstriebwerk ein Drehmoment, das über das Hilfsgerätegetriebe auf Generator 2 übertragen wird.

Wenn die Drehzahl der Welle vom Hauptgetriebe höher ist als die der Welle vom APP, wird das Hilfsgerätegetriebe vom Hauptgetriebe angetrieben.

Die Generatoren werden über die Schalter GENERATOR 1 und GENERATOR 2 auf der Deckenkonsole im Cockpit aktiviert. Sie sind direkt mit der Wechselstromanlage des Hubschraubers verbunden, wenn die Schalter GENERATOR 1 bzw. GENERATOR 2 auf ON stehen. Der Ausfall eines Generators wird durch Aufleuchten einer Warnleuchte angezeigt.

Die Gesamtstromverteilung mit Wechsel- und Gleichstrom wird über entsprechende Sammelschienen zu den Wechsel- bzw. Gleichstromverbrauchern geleitet. So wird unter anderem der von Generator 1 erzeugte Wechselstrom über die Primärwechselstromsammelschiene Nr.1, die überwachte Wechselstromsammelschiene Nr. 1 und die Sammelschiene für die Vereisungsschutzanlage von Triebwerk 1 geleitet. Ähnlich auch die Stromverteilung von Generator 2.

Für die Gleichstromversorgungsanlage sind zwei Transformatoren-Gleichrichter als Primär -Gleichstromquellen in Betrieb. Diese beiden 200-A-Transformatoren, die sich im Laderaum befinden, werden über die Primärwechselstromsammelschienen von dem jeweiligen Generator mit Strom versorgt. Diese Transformatoren-Gleichrichter sind direkt mit der Gleichstromversorgungsanlage des Hubschraubers verbunden. Sobald die Wechselstromversorgungsanlage Strom erhält, wird automatisch auch Gleichstrom erzeugt. Über die Primärsammelschienen werden nun auch die überwachten Sammelschienen mit Gleichstrom versorgt.

Schutzschalter (Sicherungsautomaten) sind für alle elektrischen Systeme vorhanden und schützen diese bei Überlast durch das Öffnen der Stromkreise.

Fahrwerk

Entsprechend der Sikorsky-Philosophie, dass ein großer Hubschraubers auch im Gelände am Boden beweglich sein muss, konstruierte Sikorsky für die CH-53 ein aus- bzw. einziehbares zwillingsbereiftes Dreipunktfahrwerk mit einer sehr hohen Querstabilität.

Das Aus- bzw. Einfahren des Fahrwerks respektive des Hecksporns wird aus dem Cockpit mit dem Fahrwerkshebel (einem Rad nachempfunden), der sich auf der Fahrwerksbedientafel LDG GEAR CONT auf der Mittelkonsole befindet, durchgeführt.

Die Fahrwerksanlage, hydraulisch betätigt, besteht aus dem Haupt-, dem Bugfahrwerk sowie dem Hecksporn. Die Hauptfahrwerke befinden sich unter den Schwimmerstummeln (Sponson) und werden nach vorne in einen Radkasten eingefahren. Jedes der Hauptfahrwerke besitzt eine hydraulisch betätigte Radbremse (aktiviert durch Bremspedale auf den Heckrotorsteuerungspedalen) sowie eine Ein- und Ausfahrverriegelung.

Durch die einrotorige Ausführung des Hubschraubers ist eine genaue Richtungssteuerbarkeit gegeben, die ein steuerbares Bugfahrwerk überflüssig macht.

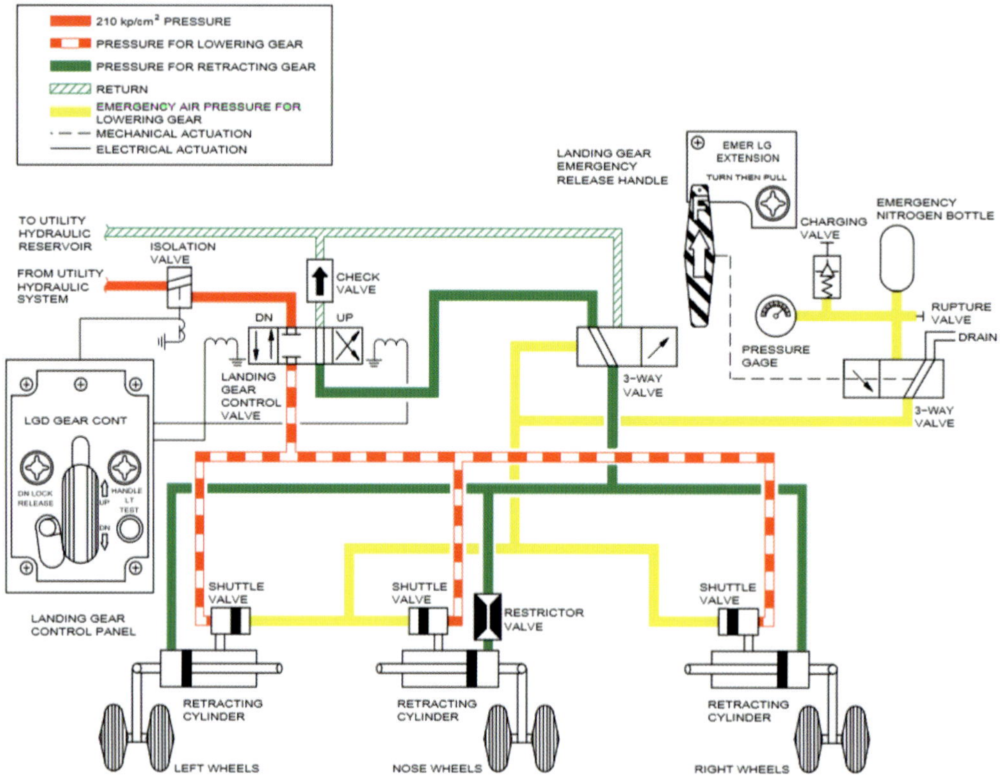

Schematische Darstellung der Fahrwerksanlage

Somit war es möglich, das mit Zwillingsrädern versehene Bugfahrwerk senkrecht zur Mittellinie des Hubschraubers einzubauen, so dass es sich um 360° (sehr vorteilhaft beim Schleppen) drehen lässt. Es wird durch einen Zentriervorrichtung sichergestellt, dass das Bugfahrwerk zentriert nach hinten in den Bug des Hubschraubers eingezogen wird. Der einfahrbare Hecksporn, der unten am Heckrotorträger eingebaut ist, verhindert, dass die Heckrotorblätter bei schwanzlastigen Fluglagen den Boden berühren. Der Hecksporn wird durch einen an der Federstrebe angebrachten Stellmotor ein- und ausgefahren. Dies erfolgt automatisch zusammen mit dem Ein- und Ausfahren des Fahrwerks. Beim Absenken der Laderampe wird der Hecksporn automatisch eingefahren.

Vereisungsschutzanlage

Gegen Vereisung werden der Triebwerk-Lufteintrittskanal, die Frontgetriebeverkleidung, die Schiebeverkleidung des Triebwerk-Lufteintritts, die Windschutzscheiben und die Staurohre elektrisch beheizt. Zum Vereisungsschutz der Verdichtereintrittsgehäusestreben und Eintrittsleitschaufeln wird Verdichterzapfluft verwendet.

Um einer Vereisung der Triebwerkseinlässe vorzubeugen, muss die Triebwerk-Vereisungsschutzanlage bei sichtbarer Feuchtigkeit und bei Temperaturen unter 5°C eingeschaltet sein.

Der Hubschrauber darf nicht unter Vereisungsbedingungen geflogen werden außer kurzzeitig bei leichten Vereisungsbedingungen während des Abflugs, bei Änderung der Flugfläche und während des Anflugs. Flüge unter Instrumentenflugwetterbedingungen bei + 4 bis - 4°C Außenlufttemperatur und gleichzeitigem Schneefall sind verboten.

Flüge bei + 4 bis - 4°C Außenlufttemperatur und gleichzeitigem Niederschlag können Schnee- und / oder Eisansammlungen nahe den Lufteinläufen verursachen, welche angesaugt zu einem Triebwerkausfall führen können. Falls Schnee oder Eisansammlungen unter Instrumenten-Flugwetterbedingungen beobachtet werden, muss der verantwortliche Luftfahrzeugführer eine sofortige Änderung der Flugfläche oder Streckenführung fordern und gegebenenfalls einen Notfall erklären. Falls die einschränkenden Bedingungen unter Sichtflugwetterbedingungen den Hubschrauber betreffen, so muss der Pilot sicherstellen, dass die sichtbaren Teile beider Triebwerklufteinläufe beobachtet werden. Sollte auch eine Schneeansammlung nahe dem Triebwerklufteinlauf sichtbar sein, so muss er eine vorsorgliche Landung durchführen. Wird eine Schneeansammlung beobachtet wird empfohlen, so lange wie notwendig/möglich mindestens 120 KIAS beizubehalten.

Durch Vereisung von Triebwerkseinlässe waren auch bei den Heeresfliegern kritische Situationen aufgetreten, die bis zum Ausfall eines der Triebwerke führten. So berichtete Günter (Max) Feiner, ein sehr erfahrener CH-53 Pilot vom damaligen HFlgRgt 25 über einen solchen Vorfall. Während eines Fluges im Winter hatte sich vor dem Ölkühler Eis und Schnee gebildet und als beim Sinkflug eine warme Luftschicht durchflogen wurde, lösten sich diese Schnee- und Eisplatten vom Kühler und rutschen genau vor das Triebwerk. Da die ersten Stufen aus feststehenden Leitschaufeln bestehen, blieb der große Eisball direkt davor hängen und staute die Ansaugluft. Dadurch riss am druckbeaufschlagten Verdichterblatt die Luftströmung ab und es kam zu einem »Verdichterstall«, der sich durch das ganze Triebwerk fortsetzte. In der 14. Stufe waren dann die Schwingungen so groß, dass sich Rotor und Stator berührten und sich alle Schaufeln lösten. Mit nur einem Triebwerk konnte die Maschine aber sicher gelandet werden.

Mission Equipment

Unter dem Begriff Mission Equipment werden diverse elektronische System zusammen gefasst, so zum Beispiel ein neues Selbstschutzsystem (Elektronisches Warefare System = EWS), das digitale Navigationsanzeigesystem MAP, das Forward Looking Infrared System (FLIR) aber auch der Einsatz von zwei Maschinengewehren.

Das Forward Looking Infrared System (FLIR)

Das Forward Looking Infrared (FLIR)-System der CH-53GA ist ein elektrooptisches Sensorsystem, das am Bug (rechte Seite) des Hubschraubers installiert werden kann. Es besteht aus der FLIR-Halterung, der Plattform (PL), dem Thermal Imager (Wärmebildkamera, TI) und dem Control Panel (CP). Die auf dem PL montierte Baugruppe TI wird als FLIR-Sensor-Baugruppe (FSA) bezeichnet. Die Plattform enthält eine Auswahl von Elektronikplatinen im Steuermodul (PL-CM) und Antriebe zum Bewegen der optischen

Das Foreward Looking Infrared (FLIR) System
1 FLIR Mounting,
2 Platform Control Module,
3 Thermal Imager,
4 Platform Gimbal

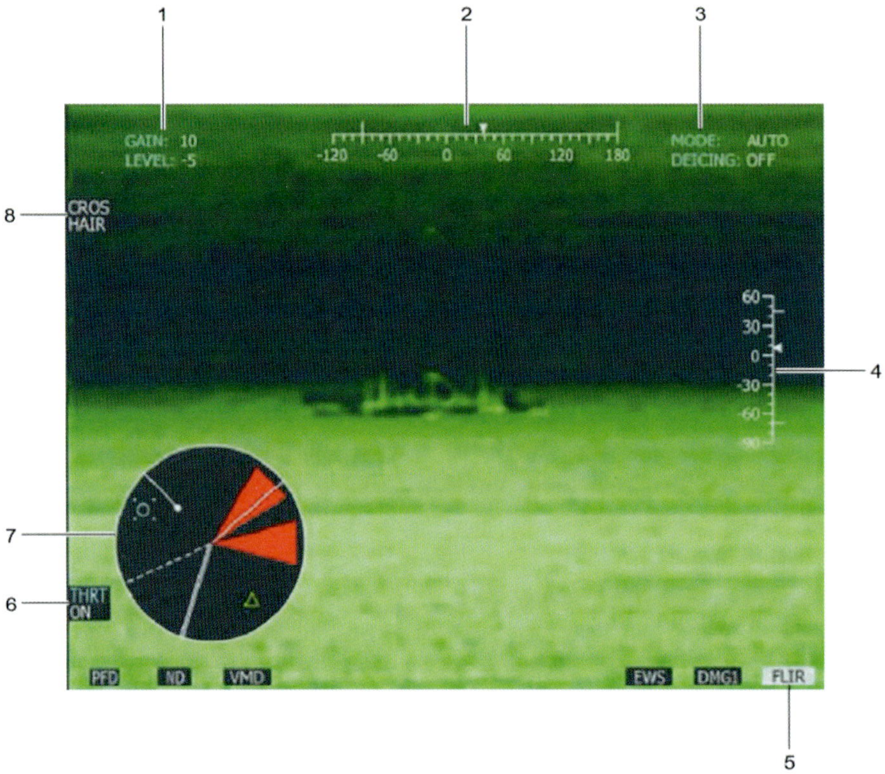

MFD FLIR Anzeige
1 GAIN / LEVEL Values,
2 FLIR LOS Azimuth Indicator,
3 MODE / DEICING Status,
4 FLIR LOS Elevation Indicator,
5 FLIR Format Selection LSK,
6 THRT Display Mode Selection LSK,
7 EWS Overlay,
8 CROS HAIR Selection LSK

Achse des Sensors im kardanischen Teil (4). Es stellt die mechanische Schnittstelle zum Hubschrauber dar und enthält die elektrischen Anschlüsse für die Strom- und Signalleitungen. Die Lenkdaten, die über den 4-Wege-Wippschalter an den Cyclic Grips und den 3rd Crew Member Control Grip empfangen werden, ermöglichen es, den TI LOS in AZ und EL entsprechend den Befehlen zu lenken. Die Wärmebildkamera (3) enthält die IR-Optik, den Scanner und den Detektor, einschließlich eines integrierten Kühlers, elektronische Komponenten, Vorrichtungen zum Entfernen von Nebel und zum Enteisen des Glases. Das Videosignal kann auf allen fünf MFDs angezeigt werden.

Die optische Achse des FLIR-Sensors kann mit manuellen Befehlen über einen 4-Wege-Wippschalter an den zyklischen Griffen und dem 3. Kontrollgriff des Besatzungsmitglieds für Lenkung und Neuausrichtung gesteuert werden. Das Control Panel (CP) ermöglicht den Betrieb des FLIR-Sensors in verschiedenen Modi und befindet sich in der Cockpitcenter-Konsole.

Selbstschutz

Anfang der 90er Jahre rückte durch die diversen internationalen Einsätze der Hubschrauber-Eigenschutz deutlich stärker in den Fokus. Die innerhalb der Kabine liegenden Systeme werden größtenteils durch die Zelle gegen Beschuss geschützt, darüber hinaus sind die beiden Pilotensitze gepanzert. Nun mussten sich die Systembeauftragten mit der Entwicklung und dem Einbau von elektronischen Gegenmaßnahmen und auch von Waffen beschäftigen, die dann bei GS/GE und auch bei der GA eingeführt wurden.

Elektronisches Warfare System (EWS)

Bei der CH-53GA kam das sogenannte Elektronische Warfare System zum Einsatz.

Eine Anlage zum elektronischen Selbstschutz (Electronic Warfare System) und darüber hinaus erhält das Cockpit ein modernes Anzeige- und Bedienkonzept zur Erkennung von Bedrohungen sowie eine umfangreiche Kommunikationsanlage für Sprache und Daten.

Das EWS wurde entwickelt, um radar- oder lasergesteuerte Flugabwehrwaffen oder abgefeuerte Flugabwehrraketen, die den Hubschrauber bedrohen, zu erkennen, zu

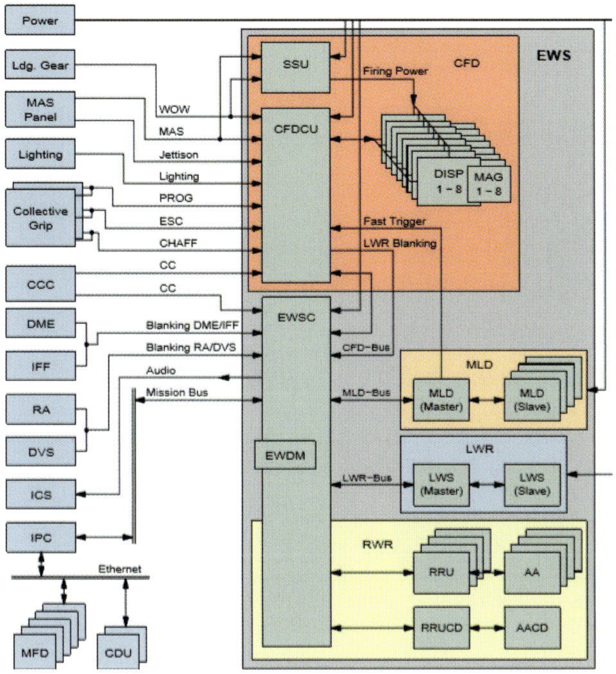

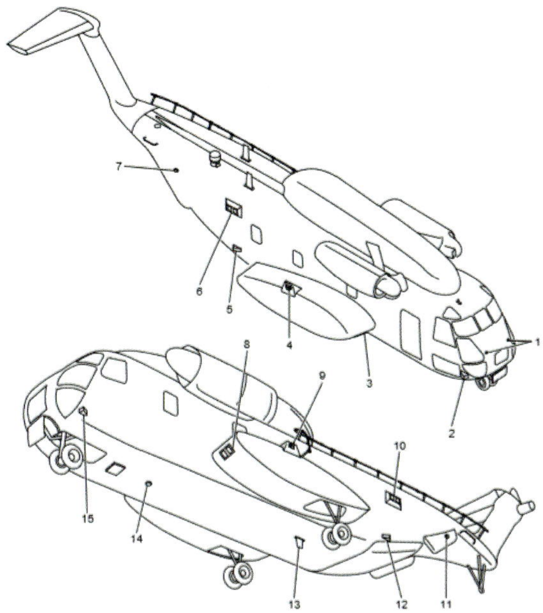

EWS Block Diagram, Abkürzungen:
Antenna Assembly (AA), CFDControlUnit (CFDCU), Chaff/ FlareDispenser (CFD), Electronic Warfare System (EWS), Electronic Warfare System Controller (EWSC), Electronic Warfare Data Module (EWDM), Emitter Library (ELIB), Laser Warning Receiver (LWR), Missile Launch Detector (MLD), Radar Warning Receiver (RWR), Radar receiver Unit (RRU), SafetySwitchUnit (SSU).

EWS-Komponentenpositionen – Außen
1 Antenna Assembly 2 (LH side) and 3 (RH side), 2 Missile Launch Detector 3 (RH side/forward fuselage) 3 Dispenser / Magazine 5 and 6 (RH sponson), 4 Laser Warner Sensor 2 (RH side), 5 Missile Launch Detector 4 (RH side/aft fuselage), 6 Dispenser / Magazine 7 and 8 (RH side/aft fuselage), 7 Antenna Assembly 4 (RH side/aft fuselage), 8 Dispenser / Magazine 3 and 4 (LH sponson), 9 Laser Warner Sensor 1 (LH side), 10 Dispenser / Magazine 1 and 2 (LH side/aft fuselage), 11 Antenna Assembly 1 (LH side/aft fuselage), 12 Missile Launch Detector 1 (LH side/aft fuselage), 13 Antenna Assembly CD-Band (Aft fuselage bottom), 14 Missile Launch Detector 5 (Center fuselage bottom) 15 Missile Launch Detector 2 (LH side/forward fuselage).

identifizieren und zu klassifizieren. Chaff und /oder Flare Fackelkörper können automatisch, halbautomatisch oder manuell ausgelöst werden, um der erkannten Bedrohung entgegenzuwirken.

Die Bedrohung, die aufgrund der Identifizierung als Gegenmaßnahme und Standardeinstellung auftritt, wird vor einer Mission in einer Emitterbibliothek (ELIB) zusammengefasst. Die ELIB (Emitter Library) wird über das Electronic Warfare Data Module (EWDM) in das EWS geladen. Systembedienelemente und -anzeigen (MFD, CDU und CFDCU) befinden sich auf der Instrumententafel und der Mittelkonsole.

Das elektronische Warfare-System (EWS) umfasst den Electronic Warfare System Controller (EWSC), einen Radarwarnempfänger (RWR) ALR -400-NC, ein Laserwarnempfänger (LWR) ALTAS-2QB, ein Raketenstartdetektor (MLD) AN / AAR-60MILDS und Chaff / Flare Dispenser (CFD).

Bewaffnung

Laut T.O. durfte die GA zunächst nur mit zwei Maschinengewehren 7,62-mm (MG3) im Frachtraum ausgerüstet werden. Eines am vorderen linken Fensters und / oder eines an der rechten Seite der Einstiegstür. Waffenbefestigungselemente sind dafür vorgesehen. Seit Februar 2019 darf nun auf allen drei Waffenstationen, auch in der CH-53 GA, mit dem M3M geschossen werden.

Bewaffnung
Der Hubschrauber kann mit zwei Maschinengewehren 7,62-mm (MG3), ausgerüstet werden. Eines an der linken Seite des vorderen Fensters und / oder eines an der rechten Seite der Fahrgasttür. Seit Februar 2019 darf nun auf allen drei Waffenstationen, auch in der CH-53GA, mit dem M3M geschossen werden.

Obsoleszenzbeseitigung bei CH-53GS und GE

Infolge anhaltend hoher Belastung der CH-53GS-Flotte im Rahmen von ISAF und später Resolution Support in Afghanistan mussten dringend Maßnahmen zur Obsoleszenzbeseitigung diverser kaum noch zur Verfügung stehender Geräte und Komponenten eingeleitet werden.

Zur Sicherstellung der Einsatzfähigkeit der CH-53GS/GE Hubschrauber bis zum Nutzungsdauerende (NDE) sollen diese Systeme bei allen 20 GS und sechs GE's ersetzt werden. Ziel war eine möglichst zeitnahe, risikoarme und kostengünstige Umsetzung. Daher bildeten Commercial of the shelf (COTS)-Geräte und bereits auf dem Waffensystem CH-53GA eingerüstete Systeme die Grundlage für die neue Systemarchitektur.

Durch diesen Weg der Realisierung/Umsetzung war es möglich, den Entwicklungsanteil und somit das Risiko zu minimieren.

Folgende Vorgaben galt es vorrangig zu berücksichtigen:

- Obsoleszenzbeseitigung von Flugregelanlage, Kommunikations-, Navigationsanlagen und Anzeigegeräte
- bestehende Funktionalitäten und die Zulassungsbasis der CH-53GS/GE müssen beibehalten werden
- Bestmöglicher Querschnitt zur CH-53GA
- uneingeschränkte Teilnahme am General Air Traffic (GAT) (Mode S/ILS/Display)
- Anpassung aller Missionsausrüstung/Rüstsätze

Das Projekt begann mit einer konkreten Suche nach Geräten schon im Jahr 2015 im Rahmen einer konstruktiven Voruntersuchung bzw. im Rahmen einer Technischen Stellungnahme bzgl. Wege einer Obsoleszenzbeseitigung und deren Systemarchitekturen.

Diverse Geräteherstellern wurden angesprochen, um die neueste Technologie auf dem Gebiet der Smart MFD anzubieten. Schließlich fand man mit der kanadischen Firma Esterline Avionics Systems (CMC Electronics) den geeigneten Hersteller für die Anteile MFD und FMS (unterscheidet sich zur CH-53GA). Diverse Komponenten sind aber identisch zur Ausrüstung in der CH-53GA und stammen folglich vom selben Hersteller.

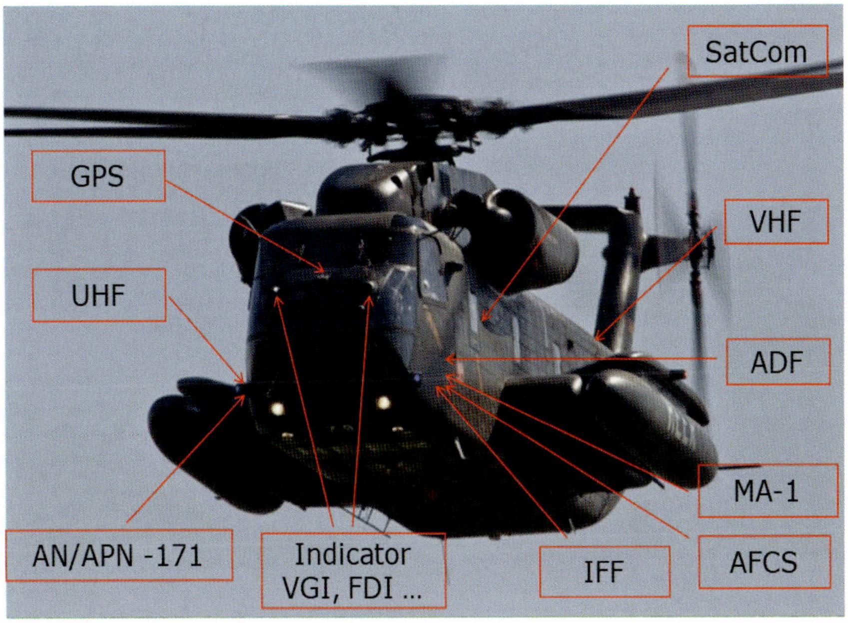

Obsoleszenzbeseitigung bei CH-53GS und GE Komponenten und Einbauorte der Modifizierungs- Programme.

Vor allem neue Funkgeräte, neue NAV-Instrumente und Transponder rückten in den Fokus. Das Budget ermöglichte es zusätzlich auch den Autopiloten, der in der GA verbaut ist, mit in das Paket zu integrieren.

Für das umfangreiche Modifikations-Programm müssen die Maschinen innen vollständig freigelegt werden. Die Kabelbäume gilt es auszutauschen und die dazugehörige Hardware zu installieren. Auch die Autopilot-Module finden neue Einbaupositionen. Das Instrumentenbrett muss angepasst und die Konsolen verändert werden. Das Gewicht der Maschine ändert sich als Folge der Maßnahmen, der Schwerpunkt des Hubschraubers bleibt allerdings gleich.

Für die Einrüstung der neuen Systeme wurde eine Standzeit pro Maschine von ca. zwölf Monaten veranschlagt. Die Arbeiten erfolgen während des laufenden Betriebes der CH-53GS/GE Einsatzflotte und werden von Airbus Helicopters Deutschland in Donauwörth durchgeführt. Die Bezeichnung CH-53GS/GE wird nach Umsetzung der Modifikation übrigens bestehen bleiben, da das System mit einer ergänzenden Musterzulassung zugelassen wird. Eine weitere Baureihenbezeichnung hätte eine neue Zulassung erforderlich gemacht. Nach der jetzigen Planung sollen zunächst zwei bis drei, später fünf bis sechs Maschinen pro Jahr modifiziert werden können, so dass Ende 2023/24 die letzten Maschinen an die Truppe zurück übergeben werden könnten. Das Modifizierungsprogramm ist immer an eine Hauptphaseninspektion gekoppelt.

Cockpit einer CH-53 nach Umsetzung des Obsoleszenzbeseitigungs-Programms.

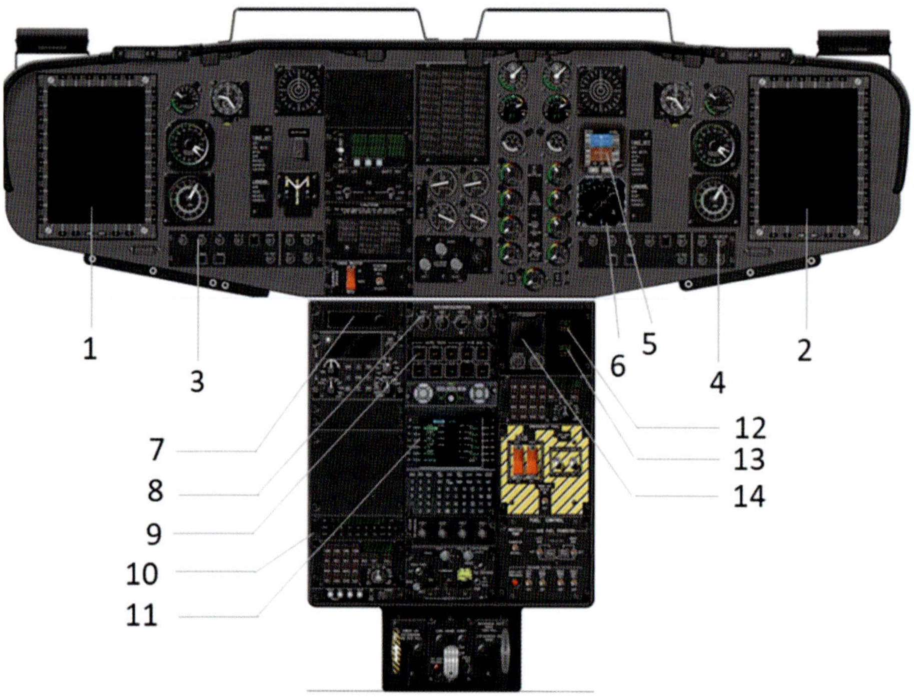

Cockpit CH-53GS/GE Obsoleszenzbeseitigung

1 Multi Function Display (MFD) Copilot,
2 Multi Function Display (MFD) Pilot,
3 Flight Control Panel (FCP) Copilot,
4 Flight Control Panel Pilot,
5 Integrated Standy Instrument ISIS,
6 Backup Nav Display SANDEL,
7 Data Transfer Unit (DTU),
8 Reconfiguration Unit (RCU),
9 Automatic Flight Control Auxiliary Unit (AFCAU),
10 Sat Com Dialpad,
11 Control and Display Unit (CDU) /Flight Management System (FMS) CMA-9000,
12 FMS Disconnect Schalter,
13 IFF HOLD Schalter,
14 Backup NAV-Bediengerät CTL4000.

Übersicht der entfallenen und neu eingerüsteten Geräte

Cockpit / Instrumentenbrett

Entfallene Geräte	Neue Geräte
Multi-Function Display - Pilot und Copilot	Multi-Function Display Pilot und Copilot
Attitude Indicator - Pilot und Copilot	Integrated Standby Instrument System – ISIS (wie GA)
Schwebefluganzeiger Airspeed Indicator Pil / Cop	2 x Flight Control Panel – FCP (wie CH-53GA)
Rate-of-climb Indicator - Pilot und Copilot	RARI (wie CH-53GA)
Radar Altimeter - Pilot und Copilot	
Barometric Altimeter - Pilot und Copilot	
Airspeed Correction Card und Holder	
Compass Correction Card and Holder	
Höhenmesser/Kodierer	
GPS Receiver (CUGR)	
VGI Transfer Switch	
Radar Altimeter Remote Indicator – RARI –Pil /Copil	

Cockpit / Mittelkonsole

Entfallene Geräte	Neue Geräte
AFCS Control Panel	CMA-9000
ADF Control Panel (AD-370B)	Reconfiguration Unit - RCU (wie CH-53GA)
VOR / ILS-Bediengerät NR-900	Automatic Flight Control Auxiliary Unit – AFCAU (wie CH-53GA)
UHF/AM Control Panel GB612	Statikdruck-Umschalter (wie CH-53GA)
VHF/AM Bediengerät 313N-2	SatCom Dialpad (wie CH-53GA)
Digitaler Karten Generator-3 Connector	Data Transfer Unit - DTU
	CDCS Service Connector

Cockpit / Deckenschalttafel

Entfallene Geräte	Neue Geräte
Compass Control Panel	keine
Marker Beacon Panel (51Z-4)	
SatCon Wähleinheit	

Cockpit / Allgemein

Entfallene Geräte	Neue Geräte
Pedalschalter Pilot	keine
Pedalschalter Copilot	
Q-Schalter	
Drosselventil	
Ablass der Leitung für Gesamtdruck	
Ablass der Leitung für statischen Druck	
Fahrwerk-/Fluglagewarnsignal-Verstärker	

Elektronikräume

Entfallene Geräte	Neue Geräte
Sender/Empfänger HG-9050D2	Sender/Empfänger AHV-2100 (wie CH-53GA)
UHF / HQ II Sender/Empfänger XD611H1	Autopilotenmodul APM2020 (wie CH-53GA)
UHF-Abgleichmodul 5RU	Rhode&Schwarz XM6923L (wie CH-53GA)
UHF-Abgleichmodul 6RU	NAV-4500 (Position Empfänger
VHF-Abgleichmodul 6RR	Markierungsfunkfeueranlage 51Z-4)
SeLa Konverter ARCON	
AFCS-Verstärker	
Doppelkanal Synchronisiergerät	
Trimmverstärker	
Kurskreisel	
Verstärker Kurswendekreiselanlage	
Kompasskompensiergerät	
Phasensel. Demodulator	
Schaltwendekreisel 1 und 2	
Empfänger Markierungsfunkfeueranlage 51Z-4	
Empfänger LF-Funkkompassanlage AD-370B	
Barometrischer Höhengeber	

Laderaum

Entfallene Geräte	Neue Geräte
3 Trimmstellungsgeber (Einbauort: AFCS Servos)	Autopilotenmodul APM2020 (wie CH-53GA)
VOR/ILS Empfänger NR900	Rhode&Schwarz XM6923L (wie CH-53GA)
VHF/AM Sender/Empfänger 618M-3A	2 Air Data Computer - ADC (wie CH-53GA)
Rollwendekreisel 1 und 2	2 Attitude Heading Reference Unit - AHRU
Lotkreisel 1 und 2	(wie CH-53GA; 1x bereits vorhanden)
Gierwendekreisel	4 Servo Relais Unit - SRU (wie CH-53GA)
Querbeschleunigungsmesser	22 Linear Variable Differential Transducer – LVDT
Nullabgleicheinheit	(wie CH-53GA)
SatCom Rack (Ober- und Unterteil)	GPS Empfänger Trimble TA-24 (bereits vorhanden,
SatCom Rack (Ober- und Unterteil)	aber mit Upgrade)
	2 Logic Converter Unit – LCU
	Neues SatCom Rack

Rumpf oben

Entfallene Geräte	Neue Geräte
VOR/LOC-Antenne 1 und 2	Dual GPS Antenne (bereits vorhanden)
Glideslope-Antenne	SatCom-Antenne (wie CH-53GA)
GPS Antenne	
GPS Antenne SatCom	
SatCom-Antenne	

Rumpf unten

Entfallene Geräte	Neue Geräte
2 Antennen AS-1858/APN-171(V)	2 Außenlufttemperatursensoren (wie CH-53GA)
ADF-Peilantenne	2 Antennen ANT-140A (wie CH-53GA)
ADF-Hilfsantenne	ADF Antenne
UHF/AM Antenne DMC-3	Dipolantenne (VOR/ILS) (wie CH-53GA)
VHF/AM Antenne 37R-2U	2 V/UHF Antennen (Positionen ähnlich der

Antennen

Entfallene Geräte	Neue Geräte
	UHF/AM und VHF/AM#1)

Heckausleger

Entfallene Geräte	Neue Geräte
Magnetfeldsonde MA-1 Anlage	2 Flux Valve FX-220 (wie CH-53GA;
	1x bereits vorhanden
Magnetfeldsonde AHRS SatCom	

Ehemals Eurocopter nun Airbus Helicopters in Donauwörth ist stark in die Wartung und Instandhaltung des Waffensystems CH-53 eingebunden.

Das Military Support Center von Airbus Helicopters

Wie bei anderen Einsatzmustern auch, spielt die zivile Betreuung der Bundeswehr-Hubschrauber eine sehr wichtige Rolle. Die Firma Airbus Helicopters Deutschland GmbH, die zum 1. Januar 2014 per Namensänderung aus der Eurocopter Deutschland GmbH entstand, ist intensiv bei den diversen Mustern eingebunden. Am deutschen Hauptstandort von Airbus Helicopters im Oberschwäbischen Donauwörth arbeiten ca. 6500 Mitarbeiter. Damit repräsentiert die Firma den größten Arbeitgeber der Region.

Im Mittelpunkt der Aktivitäten steht natürlich die Produktion militärischer und ziviler Helikopter, unter anderem die des Tiger und NH90. Doch auch die Hubschrauber-Betreuung durch Wartung-, Instandhaltung und Überholung sowie Upgrades jeglicher Art nimmt einen hohen Stellenwert am Standort ein. Als Teil von Airbus Helicopters übernimmt das so genannte Military Support Center Germany (MSC) diverse Betreuungsaktivitäten für fast alle derzeit aktiven Bundeswehr-Hubschrauber (außer UH-1D) also Cougar, Sea King, Sea Lynx, Tiger, NH90, H145M, EC-135 und CH-53. Neben der Hauptaufgabe Wartung-, Instandhaltung und Überholung (MRO, Maintenance, Repair and Overhaul) bietet das MSC die Entwicklung und Einrüstung von Modifikationen, Softwarepflege, Avionikanpassungen, technische Studien und Konzepte, logistische Betreuung, Materialwirtschaft sowie Ausbildung und Einweisung den Kunden an. Insgesamt arbeiten ca. 800 Mitarbeiter (120 für die CH-53) auf einer Produktionsfläche von ca. 11.500 m² (als Teil davon insgesamt 22 Docks, davon alleine 12 für die CH-53) für das MSC

Germany, vor allem in Donauwörth aber als Unterstützung auch beim Kunden vor Ort. Für die Bundeswehr sind Teams von Airbus Helicopters, vor allem Techniker, Prüfer und Materialspezialisten, in Bückeburg, Faßberg, Fritzlar, Berlin, Holzdorf, Nordholz und auch im Ausland präsent. Das Betreuungszentrum führt im Auftrag der Bundeswehr weiterhin ein 2500m² großes Lager für Ersatzteile in Donauwörth.

Schon seit einiger Zeit steht die CH-53 im Mittelpunkt der Aktivitäten des MSC, die erste CH-53 wurde im Januar 1992 nach Donauwörth überführt. Zunächst standen vor allem Instandhaltungsmaßnahmen für das komplexe Hubschraubermuster auf dem Programm. Bei der CH-53 sind dies die Hauptphasenüberholungen, die alle 200 Flugstunden stattfinden müssen und eine Durchlaufzeit von vier bis sechs Monaten haben. Nach dem Einsatz der CH-53 in Afghanistan mussten deutlich umfangreichere und auch langwierige »Sandphasen« durchgeführt werden, die eine gründliche Reinigung der dynamischen Komponenten beinhaltet, weiterhin werden diverse Teile ausgetauscht. Diese Instandhaltungstätigkeiten werden übrigens auch in Eigenregie von der Luftwaffe durchgeführt, sodass nicht jede Maschine von Airbus Helicopters bearbeitet wird.

Modifikationsprogramme an der CH-53 durch Airbus Helicopters

Nachdem die CH-53G in den ersten Jahrzehnten keine wesentliche Produktanpassung oder Verbesserung erfahren hatte und sich die Zellenlebensdauer von 6000 Flugstunden langsam aber sicher aufbrauchte, mussten konkrete Schritte zur Einsatzverlängerung unternommen werden. So wurde von 1997 bis 2005 im Rahmen des 3. Zellenänderungspaketes (3. ZÄP) an insgesamt 109 Luftfahrzeugen Strukturanpassungen vorgenommen. Ein Schwerpunkt war unter anderem die Beseitigung von Rissen im Zellenbereich der Halterung von Hauptgetriebe sowie am Ölkühler.

Bei 20 ausgesuchten Maschinen fand in diesem Zeitraum weiterhin die umfangreiche Modifikation zur CH-53GS in Donauwörth statt. Dieses Programm begann im Jahre 1995 (damals im Rahmen des Programms Reichweitenerhöhung/Nachttiefflugfähigkeit RWE/NTF) und endete erst 2001. Die wesentlichen Bestandteile der Maßnahmen waren die Einrüstung der Außenzusatztankanlage (AZT)

Bis zu zwölf Docks stehen in Donauwörth für die CH-53 zur Verfügung.

Die 85+00 erhielt in Donauwörth eine Messanlage eingebaut um 1995 im Rahmen des Programms Reichweitenerhöhung/Nachttieflugfähigkeit (RWE/NTF) Daten zu sammeln. Die Modifikationen waren später wichtige Bestandteile der CH-53GS.

inklusive zusätzlicher 650 gal. Tankbehälter, Fremdbetankungsanlage zur Abgabe von Kraftstoff am Boden, der EAPS Lufteinlauf-Sandfilter und die Anpassung der Cockpit- sowie der Außenbeleuchtung um eine Nachtflugtauglichkeit herzustellen. Darüber hinaus erhielten die CH-53GS eine aktive Flugkörper-Abwehr (ELOKA-Anlage mit Flugkörperwarner, Radarwarner, Laserwarner, Chaff- und Flare- Ausstoßgerät), Stromversorgungsmöglichkeit für externe Geräte, sowie ein angepasstes Batteriemanagement mit zusätzlichen Batterien (bordnetzunabhängige Stromversorgung). Für zwei verunfallte CH-53GS (84+08 und 85+09) wurden später zwei zusätzlich Maschinen (85+01 und 85+05) auf den Stand gebracht.

Als nächstes Modifikationsprogramm wurden weitere 20 CH-53 zum Erhalt der IFR-Fähigkeit mit modernem Gerät ausgerüstet. Die Anpassung umfasste den Einbau des GPS-Systems AN/ASR 175, Ersatz des Tacan durch das DME Rockwell-Collins DME442 mit Bediengerät CTL-32, Einbau einer zusätzlichen VHF/AM Funkanlage Rockwell-Collins VHF 422C mit Bediengerät CTL-22C sowie schließlich Ersatz des Bearing Distance Heading Indicators (BDHI) und Course Indicator (CI) durch Multifunktionsdisplays MFD-255MF. Das Programm lief in einem Zeitraum zwischen 2001 und 2005. Die Hubschrauber erhielten nach der Modifikation die Bezeichnung CH-53G IFR oder auch »MFD-Maschinen«, da sie über zwei MFDs im Cockpit verfügen. Zwei CH-53G IFR wurden später auf den CH-53GS-Stand gebracht (siehe oben).

Als Anforderung des Generals Flugsicherheit schloss sich die Einrüstung des STR2000- Systems zum Aufbau einer IFF (IFF, Identification Friend Foe) Mode-S Fähigkeit und Einrüstung einer Cockpit Voice Recorder-Anlage an. Dazu war der Einbau einer zusätzlichen IFF-Antenne an der oberen Luftfahrzeuge-Zelle, einer Aufnahmevorrichtung für den Transponder und die CADU (Control and Display Unit) im Cockpit notwendig. Darüber hinaus wurden die Geräte Data Aquisition Unit (DAU) und Flight Data Recorder (FDR) installiert. Diese Maßnahme fand in den Jahren 2004 bis 2008 statt.

Ab dem Jahr 2005 erhielten einige CH-53 die Fast-Roping-Einrichtung im Bereich der Heckrampe, das mit angebrachten Tauen ausgerüstet, Spezialkräften aus einer Höhe von ca. zehn Metern das Abseilen ermöglicht. Die Maßnahme lief zwei Jahre.

Parallel dazu begann das damalige Eurocopter nach Beauftragung durch die Bundeswehr eine moderne Satcom-Anlage einzurüsten, die eine deutlich verbesserte Kommunikationsanbindung sowie eine Datenübertragung

Jungfernflug am 29. Januar 2010 des ersten CH-53GA Prototypen, 84+86, über verschneiter Landschaft. Airbus Helicopters verfügt über eigene Testpiloten und Flugversuchsingenieure.

der Maschinen ermöglichte, speziell für den Einsatz Out-of-Area. Alle 20 CH-53GS erhielten zellenfeste Anteile bestehend aus Antenne, GPS, usw. Darüber hinaus wurden 13 einrüstbare Kits gebaut und zur Verfügung gestellt, die über ein Gestell bestückt mit Wähleinheit und High Speed Data Terminal bestanden. Es können also maximal 13 Maschinen mit Satcom betrieben werden.

Ein sehr aufwendiges und langes Modifikationsprogramm, die sogenannte Sicherstellung der Einsatzbereitschaft (SdE), wurde an ausgewählten Maschinen durchgeführt. Die Vertragsunterzeichnung erfolgte am 5. Juli 2005 und teilte sich in einen mechanischen und in einen elektrischen Anteil. Das Ziel war die Nutzungsdauer auf insgesamt 10.000 Flugstunden zu erhöhen, d.h. eine Einsatzdauer bis ca. ins Jahr 2030 zu erreichen.

Die Dauer dieser umfangreichen Maßnahme betrug pro Hubschrauber ca. zwölf Monate. Insgesamt wurde sie an 87 Maschinen durchgeführt und lief bis ins Jahr 2013.

Da die Bundeswehr für den Einsatz in Afghanistan zusätzliche Maschinen mit vergrößerter Reichweite und den entsprechenden Ausstattungen der GS-Variante benötigte, wurde kurzfristig die Umrüstung von sechs weiteren Maschinen auf den Stand der CH-53GS beschlossen. Airbus Helicopters übernahm diese Aufgabe und modifizierte sechs Hubschrauber (aus dem Bestand CH-53G IFR) zügig zwischen 2008 und 2009 grundsätzlich analog zur CH-53GS. Allerdings gab es doch einen deutlichen Unterschied: So wurde statt der Außen- eine Innenzusatztankanlage vorgesehen, vor allem da die Komponenten für die AZT kurzfristig nicht lieferbar waren. Auch die Möglichkeit der Fremdbetankung entfiel somit. Für den Innenraum wurden zwei Innentanks der Firma Robertson mit einem Fassungsvermögen von je 800 gal. vorgesehen. Durch diesen Unterschied erhielten die sechs Hubschrauber die Bezeichnung CH-53GE (German Enhanced). Allerdings limitiert das System der Innentanks die Nutzbarkeit des Laderaums im Einsatz, wodurch diese Version ausschließlich zu Ausbildungszwecken im Heimatland verwendet werden und dadurch der Anteil der GS-Versionen im Ausland erhöht werden konnte.

Als großes und sehr umfangreiches Anpassungsprogramm entwickelte sich für den süddeutschen Standort von Airbus Helicopters die Modifikation der CH-53G zur CH-53GA (German Advanced). Schon früh Ende der Neunziger forderte die Bundeswehr eine Interoperabilität der drei Waffensysteme NH90, Tiger und CH-53. Erste Studien zur Erreichung dieses Ziels starteten anschließend und mündeten im April 2005 in der Formulierung der entsprechenden funktionalen Forderungen. Nach der Realisierungsgenehmigung im Juli 2006 auf Seiten des Bundes konnte das Bundesamt für Wehrtechnik und Beschaffung mit Eurocopter am 14. Februar 2007 den Entwicklungs- und Beschaffungsvertrag unterschreiben. Insgesamt 40 Maschinen sollten die so genannte Produktverbesserung (PV) erhalten.

Ca. drei Jahre nach der Vertragsunterzeichnung erfolgte der offizielle Jungfernflug mit dem ersten CH-53GA-Prototyp (84+86) am 10. Februar 2010, geflogen durch die Airbus Helikopters-Crew Testpilot Rene Nater und Flugingenieur Antoine van Gent. Der zweite Prototyp (85+04) startete Ende Mai 2010 und unterstützte die Erprobungs- und Zulassungsflüge.

Die offizielle Übergabe der ersten CH-53GA an die Bundeswehr erfolgte im Rahmen der ILA 2012 am 12. September 2012. Nachfolgend fanden kontinuierlich Auslieferungen statt, die letzte CH-53GA wurde schließlich am 17. Juli 2017 der Luftwaffe zurück übergeben.

Die hohe Bedeutung der CH-53 wird auch dadurch unterstrichen, dass neben dem Projekt PV auch parallel in die Versionen GS/GE weitere Fähigkeiten integriert wurden und werden. Um die Anforderung »Personnel Recovery« (Rettung von in Not geratenen Soldaten) erfüllen zu können, wurde ein taktischer Arbeitsplatz entwickelt und gefertigt, der im Laderaum eingebaut die Lokalisierung der zur bergenden Personen erleichtert. Mittels Bedieneinheit und zwei großen Bildschirmen können Wärmebildkamera, Funk und Rettungssender zusammengeführt werden. Alle 26 CH-53GS und GE erhielten zellenfeste Modifikationen für einen solchen Arbeitsplatz, sodass dieser in kurzer Zeit (eine Stunde) eingerüstet werden kann. Insgesamt fünf MTAs (Mission Tactical Workstation) wurden zwischen Juni 2009 und Juni 2011 gebaut.

Ebenfalls im Zusammenhang mit dem Einsatz in Afghanistan stand die Modifikation der 26 CH-53GS und GE mit dem modernen, schweren Maschinengewehr sMG M3M. Dafür wurden insgesamt 74 Kits Befestigungs- und Verstärkungsböden geliefert, die die Montage des MGs an der Rampe und an den beiden Türen ermöglicht. Weiterhin wurden 40 Kits zum ballistischen Schutz der Maschinengewehre geliefert. Die Modifikation erfolgte in einem Zeitraum zwischen 2011 und 2013.

Als Folge eines Zwischenfalls in Afghanistan, bei dem eine CH-53 durch Brown-Out, also Sichtverlust aufgrund aufgewirbelten Sandes, fast abgestützt war, erwuchs die Forderung nach einer sensorgestützten Landehilfe. In Kooperation mit der Firma ESG entwickelte Airbus Helicopters ein System bestehend aus einem speziellen Radarhöhen

Der zweite CH-53GA-Prototyp, 85+04, demonstriert, dass er das Transportieren von schweren Außenlasten nicht verlernt hat.

Ein Jubiläum wird gefeiert: Am 6. September 2012 – 20 Jahre MSC und Übergabe einer CH-53GA.

Bei Airbus Helicopters Deutschland (AHD) lief das Modifikationsprogramm CH-53GA auf Hochtouren. Über 20 CH-53 befanden sich Ende 2013 dort in den verschieden Phasen der Bearbeitung.

messer, einer Driftsensorik, einer TV-Kamera sowie einem helmmontierten Darstellungsgerät (HMSD). Die Erprobung erfolgte zwischen August 2011 und Mai 2013. Teilweise parallel erfolgt die Einrüstung von 25 zellenfesten Anteilen in die CH-53GS/GE. Darüber hinaus sollen acht einbaubare Kits geliefert werden, die das System im Bedarfsfall bei ausgewählten Maschinen komplettieren. Auch Testeinbauten werden von Airbus Helicopters vorgenommen. So wurde an einer Maschine zwischen Juni 2011 und Ende 2012 eine Absturzsicherung für Wartungspersonal an den oberen Teil des Helikopters bestehend aus einem Antirutschbelag und fluoreszierenden Streifen zur Markierung der begehbaren Bereiche angebracht und getestet. Auch wurde an einer Maschine ein neues Funkgerät SEM91 von Thales eingebaut. Nachdem die Tests erfolgreich absolviert werden konnten, sollen nun allen CH-53GS und GE dieses Gerät erhalten.

Aktuell läuft beim MSC die Anpassung der CH-53GS und GE im Rahmen des Vorhabens Obsoleszenzbeseitigung. Diverse Avionik-Komponenten werden im Zuge dieses umfangreichen Modifikationsprogramms angepasst bzw. eingebaut, wie z.B. Cockpitinstrumentierung, digitales Flugkontrollsystem, Satcom, IFF, GPS usw.

Am 26. Februar 2019 hob der erste CH-53GS (Obs) Prototyp (84+52) in Donauwörth zu seinem Jungfernflug ab. Eine zweite Maschine (85+01) wird ebenfalls für Systemtests genutzt. Insgesamt läuft die Erprobung gut, die Modifikation der restlichen Maschinen hat ebenfalls schon begonnen. Es ist geplant im Jahr bis zu sechs Maschinen zu modifizieren (in Kombination mit einer durchzuführenden Hauptphase), so dass das Programm Ende 2023 beendet werden könnte.

Dadurch, dass die CH-53 noch mindestens bis zum Jahr 2030 im aktiven Dienst verbleiben wird, benötigt die Maschine weiterhin Unterstützung durch die Spezialisten des Military Support Centers der Airbus Helicopters Deutschland GmbH. Somit wird der Hubschrauber auch weiterhin ständiger Gast am Standort Donauwörth sein.

Erstflug des CH-53GS (Obs, 84+52) am 26. Februar 2019.

Das gesamte Team ist vor der ersten umgerüsteten CH-53GS (Obs) versammelt.

84 82

Die Sikorsky CH-53 bei den Heeresfliegern

Pünktlich zur Einführung der Sikorsky CH-53G und eingebettet in die neue Doktrin der »Flexiblen Verteidigung« führte die Bundeswehr Anfang der 70er-Jahre die Heeresstruktur 3 ein. Das Kernelement der neuen Truppenausrichtung, Materialbeschaffung und auch Ausbildung war die flexible, also sich rasch neuen Gegebenheiten anpassende Reaktion auf einen Angriff. Die CH-53 konnte diese Forderung mit ihrer Möglichkeit bis zu 37 voll ausgerüstete Soldaten zu transportieren, viel besser realisieren als die Vorgängermuster. Gleichzeitig fasste das Heer die Transportkapazität in größeren Einheiten zusammen. Das komplexe Waffensystem CH-53G verlangte weiterhin nach einer angepassten Einheitsstruktur, die ebenso eine Umgliederung der Heeresfliegerverbände erforderlich machte. Kern der Planung zur Heeresstruktur 3 war es auf Korpsebene je ein leichtes mit UH-1D und ein mittleres mit CH-53G ausgerüstetes Transportregiment zu bilden. Gleichzeitig sollten die zuvor als Bataillone bestehenden Einheiten größtenteils wieder aufgelöst wurden und auf Divisionsebene nur noch Verbindungs- und Unterstützungsstaffeln verbleiben. Das Gesicht eines Regimentes sollte dem eines Luftwaffengeschwaders ähneln indem auch zum Beispiel die Technischen Staffeln mit eingegliedert waren. Am 1. April 1971 wurde diese Planung per Befehl der Heeresleitung umgesetzt. Auf Korpsebene entstanden jetzt selbständige Heeresfliegerkommandos, die über einen eigenen Stab verfügten und übergeordnete Dienststelle aller Korpsverbände inklusive der unterstellten Divisionsstaffeln wurden.

Drei mit CH-53 ausgerüstete mittlere Heeresflieger-Transportregimenter (mHFlgTrspRgt) sollten entstehen, in

Rheine das mHFlgTrspRgt 15 (hervorgehend vor allem aus dem Heeresfliegerbataillon 100), in Laupheim das mHFlgTrspRgt 25 (hervorgehend vor allem aus dem Heeresfliegerbataillon 200) und in Niedermendig das mHFlgTrspRgt 35 (hervorgehend vor allem aus dem Heeresfliegerbataillon 300). Die fliegerische Ausbildung sollte bei der Heeresfliegerwaffenschule in Bückeburg erfolgen.

Auslieferung an die Truppe

Neben der Vorbereitung des Personals mussten auch die Flugplätze dem neuen Waffensystem angepasst werden. So wurden in Niedermendig im Vorfeld (auch durch die Umgliederung in Regimenter) ca. 60 Mio DM in Flugplatz und Kaserne investiert. Nachdem noch je zwei Instandsetzungshallen für CH-53G pro Regiment entstanden waren, konnten die Regimenter nun das Muster CH-53 aufnehmen. Am 27. Februar 1973 erfolgte in Niedermendig die Übergabe der ersten zwei CH-53 (84+22 und 84+23) an das mHFlgTrspRgt 35.

Die Übergabe an die Regimenter erfolgte sehr zügig, sodass bereits am 3. Oktober 1973 noch vor Auffüllung des Niedermendiger Regiments die erste CH-53G an das mHFlgTrspRgt 25 in Laupheim übergeben werden konnte. Zusätzlich wurden die Hubschrauber im Werk gesammelt, so dass bei den Verbänden von Beginn an eine sinnvolle Gestaltung des Flugbetriebs möglich war. Als letzter Verband erhielt am 22. Juni 1974 das mHFlgTrspRgt 15 in Rheine seine ersten CH-53.

Die Heeresfliegerwaffenschule

Der Heeresfliegerwaffenschule, zum 1. Juli 1959 in Niedermendig aufgestellt und am 13. Januar 1960 nach Bückeburg verlegt, obliegt die Schulung und Weiterbildung des Heeresfliegerpersonals sowie die zentrale Entwicklung und Erstellung von heeresfliegerspezifischen Taktiken, Verfahren und Vorschriften. Darüber hinaus ist sie für die Weiterentwicklung und den Test von neuem Gerät aufgrund spezieller Heeresfliegeranforderungen verantwortlich. Anfangs beschränkten sich die Aufgaben der Heeresfliegerwaffenschule allerdings auf die fliegerischen Lehrgänge wie zum Beispiel die Transporthubschrauberführerausbildung, die Schulung auf dem Flächenflugzeug Do 27 und auf Beobachter- sowie fliegertaktische Ausbildung. Neben der Vertol V-43 (H-21C) kamen in den Anfangsjahren auch die Sikorsky H-34 und die Dornier Do 27 zum Einsatz. In Inspektionen unterteilt, war die Lehrgruppe A für die fliegerische Ausbildung zuständig. Ein besonders wichtiges Muster im Bestand der HFlgWaS war die Bell UH-1D Huey, die ab dem 20. August 1967 beim Verband eingeführt wurde. Zu Spitzenzeiten waren 36 Hueys in Bückeburg stationiert. Um über eine integrierte Technik verfügen zu können, stellte man 1969 die Flugzeugtechnische Gruppe auf, die später zur Luftfahrzeugtechnischen Abteilung entwickelt wurde.

Die Heeresfliegerwaffenschule spielte bei der Einführung der CH-53 eine maßgebliche Rolle. Die Ausbildung der ersten zwölf Fluglehrer erfolgte bei Sikorsky im ersten Halbjahr 1972. Ende März landete die erste Maschine (84+04) auf dem Flugplatz Achum, am 13. April 1972 folgte die zweite CH-53G (84+05). Ende Mai gehörten dann schon vier Maschinen zum Bestand der HFlgWaS.

Die offizielle Übergabe der CH-53 an Bundesverteidigungsminister Georg Leber erfolgte erst später am 26. Juli 1972 im VFW-Fokker Werk in Speyer. Er nahm diese Maschine (WerkNr. V65010, 84+12) in Empfang und übergab sie dem Generalinspekteur des Heeres, General Ernst Ferber, der sie direkt an den General der Heeresfliegertruppe, Brigadegeneral Hans Drebing weitergab. Anschließend erfolgte die Überführung nach Bückeburg.

Ab dem 1. August 1972 führte die Schule einen Testlehrgang mit eigenen Fluglehrern durch, der erste insgesamt sechswöchige Durchgang für Angehörige des Mendiger mHFlgTrspRgt 35 begann dann kurz darauf am 5. September. Die Umschulung musste nun sehr zügig vonstattengehen, in knapp zwei Jahren erhielten 272 Flugzeugführer (ca. 24 Teilnehmer pro Kurs) ihre Musterberechtigung auf dem neuen Typ.

Die Simulatoren in Bückeburg ermöglichen sehr realitätsnahe und effektive Ausbildung. Ein CH-53GA-Simulator steht (Stand Mitte 2014) allerdings noch nicht zur Verfügung.

In den folgenden Jahren lief kontinuierlich die fliegerische Ausbildung als Teil der Lehrgruppe A und der darunter angeordneten 2. Inspektion. Zu Hochzeiten verfügte die Schule über bis zu 15 CH-53G. Die Heeresfliegerwaffenschule betrieb u.a. acht Außenladeplätze, die für das Üben von fliegerischen Verfahren wie z.B. Transport von Außenlasten genutzt wurden. Hier waren die CH-53-Hubschrauber häufig anzutreffen.

Die Ausbildung erhielt eine qualitative Aufwertung mit Einführung der Großsimulatoren im Rahmen des neuen integrierten Ausbildungskonzeptes der Heeresflieger.

Der Bau zweier Simulatorgebäude begann schon 1996, doch erst ab dem Jahr 2003 konnte das neue System in Betrieb gehen. Von insgesamt acht Simulatoren waren zwei mit CH-53GS-Instrumentierung ausgerüstet.

Die Entscheidung zum Fähigkeitstransfer bei den Hubschraubern der Bundeswehr betraf natürlich auch ganz konkret die CH-53-Komponente der Heeresfliegerwaffenschule. Anfängliche Hoffnungen, dass die Schulung auch unter Luftwaffenführung in Bückeburg verbleiben könnte, erfüllten sich nicht. Die Entscheidung die komplette Ausbildung nach Holzdorf zu verlagern hatte bestand. Als die Luftwaffe zum 1. Juli 2012 die Planungsverantwortung für die CH-53 übernahm, war allerdings noch völlig offen, was mit ca. 150 Soldaten und zivilen Mitarbeitern geschehen sollte, die die CH-53 vor Ort betreuten.

Das offizielle Ende der Heeresflieger-CH-53 in Bückeburg kam dann zum 31. Dezember 2012. Ein Tag später übernahm die Luftwaffe Gerät und Personal, das in der abgesetzten Lufttransportstaffel HSG 64 aufging.

Die CH-53 spielte bei der HFlgWaS über Jahrzehnte eine große Rolle. Dort erfolgte die fliegerische Ausbildung auf dem Muster.

Fahrtaufnehmen mit einer CH-53. Diese Maschine (84+13) wurde mittlerweile zur GA umgebaut.

Anfänglich wurde die Ausbildung auf der CH-53GA noch bei der Heeresfliegerwaffenschule in Bückeburg durchgeführt.

Das mittlere Transport-hubschrauberregiment 15 »Münsterland«

Als Teil des Heeresfliegerkommandos 1 war das mittlere Heeresfliegertransportregiment 15 für den Einsatzbereich des I. Korps im nördlichen Deutschland zuständig. Der Verband wurde zum 1. April 1971 in Rheine-Bentlage aus dem Heeresfliegerbataillon 100, der Heeresfliegerinstandsetzungsstaffel 107 und weiterem aus Hildesheim kommenden Personal geformt. Es gliederte sich in eine Stabs- und Versorgungsstaffel, eine Fliegende und eine Luftfahrzeugtechnische Abteilung. Zu Anfang noch mit Sikorsky H-34G ausgerüstet, konzentrierte sich das Regiment auf seine Transportaufgabe, bereitete sich aber schon eifrig auf die Einführung des neuen Musters CH-53 vor. Am 22. März 1974 verabschiedete der Verband die lieb gewonnenen und zuverlässigen H-34 Choctaw. Drei Monate später, am 22. Juni 1974, erhielt das Regiment seine ersten vier Sikorsky CH-53G.

Trotz ihrer Komplexität gelang die Einführung recht gut. Die mit der CH-53 verbundenen deutlich höhere Transportkapazität und Schnelligkeit eröffneten dem Heer ganz neue Dimensionen. Dies war besonders bei diversen Hilfseinsätzen gefragt in die das Regiment in den Folgejahren mit eingebunden wurde. Sei es bei der Bekämpfung der Waldbrände in Niedersachsen (1975) oder den Rettungseinsätzen der Schneekatastrophe in Schleswig-Holstein und Niedersachsen (1979). Zum 1. Oktober 1979 wurde der Verband zum Heeresfliegerregiment 15 umbenannt.

Die 90er-Jahre hielten für das Regiment aus Rheine-Bentlage viele neue Aufgaben und Herausforderungen bereit. Im wahrsten Sinne des Wortes eine Feuertaufe bestanden einige Besatzungen als sie 1990 als »fliegende Feuerwehr« in Griechenland am Berg Athos eingesetzt waren. Mit Hilfe von 5000 Liter Wasser fassenden Feuerlöschbehältern, genannt »Smokey«, konnte das Feuer eingedämmt und somit viele Menschenleben gerettet und unersetzliches Kulturgut von der Zerstörung bewahrt werden.

Auch wenn deutsche Verbände nicht aktiv im Golfkrieg beteiligt waren, gab es doch indirekte Aufgaben, die es zu übernehmen galt. So flog das HFlgRgt 15 während der Operation Desert Storm amerikanische Verwundete von Ramstein aus in verschiedene umliegende Krankenhäuser

Zwei CH-53G des HFlgRgt 15 üben mit den Bodentruppen.

und übernahm somit quasi logistische Aufgaben. Doch die eigentlich fordernde Aufgabe wartete auf das Regiment nach Ende der Kampfhandlungen im Irak. Millionen Kurden flüchteten aus Angst vor der Irakischen Armee in das Grenzgebiet der Türkei und in den Iran. Mit insgesamt zwölf CH-53-Hubschraubern verlegte das Regiment in den Iran um die Not der Menschen durch Versorgungsflüge im schwierigen Hochgebirge zu lindern. Mit über 500 Tonnen eingeflogener Hilfsgüter stellten die Sikorskys der Heeresfliegerregiments 15 oftmals die rettenden Engel aus der Luft dar. Nahtlos an diese Operation schloss eine weitere Aufgabe in dieser Region an. Von 1992 bis 1996 unterstützte Personal und Material des Regiments UN-Waffeninspektoren bei ihren Inspektionsaufgaben im Irak.

Im Zuge der Heeresstruktur 5 musste sich das Regiment ab 1994 umgliedern. Die Stabs- und Versorgungsstaffel legte man wieder zu einer Staffel zusammen, die Fliegende Abteilung 151 und die Luftfahrzeugtechnische Staffel 152 erhielten zusätzlich je eine Stabsstaffel in der die Bo 105M (VBH) integriert wurde. Hierdurch erhielt das Regiment mit der Verbindungskomponente einen weiteren Auftrag übertragen und ein zusätzliches Hubschraubermuster. Gleichzeitig änderte sich die Unterstellung des Verbandes, denn die neu aufgestellte Heeresfliegerbrigade 3 in Mendig übernahm die Führung aller MTH-Regimenter der Heeresflieger.

Bei Einführung der Krisenreaktionskräfte (KRK) erwuchs dem Verband besondere Bedeutung sollte er doch künftig als Leitverband der MTH-Kräfte fungieren. Im November 1995 beteiligten sich Teile des Verbandes am UN-Einsatz in Bosnien.

Seit Februar 1997 war das Heeresfliegerregiment 15 verantwortlich für Aufstellung, Ausbildung und Führung einer in Rajlovac stationierten mittleren Heeresfliegertransportstaffel mit bis zu sieben CH-53G und 130 Soldaten.

Der Verband machte im Jahre 1995 von sich Reden als er maßgeblich am Umzug des Luftwaffenmuseums von Uetersen nach Berlin Gatow beteiligt war. Ganze Flugzeuge wurden unter den Rumpf der CH-53 geschnallt und per Luftfracht direkt zum neuen Standort transportiert. Ebenfalls schwierig aber um ein vielfaches wichtiger waren die Einsätze des Regimentes beim Jahrhunderthochwasser an der Oder im Jahre 1997. Bei unzähligen Tag- und Nachtflügen konnten die Besatzungen aus Rheine eine große Zahl Sandsäcke zur Stabilisierung des Deiches bereitstellen und somit einen kleinen Beitrag zum Erfolg dieser Operation beitragen. In den Jahren 1995 bis 2002 war der Verband stark beim IFOR, SFOR und KFOR-Einsatz eingebunden.

Die im Februar 2001 beschlossenen Standortentscheidungen zur umfassenden Bundeswehr-Strukturreform meinten es gut mit dem nördlichsten MTH-Verband. So erhielt das Heeresfliegerregiment 15 nach der Auflösung des Mendiger HFlgRgt 35 zusätzliche Maschinen zugeordnet. In den Folgejahren blieb es allerdings auch sehr anspruchsvoll. So galt es für den Verband den ab 2002 laufenden ISAF-Einsatz in Afghanistan maßgeblich zu unterstützen. Dieser Auftrag musste mit höchster Priorität verfolgt werden und band kontinuierlich Personal und Material. Bis zur Auflösung des Verbandes bildete der ISAF-Einsatz die Kernaufgabe des HFlgRgt 15. Am 1. Oktober 2003 erfolgte die Umbenennung in mittleres Transporthubschrauberregiment 15 »Münsterland«. Am 25. Juni 2009 wurde dem Verband mit der 84+26 die erste CH-53GE übergeben.

Es standen aber zusätzlich Hilfseinsätze auf dem Programm: So unterstütze der Verband tatkräftig beim Oderhochwasser im Jahre 2002, beim Katastropheneinsatz nach einem Erdbeben in Pakistan im Jahre 2005 und 2006, bei der Schneekatastrophe im Münsterländischen Ochtrup (2005) sowie bei einem erneuten Feuerlöscheinsatz in Andravida, Griechenland (2007).

Die ab November 2010 betriebene Neuausrichtung der Bundeswehr hatte das Ziel die Truppe konsequent einsatzfähiger zu machen und in schlankeren und vereinfachten Strukturen langfristig bezahlbar bzw. Mittel für dringend benötigte moderne Systeme frei zu machen. Die Neuordnung der Hubschrauberkräfte war ein Element dieser grundlegenden Reform. Neben dem Fähigkeitstransfer der Muster CH-53 einerseits und NH90 bzw. UH-1D andererseits spielte natürlich das Stationierungskonzept eine wesentliche Rolle. Aufgrund der modernisierten Infrastruktur machte sich der Verband in Rheine Hoffnung auf einem Weiterbestand, freilich als Teil der Luftwaffe. Die Verkündung des Stationierungskonzeptes am 26. Oktober 2011 machte aber klar, was sich schon angedeutet hatte: Die CH-53 sollen künftig in Laupheim und Holzdorf stationiert sein. Der Standort Rheine musste somit mittelfristig schließen. Ein erstes sehr trauriges Ereignis war am 7. März 2013 der Auflösungsappell und das Einrollen der Truppenfahne des mittleren Transporthubschrauberregiments 15 »Münsterland«. An diesem Tag wurde der langjährige Kommandeur Oberst Werner Salweski, in den Ruhestand versetzt. Zum 30. Juni 2013 endete die 42-jährige Geschichte des Verbandes.

In Rheine war die CH-53 viele Jahrzehnte lang im Einsatz. Mitte 2013 endet die Geschichte des mittleren Transporthubschrauberregiments 15 »Münsterland«. Allerdings betreibt das Systemzentrum 21 in Rheine eine Außenstelle und führt dort bis geplant 2018 Hauptphasen und Verwertungen von ausgemusterten CH-53 durch.

Das Heeresfliegerregiment 15 demonstrierte die außerordentliche Manövrierbarkeit der CH-53 bei einer Flugvorführung im Jahre 2001 als Teil eines Tages der Offenen Tür.

Eine CH-53G als Cabrio

Als am 8. August 1975 in der Lüneburger Heide ein Flächenbrand außer Kontrolle geriet, entwickelten sich daraus Wald- und Moorbrände, die nur schwer einzudämmen waren. Aus dem gesamten Bundesgebiet waren etwa 15.000 Feuerwehrleute mit fast 4000 Fahrzeugen und die Bundeswehr mit rund 11.000 Soldaten im Einsatz. Das mittlere Heeresfliegertransportregiment 15 wollte mit seinen neuen Sikorsky CH-53G Hubschrauber kurzfristig helfen und den Hubschrauber zum Feuerlöschen einsetzen. Kurzerhand wurde der Laderaum mit ca. 3000 Liter Wasser geflutetet und über den Bränden die Heckklappe geöffnete. Da der Rumpf nach unten hin dicht war, konnte man in der Kabine das Wasser zumindest bis zur Kante der Einstiegstür auffüllen. Das Fliegen zur Brandstelle war dann eine heikle Angelegenheit, denn das Wasser schwappte hin und her. Bis zum Brand musste der Pilot eine leichte Nose-Up Position einnehmen. Dann wurde die Laderampe geöffnet und man entließ das Wasser über dem gewünschten Ziel. Dass dieses Manöver nicht ganz ungefährlich war, zeigte ein Vorfall bei dem eine CH-53, die 84+77, beschädigt wurde. Als die Maschine mit dem Wasser in der Kabine über der Brandstelle war, nahm die Crew die Nose-Up Position ein und betätige den Laderampenwahlschalter am Overheadpanel. Doch diese ließ sich zunächst nicht öffnen und somit sammelte sich das Wasser im hinteren Bereich und die Piloten kämpften mit der Verschiebung des Schwerpunktes. Um dem entgegen zu wirken, drückten sie den Stick immer weiter nach vorne bis die Rotorblätter irgendwann so weit nach vorne geneigt waren, dass sie in die obere Verkleidung im Bereich der Heizung und nur Zentimeter über den Helmen der Piloten im Dach einschlugen. Dabei rasierten sie sämtliche Bedienelemente der Triebwerksteuerung ab. Derweil war die Laderampe aufgegangen und das Wasser entlud sich aus dem Hubschrauber. Da man mit der Maschine nicht hoch war, leitete man eine sofortige Notlandung ein, die ohne Schaden für die Besatzung ablief.

Die Maschine wurde anschließend als Außenlast an einer anderen CH-53 nach Bentlage gebracht und wieder aufgebaut. Die Restaurationsarbeiten dauerten allerdings über ein Jahr. Alle weiteren Versuche dieser Art wurden sofort abgebrochen.

Danach wurde für Feuerlöschaufgaben zunächst der QD (Quick Delivery)-Behälter von VFW entwickelt, später folgte der Smokey.

Bis zum Brand musste der Pilot wie hier bei der 84+78 eine leichte Nose-Up Position einnehmen. Dann wurde die Laderampe geöffnet und man entließ das Wasser über dem gewünschten Ziel.

Das Cabriolet vom Hauptrotor einfach »abrasiert«, das Cockpitdach.

In Rheine/Bentlage wurde die 84+77 wieder aufgebaut.

Das mittlere Transporthubschrauberregiment 25 »Oberschwaben«

Die Geburtsstunde des in Laupheim/ Oberschwaben gelegenen Heeresfliegerregimentes 25 schlug am 1. April 1971. Im Rahmen der Heeresstruktur 3 wurde aus den Laupheimer Verbänden Heeresfliegerbataillon 200 (dem II. Korps zugehörig) und Heeresfliegerinstandsetzungsstaffel 207 das mittlere Heeresfliegertransportregiment 25 gebildet. Einsatzmuster des Regimentes war die Sikorsky H-34, die auch schon zu Zeiten des Heeresfliegerbataillons 200 ihren zuverlässigen Dienst verrichtet hatte. Die Einführung der modernen Sikorsky CH-53G war allerdings schon geplant und so liefen die Vorbereitungen, wie bauliche Veränderungen am Flugplatz oder Schulung der Angehörigen, mit Aufstellung des Regimentes langsam an. Zwei Jahre später, am 3. Oktober 1973, war es dann soweit die ersten CH-53G wurden von Speyer, der Lizenzproduktionsstätte der Maschine, nach Laupheim überführt.

Mittlerweile war die noch mit einem Sternmotor betriebene H-34G nach ca. 65.000 Laupheimer Flugstunden aus dem Dienst genommen worden. Neben den Routineflügen im Bereich des II. Korps führte der Verband auch immer wieder Transport- und Hilfseinsätze im nationalen und internationalen Rahmen durch. So stellte 1976 eine Luftbrücke in das Erdbebenkatastrophengebiet um Udine in Italien den fliegerischen Höhepunkt des Jahres dar. Besatzungen des mHFlgTrspRgt 25 waren für die Versorgung der als Katastrophenhelfer eingesetzten Pioniere verantwortlich.

Das Jahr 1979 brachte im Zusammenhang mit der Heeresstruktur 4 Veränderungen für die Heeresflieger mit sich. Für das Laupheimer Regiment beschränkten sich diese aber im Wesentlichen auf die ab 1. Oktober 1979 gültig werdende Namensänderung vom mittleren Heeresfliegertransportregiment 25 hin zum Heeresfliegerregiment 25. Eine neue Qualität für die Verwendung der CH-53G bedeutet die 1982 vollzogene Einführung der Bildverstärkerbrille (BiV), die nun Nachttiefflug mit dem schweren Hubschrauber ermöglichte.

Ein außergewöhnlicher Einsatz ergab sich für das Regiment 1983, das wegen seiner alpinen Nähe geradezu prädestiniert für Einsätze in dieser fliegerisch anspruchsvollen Region ist. Eine 3,5 Tonnen schwere Forschungsplattform

Die Hubschrauber-Besatzungen hatten selten einen 8-Stundentag. Meistens endete er nach Sonnenuntergang.

Es wurde von der Firma Dornier ein Außenzusatztanksystem für den Hubschrauber CH-53G entwickelt und von VFW-Fokker als Mustereinbau in die 84+10 eingebaut. Man verlängerte dadurch die Flugzeit der CH-53G um cirka eine Stunde und 15 Minuten.
Die Erprobung dieses Außenzusatztanksystems wurde in Laupheim beim HFlgRgt 25 durchgeführt.
Ende 1979 teilte der öffentliche Auftraggeber VFW-Fokker die Entscheidung mit, das von der Firma Dornier entwickelte und in einem Musterbau erprobte Außenzusatztanksystem mit den gekürzten F-104 Außenzusatztanks aus Kostengründen nicht in die Serienhubschrauber einführen zu können. Allerdings erst im Jahr 1987 wurde die Außenzusatztankanlage aus der 84+10 wieder ausgerüstet.

Rückflug nach Laupheim bei den letzten Sonnenstrahlen.

mit kompletter Laser-Überwachungseinrichtung wurde von einer CH-53G für das Max-Planck-Institut zur Erforschung der Ozonsicht auf die 2963 m hohe Zugspitze gebracht.

Mit Zusammenbruch des Warschauer Paktes und der deutschen Wiedervereinigung standen die Zeichen der 90er-Jahre eindeutig auf Entspannung. Dies bedeutete aber für die Heeresflieger nicht weniger Aktivitäten, das Gegenteil war der Fall. Ausgelöst durch den Golfkrieg flüchteten 1991 Kurden aus dem Irak in das unwegige Bergland der Türkei und des Iran. In einer beispiellosen Aktion versorgte das Heeresfliegerregiment 25 in Zusammenarbeit mit den anderen Heeresfliegerregimentern vom 13. April bis 29. Mai ca. 250.000 Flüchtlinge.

Dabei stellten die insgesamt 110 Helfer des Verbandes den Lufttransport von ca. 800 Tonnen Hilfsgütern sicher. Noch im selben Jahr begann nach Ende des Golfkrieges für die Laupheimer ein sehr langfristiger Einsatz im Irak. Nachdem der Sicherheitsrat der Vereinten Nationen den Irak zur Offenlegung seiner Waffen- und Produktionslager verpflichtet hatte, mussten UN-Inspektoren vor Ort Überprüfungen vornehmen. Im Zeitraum zwischen September 1991 und Juli 1996 stellte das HFlgRgt 25 ständig Besatzungen, technisches Personal und Hubschrauber zum Transport der UN-Sonderkommissare innerhalb des Irak.

Die Maschinen waren dabei in der irakischen Hauptstadt Bagdad stationiert.

Daneben wurden auch Rettungseinsätze wahr genommen. Auf Bitten Griechenlands entsandte das Bundesverteidigungsministerium am 26. August 1993 fünf CH-53-Hubschrauber mit ihren Löschbehältern »Smokey« zur Waldbrandbekämpfung in das schwer zugängliche Gebiet in der Nähe von Larissa. Bis zum Ende der Aktion, ca. sechs Wochen später, absolvierten die Laupheimer Besatzungen ca. 1200 Löscheinsätze.

Im Rahmen der Heeresstruktur 5 wurde das Regiment im April 1994 umgegliedert. Die Fliegende Abteilung 251 und die Luftfahrzeugtechnische Staffel 252 erhielten zusätzlich je eine Stabsstaffel in der die Bo 105M (VBH) integriert wurde. Gleichzeitig änderte sich die Unterstellung des Verbandes, vom II. Korps nun zur neu aufgestellten Heeresfliegerbrigade 3.

Am 24. Januar 1995 erhielt der Verband als äußeres Zeichen seiner Verbundenheit mit der Bevölkerung den Beinamen »Oberschwaben« verliehen. Auch in diesem Jahr halfen Laupheimer Besatzungen wieder in Griechenland beim Löschen von Waldbränden. Diesmal waren es sechs deutsche CH-53, die von 23. bis 31. Juli in Attika ihre anspruchsvollen Einsätze flogen. Anfang Februar 1996 be-

Die CH-53GS 84+42 während einer Überführung.

Aufgrund der alpinen Nähe arbeitete das Heeresfliegerregiment 25 unter anderem eng mit den Gebirgsjägern zusammen. Hier wird ein BV206D eingehängt.

Morgenstimmung in Laupheim.

gann die Bundeswehr sich an der UN-Mission UNPROFOR (United Nations Protection Force) in Bosnien-Herzegowina zu beteiligen. Den der NATO unterstehenden IFOR-Truppen (Implementation Force) gehörten während des gesamten Einsatzzeitraums bis zu drei CH-53G des Heeresfliegerregiments 25 an.

Mit Beginn des Jahres 1997 entstand aus der IFOR die SFOR-Truppe (Stabilization Force). Bis heute sind in jedem Kontingent Soldaten in Rajlovac bei Sarajevo im Einsatz. Vom 13. bis 15. März 1997 führte die Bundeswehr mit der »Operation Libelle« ihren ersten Kampfeinsatz durch. Dabei evakuierten deutsche Truppen des SFOR-Kontingents mit Hilfe von sechs Sikorsky CH-53G, zwei davon aus Laupheim, deutsche Botschaftsangehörige und Flüchtlinge anderer Nationen aus der umkämpften albanischen Hauptstadt Tirana.

Im Juli 1997 bedrohte das Jahrhunderthochwasser der Oder weite Teile Brandenburgs. Neben vielen anderen Helfern beteiligt sich auch das Heeresfliegerregiment 25 vom 17. Juli bis 13. August mit vier CH-53G und einer Bo 105 an der Aktion. Zusammen wurden über 400 Flugstunden zur Sicherung der aufgeweichten Dämme absolviert.

Nach dem Schneechaos und diversen Lawienenabgängen in den österreichischen Alpen mussten Orte des total abgeschnittenen Paznaun-Tals im Februar 1999 aus der Luft versorgt bzw. evakuiert werden. An dieser Aktion beteiligten sich fünf Großraumhubschrauber CH-53G des Heeresfliegerregiments 25, retteten dabei 3786 Menschen und transportierten ca. 30 Tonnen Hilfsgüter.

Im selben Jahr begann für das Regiment ein neues Engagement auf dem Balkan. Nach Beendigung der Kriegshandlungen im Kosovo beteiligten sich ab Februar auch Laupheimer Soldaten und Hubschrauber an der KFOR-Truppe (Kosovo Force). Stationiert war das Kontingent zuerst auf dem mazedonischen Flugplatz Ohrid, später im kosovarischen Toplicane.

Trotz der im Frühjahr 2001 beschlossenen Truppenreduzierungen blieb das Regiment bestehen und musste sich schnell neuen Aufgaben stellen. Besonders prägend war der ISAF-Einsatz (International Security Assistance Force) in Afghanistan, Vorbereitungen dazu liefen schon im Jahre 2001 an. Von 2002 an bis zur Auflösung des Regimentes blieb dieser anspruchsvolle Einsatz die zentrale Priorität im Verband. Wichtige Voraussetzung für die Einsätze in Afghanistan war die modifizierte CH-53GS, die durch die zusätzlichen Außentanks eine deutlich höhere Reichweite erzielte. Die ersten Maschinen dieser Version konnte ebenfalls im Jahre 2002 übernommen werden. Im Jahr darauf, das mit einem besonders heißen Sommer aufwartete, mussten Angehörige des Verbandes mit ihren CH-53 bei Waldbränden auf dem Truppenübungsplatz Grafenwöhr aushelfen. In diesem Jahr endete der SFOR-Einsatz in Bosnien. Zum 1. Oktober 2003 wurde der Verband in mittleres Transporthubschrauber Regiment 25 »Oberschwaben« umbenannt. Im Rahmen des ISAF-Einsatzes überflog eine Maschine des Verbandes am 12. Februar 2004 erstmals den Hindukusch. Die Maschine landete in Termez. In diesem Jahr erreichte man schon den 1000. ISAF-Einsatzflug mit einer CH-53GS. In den Jahren 2005 und 2006 war das Regiment beim humanitären Hilfseinsatz nach Erdbeben in Pakistan mit eingebunden. Zusammen mit den Kameraden des mTrspHubschrRgt 15 aus Rheine wurden insgesamt über 1300 Hubschraubereinsätze geflogen und dabei 10.500 Passagiere sowie über 3000 Tonnen Hilfsgüter transportiert. Ein Jahr später vom 30. Juli bis 22. Dezember 2006 war das Regiment im Kongo im Einsatz. Dort sicherte die Bundeswehr die Parlamentswahlen.

Im Jahre 2007 wurden die CH-53GS des ISAF-Kommandos von Termez nach Mazar-e Sharif verlegt. Ein weiterer Feuerlöscheinsatz galt es in Griechenland durchzuführen, dabei waren drei CH-53 kurzzeitig in Andavida stationiert. Im Jahre 2009 erreichte die CH-53 in 10.000. Flugstunde in Afghanistan.

Ab November 2010 erfolgte die Neuausrichtung der Bundeswehr was u.a. zum Fähigkeitstransfer zwischen Heer und Luftwaffe im Bereich der Bundeswehrhubschrauber führte. Die Laupheimer hatten bei der schwierigen Standortentscheidung letztlich die Nase vorn und setzten sich gegen Rheine durch. Laut Verkündung vom 26. Oktober 2011 sollten die CH-53-Hubschrauber der Luftwaffe in Laupheim und in Schönewalde/Holzdorf stationiert sein. Zum 1. Januar 2013 wechselte die volle Verantwortlichkeit der CH-53 zur Luftwaffe. Um eine Übergangsphase zu ermöglichen, erfolgte die mit viel Wehmut verbundene Außerdienststellung des mittleren Transporthubschrauberregiments 25 »Oberschwaben« erst zum 30. Juni 2013.

Die 84+62 erhielt zum Jubiläum 30 Jahre Heeresflieger am 2. Juli 1994 diesen attraktiven Anstrich.

Außenlandung einer CH-53G.

Gebirgsflug mit der CH-53 bei den Heeresfliegern

Schon immer gehörte es bei den Laupheimern dazu, im Alpenraum Hochgebirgsflüge durchzuführen und wenn möglich die Gebirgstruppen zu unterstützen. Bereits Ende 1944 wurde mit der Focke-Achgelis Fa 223, einem einmotorigen Zweirotor-Hubschrauber mit einer Länge von 12,10 m von Laupheim aus die Hochgebirgserprobung bei Mittenwald durchgeführt. Dabei wurden unter anderem ein leichtes Gebirgs-Infanterie-Geschütz 18 mit Munition und Verpflegung auf den Wörnergrat in 1800 m Höhe transportiert und Landungen in 2300 m Höhe durchgeführt. Damit wurde bereits zu dieser Zeit die truppendienstliche Verwendbarkeit dieses Fluggerätes unter Beweis gestellt.

In den 60er-Jahren führten die Heeresflieger den Gebirgsflug auf der Sikorsky H-34 durch. Eine heikle Angelegenheit, denn diese kolbenmotorgetriebenen Hubschrauber waren im Gebirgen doch sehr leistungsschwach und dementsprechend auch sehr anspruchsvoll zu beherrschen, was einige Unfälle bestätigten. Das änderte sich mit Einführung der Sikorsky CH-53G im Verband ab dem Jahre 1973. Die Piloten hatten sich bereits darauf gefreut, denn das neue Muster hielt wesentlich mehr Leistung bereit. Doch zunächst war Gebirgsflug mit diesen Maschinen noch verboten, denn die militärische Führung hatte den Hubschrauber als zu groß für diese Aufgabe eingeschätzt.

Also wurde das sehr gute Verhältnis zur Mittenwalder Gebirgs- und Winterkampfschule (Geb/WiKpfS, eine zentrale Ausbildungseinrichtung für die Ausbildung der Gebirgsjägertruppe) genutzt und die Notwendigkeit einer Unterstützung durch diesen neuen Hubschrauber schmackhaft gemacht. Über das 2. Korps und das Heeresfliegerkommando wurde etwas Druck aufgebaut was dazu führte, dass man sich im Rahmen der Heeresflieger ganz zögerlich wieder mit diesem Gedanken anfreunden konnte. Die ehemaligen H-34-Gebirgspiloten hatten sich für die Wiedereinführung dieser Disziplin beim HFlgRgt 25 stark gemacht. Durch Überprüfungen vor Ort konnte festgestellt werden, dass die meisten H-34-geeigneten Landeplätze sich auch für die dreimal so schweren und viel größeren (max. Startgewicht H-34 ca. 6,1 Tonnen, CH-53G ca. 19 Tonnen) CH-53G eignen würde.

Vom Regiment wurde schließlich eine solche Gebirgsflugnotwendigkeit mit der CH-53 anerkannt. Der nächste Schritt war nun die Konzipierung der Ausbildung. Von den

Der Gebirgsflug zählt zu den anspruchsvollsten Aufgaben der CH-53-Besatzungen.

ehemaligen H-34 Gebirgspiloten, jetzt im Besitz der CH-53-Lizenz auf dem Muster, wurden fünf ausgewählt ein maßgeschneidertes Ausbildungsprogramm zu erstellen und durchzuführen.

Das definierte Ausbildungsprogramm wurde anschließend mittels Abfliegen bei unterschiedlichsten Wetterbedingungen und Jahreszeiten durch alle fünf Piloten validiert. In den Jahren 1975 und 1976 begann sukzessive die Gebirgsfliegerei mit der CH-53G. Immer öfter wurden die Hubschrauber von Bedarfsträgern angefordert und mehr und mehr Piloten wurden für diese spezielle Aufgabe ausgebildet. Mittlerweile gab es eine ganz offizielle Gebirgsflugausbildung mit Abschlussprüfung (Gebirgsflugberechtigung CH-53, Gebirgsfluglehrberechtigung CH-53), die beim HFlgRgt 25 in Laupheim und nicht wie üblich bei der Heeresfliegerwaffenschule (HFlgWaS) in Bückeburg durchgeführt wurde.

Das Ausbildungsprogramm

Abweichend zu den normalen kommen im Gebirge leicht geänderte Hubschrauberverfahren zur Anwendung. So wird z.B. bei der Ausbildung sehr viel Wert gelegt auf Leistungsberechnung, Wetterkunde und Gegebenheiten im Gebirge. Wichtig beim Gebirgsflug ist auch, dass der Bordtechniker vorn im Cockpit die Triebwerksleistungen und Leistungsgrenzen, Abgastemperatur, Drehmoment bei Start und Landung anzusagen hat. Zusätzlich werden Bordtechniker an der Heckrampe und/oder an der Einstiegstür benötigt. Diese Besatzungsangehörigen prüfen laufend den Abstand zum Boden und achten auf mögliche Hindernisse im Landebereich und informieren die Piloten via Interkom. Zur Vorbereitung auf die Einsätze im Balkan oder Afghanistan wurde eine Gebirgsflugeinweisung für alle Piloten eingeführt.

Versorgungsflug mit Hindernissen

Jahrelang gehörte es zur Aufgabe des HFlgRgt 25, Heeresbergführer und Bergführeranwärter ins italienische Valgrisenche zu fliegen. Hauptmann a.D. Christian Winter hatte bei einem solchen Flug ein Erlebnis besonderer Art:

»Wir waren Anfang März in ein Seitental im italienischen Aostatal in den italienischen Alpen eingeflogen um die Versorgung unserer Heeresbergführer auf der Hütte Rifugio Mario Bezzi sicherzustellen.

Der Schnee lag noch meterhoch und wir hatten unsere CH-53 voll bepackt mit 26 Heeresbergführern und Ausbildern mit allerlei Ausrüstungsgegenständen und Lebensmitteln im Laderaum. Um nach der Landung nicht soweit im Tiefschnee von der Hütte entfernt zu sein, waren wir immer so nah wie möglich an die Berghütte heran geflogen. Diese Unterkunft war für die Bergführer optimal ausgestattet, unter anderem auch mit einer Funktelefonanlage, mit der man auch nahe am Fels nach Hause telefonieren konnte. Dafür verfügte die Hütte genau auf der Giebelseite über einen Antennenmast mit Richtfunkanlage.

Behutsam nahm ich den »Pitch« nach unten um den Hubschrauber sanft in den Tiefschnee zu setzen. Doch merkte ich, dass der Schnee sehr weich war und die Maschine zur Seite wegrutschen würde. Also zog ich den »Pitch« wieder nach oben und versuchte sie etwas nach rechts zur Hauswand hin zu setzen. Der Bordmechaniker zählte die noch verbleibenden Meter rückwärts und da krachte es ohrenbetäubend und schwarze Teile flogen durch die Luft und verschwanden in großer Entfernung im Schnee.

Was war passiert: In der gleißenden Sonne und dem Schnee hatte sich der Bordmechaniker bezüglich dem Abstand zum Antennenmast ein wenig verschätzt und so hatten wir mit den Blattspitzen den Mast getroffen. Dieser war im Schnee verschwunden und auch die Rotorendkappen hatten sich verselbstständigt. Wir konnten den Hubschrauber etwas zur Seite bewegen, um ihn dann doch sicher neben der Hütte in den Schnee abzusetzen.

Nun mussten wir unseren Schaden erst einmal begutachten. An einen Blattwechsel hier oben war gar nicht zu denken! Wenn wir den Hubschrauber bis zur Schneeschmelze stehen lassen würden, bestände die Gefahr des Abrutschens und eines Totalverlustes.

Zwischenzeitlich hatte unser Bordmechaniker die Hauptrotorblätter unter die Lupe genommen. Zwar waren die Blattspitzen abgetrennt, aber der Druck innerhalb der Blätter war konstant geblieben. Die BIM-Druckanzeige zeigte Weiß, so dass der Stickstoff innerhalb der Blätter noch nicht entwichen war. Also waren die Hauptrotorblätter im Kern noch in Ordnung.

Die ganze Hubschrauberbesatzung fand sich nun zusammen, um eine Entscheidung für oder gegen einen Rückflug zu treffen. Es war eine Selbstverständlichkeit, dass man bei schwierigen Entscheidungen die komplette Besatzung um ihre Meinung fragte und diese nicht alleinig vom Kommandanten getroffen wurde.

Alle waren damit einverstanden die CH-53 in den Schwebeflug zu bringen, schauen wie sie reagiert, wie und wann Vibrationen auftreten um sie dann ganz langsam an einen anderen Platz für eine Reparatur zu bewegen.

Nachdem die ganze Fracht ausgeladen war, begannen wir den Flug vorzubereiten. Die Triebwerke liefen rund, keine Abnormalitäten waren auf den Instrumenten zu erkennen, jeder hatte seine Position inne, der Rotor fing langsam an zu drehen und ohne Vibrationen erreichte auch er seine Drehzahl.

Ich ließ die Maschine schweben und bewegte sie ganz langsam. Da waren wir auch schon über der Schlucht. Etwas unterhalb, die Schlucht hatte sich zu einem Gebirgstal geweitet, breitete sich ein großes Schneefeld aus und da bewegte ich den Hubschrauber in 2100 m Höhe drauf zu, denn sollte doch etwas passieren, wäre eine Notlandung möglich gewesen. Und dann wie eine Erlösung, wir fliegen. Alle nicken übereinstimmend, waren einverstanden weiter zu fliegen. Durch den Übergangsauftrieb mit 45–50 Knoten, sie fliegt mit 60 Knoten ja sehr gut. So flogen wir behutsam aus dem Tal heraus. Nach 20 Minuten erreichten wir Aosta. Hier war unsere Außenstation, ein kleiner Flugplatz des italienischen Militärs, wo wir dann eine perfekte Landung hinlegten. Was wir nicht hören konnten waren die lauten Pfeifgeräusche, die der Hubschrauber von sich gab. Wir kamen mit einer Geräuschkulisse angeflogen, die alle am Boden in die Flucht trieb.

Unser Hubschrauber erhielt im Aostatal sechs neue Rotorblätter, die man am nächsten Tag aus Deutschland eingeflog. Bei der nächsten Gelegenheit brachten wir für den Hüttenwirt einen neuen Antennenmast und die benötigten Einzelteile wieder mit. Anschließend wurde alles wieder feinsäuberlich repariert.

Der Unfall am Graustock

Es war Freitag der 28. November 2008. Seit über einer Woche absolvierten zwei Hubschrauberbesatzungen des HFlgRgt 25 von Alpnach aus in der Zentralschweiz mit ihren Sikorsky CH-53G Gebirgsflugtraining. Zwei Piloten hatten die gesteckten Ziele erreicht und konnten schon am frühen Morgen den Rückflug in die Heimat antreten. Die zweite Besatzung musste an diesem letzten Tag noch einmal einen Trainingsflug westlich des 2662 m hohen Graustocks im Kanton Obwalden absolvieren. Ziel der Übung war das Anfliegen und Landen auf einem Hochplateau nur mit dem Bugfahrwerk (Bugradlandung). Ein Landeverfahren bei der es darum geht Personen über

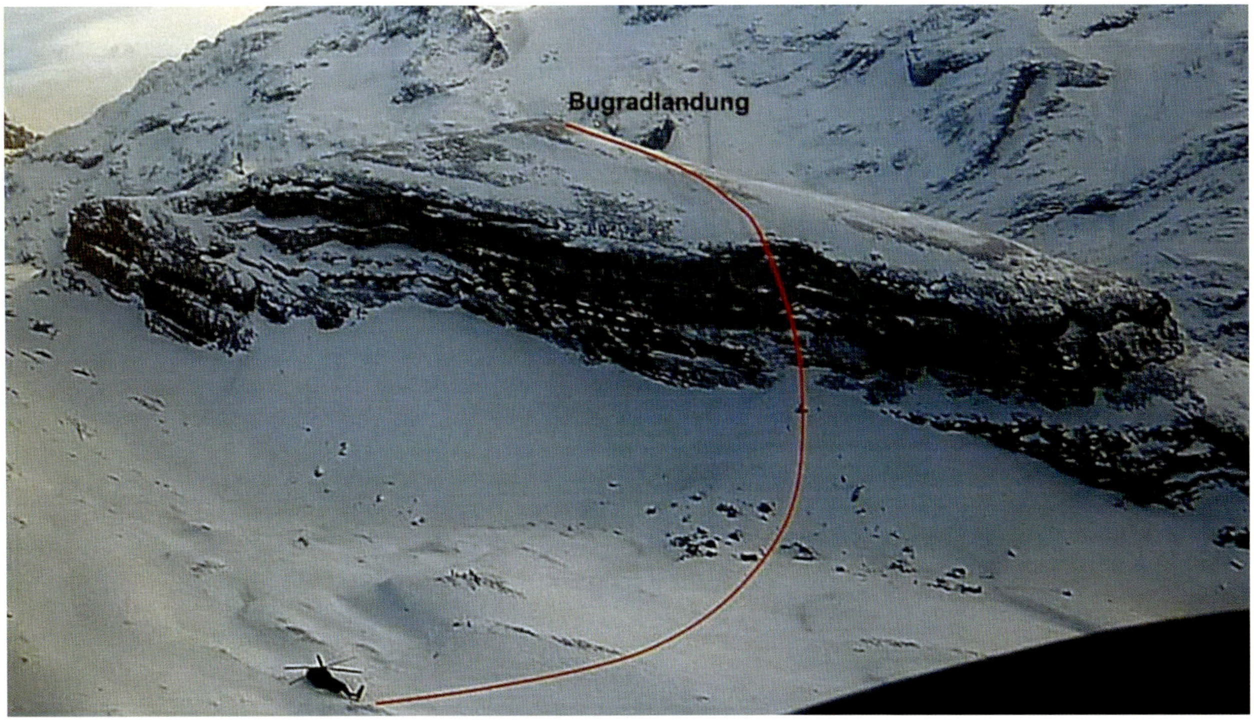

28. November 2008 in Nähe des Graustocks im Kanton Obwalden: Der Verlauf zeigt den Punkt des harten Aufsetzens, das Abrutschen, das kurzzeitige Abheben, das Taumeln und die gegen den Berg gerichtete harte Landung der 84+36. Glücklicherweise passierte nicht noch mehr.

Nach dem Unfall lag die Maschine ganz friedlich im Tiefschnee. Das Rumpfhinterteil war abgeknickt und im Innenraum hatten die starken Vibrationen und die harten Aufschläge ihre Spuren hinterlassen.

die vordere Tür einsteigen zu lassen. In den Bergen ist es immer möglich, dass das Wetter in sehr kurzer Zeit umschlägt. So geschah es auch an diesem Tag: Es war 10:23 Uhr, als der Pilot feinfühlig die Maschine mit dem Bugrad aufsetzen wollte. Ein stark einsetzender Föhnwind drückte die Maschine allerdings unvermittelt nach unten, sodass das Bugrad auf einem Fels aufschlug. Nicht mehr manövrierbar und durch starke vertikale Schwingungen durchgeschüttelt, kippte die Maschine nach vorn in den Schnee und rutsche 300–400 m einen Hang hinunter. An einer Bruchkante hob der Hubschrauber noch einmal ab taumelte weiter nach unten und kam dann nach ca. 500 m gegen den Berg gerichtet in 2300 m Höhe im Tiefschnee zum Stehen. Bei dem Aufprall verletzte sich ein Bordmechaniker mittelschwer. Der Unfall wurde sofort über die Schweizer Luftwaffe der Schweizer Rettungsflugwacht REGA gemeldet und so konnte der Verletzte in ein Hospital geflogen werden. Die anderen fünf Besatzungsmitglieder, zwei Piloten und drei weitere Bordmechaniker, blieben zum Glück unverletzt. Der Unfall wurde auch sofort dem General Flugsicherheit der Bundeswehr zur Kenntnis gebracht und in Zusammenarbeit mit der Schweizer Luftwaffe untersucht. Leider war eine rasche Bergung der Maschine bei den gegebenen Witterungsverhältnissen nicht möglich und verzögerte sich bis nach der Schneeschmelze.

Die Bergung der 84+36

Erst im Sommer des darauffolgenden Jahres konnte die Bergung des Wracks der 84+36 in 2300 m Höhe starten. Dazu begannen am 22. Juni 2009 Spezialisten des HFlgRgt 25 aus Laupheim und aus der Schweiz die verbliebenen Teile des Rumpfes für den Abtransport mit einer CH-53G nach Alpnach vorzubereiten. Von hier aus sollten die Teile dann per Straßentransport nach Laupheim überführt werden.

Für dieses Unternehmen hatten sich die Piloten Fluglehrer Hauptmann Michael Maly, Fluglehrer Hauptmann Manfred Lang und Hubert Lang, der am Unfall beteiligte Bordtechniker, zur Verfügung gestellt.

Für Hauptmann Maly war es der prägendste CH-53 Flug seiner gesamten Laufbahn:

»Nun wurde es endlich Zeit das Hubschrauberwrack zu bergen, denn es lag unweit einer Berghütte und über den Winter hatten Bergwanderer oder Skifahrer viele Teile aus dem Hubschrauber entfernt oder es sich in der verbliebenen Kabine »gemütlich« gemacht. Wir beim HFlgRgt 25 hatten uns zwischenzeitlich Gedanken über die Bergung des Wracks gemacht und kamen zu dem Ergebnis, zuerst alle nur möglichen abbaubaren Teile zu entfernen und diese ins Tal zu bringen (Triebwerke, Anbauteile, Getriebe, Rotorkopf, Rotorblätter usw.). Schließlich sollte die Restzelle als Außenlast nach Alpnach geflogen werden.

Das Schweizer Militär hatte über den Winter mit Super Puma oder Alouette III immer wieder Flüge zur Absturzstelle durchgeführt, um z.B. noch vorhandenen Kraftstoff oder Schmieröle abzupumpen. Auch musste der Rumpf vor einem Abrutschen gesichert werden. Wir hatten die Firma Eurocopter mit einbezogen, um eine Vorstellung zu bekommen, mit welchen Zuglasten wir beim Heben einer solchen Außenlast zu rechnen hätten. Die Schätzungen von Eurocopter lagen für die Restzelle (ohne Rotoren und Heckausleger) bei einem Gewicht von ca. 2-2,5 Tonnen. Wir konnten nach unseren Berechnungen in dieser Höhe 3,8 bis maximal vier Tonnen, je nach Temperatur und Witterungsbedingungen, heben.

Nun begannen wir mit den Vorbereitungen das Wrack am 26. Juni 2009 aus dem bergigen Gelände zu bergen. Uns als Besatzung war schon klar, dass der Abtransport mit einigen Risiken verbunden sein würde. Es gab nur einen Versuch nach dem Anhängen der Last von dieser Stelle weg zu kommen. Es gab keinen Weg zurück, denn der Rumpf lag auf einer Felskante und die Gefahr eines Abrutschens bestand permanent, zumal die Taue zum fixieren am Boden gelöst werden mussten. Mit allen Helfern der Bodenmannschaft hatten wir vereinbart, dass nach dem Anheben auf ca. 5 m Höhe erst einmal von unten nachgeschaut werden sollte wie die Bodenbeplankung überhaupt aussieht, welche Teile sich gegebenenfalls lösen und ob wir überhaupt den Weiterflug wagen können.

Durch den harten und schneereichen Winter konnte erst im Frühjahr 2009 mit der sukzessiven Bergung begonnen werden. Zuerst hatte man aus der Maschine das 1,7 Tonnen wiegende Hauptgetriebe mit dem Rotorkopf getrennt und am 21. April 2009 mit der 84+58 nach Alpnach geflogen. Die Bergungsmannschaft hierbei v.l.n.r: Feuerwehrmann Harald Feucht, Feuerwehrmann Markus Schmidt, oben: Hauptfeldwebel Alexander Hansen, unten: Hauptgefreiter Mayerhofer, Hauptfeldwebel Manfred Selb (in Kombi), Hauptfeldwebel Ken Lohmann (†), Hauptfeldwebel Manuel Geiß, Major Ingo Engels (Bergeoffizier, hat die gesamte Bergung geleitet), Stabsunteroffizier Arne Benkert, Hptm Michael Maly (Pilot), Hptm Jürgen Baur (Koordinator zur Schweizer Luftwaffe), Hptm Manfred Lang Kommandant, Stabsfeldwebel Lars Hinrichs Bordmechaniker, Stabsfeldwebel Horst Mohr, Bordmechaniker.

Es war Freitag Morgen als wir bei schönem Wetter unsere CH-53G (84+32) über dem Rumpf der 84+36 positionierten und unsere Helfer mit dem vorbereitenden Transportgeschirr von 35 m Länge die Last an unserem Hubschrauber befestigten.

Doch nun kam alles ganz anders. Tatsächlich und ganz entgegen unseren Kalkulationen und den Berechnungen hatte die Zelle ein Gewicht von über vier Tonnen.

Nun mussten wir mit unserem Hubschrauber mit diesem Gewicht aus der Bewegung heraus starten, was auch unserem Plan B entsprach. Damit waren wir auch gezwungen mit unseren Triebwerken an deren Leistungsgrenze zu gehen. Alle Anzeigen standen am »Take-off Limit«.

Doch konnten wir keine Fahrt aufnehmen, denn die stark verformte Außenlast an ihrem 35 m langen Gehänge bewegte sich wie ein langes Pendel hin und her und machte überhaupt keine Anstalten, ihrem Transporteur den Flug etwas leichter zu machen. Ganz im Gegenteil: bei Aufnahme der geringsten Fahrt arbeitete die Last dagegen. Bei früheren Flügen mit einer Zellenaußenlast hatte man die Zelle so vorbereiten können, dass es aerodynamisch keine Probleme gab und diese im Fluge ruhig den Flugbewegungen des Hubschraubers folgte. Nun war es ganz anders. Hier oben war die Luft viel dünner und von unserem Hubschrauber aus lag ein sehr starker »Down wash« auf der Last, die den Flug noch sehr viel schwieriger machte.

Zuerst versuchte ich nun langsam wieder zu sinken, nur minimal, denn bei nur 10 oder 15 Knoten Fahrt kann man natürlich einen 3° Sinkwinkel haben, der aber eine kaum ablesbare Sinkrate aufweist. Doch nun begann die Maschine so stark zu vibrieren, dass man keine Instrumente mehr sehen, geschweige denn ablesen konnte. Durch diese hochfrequenten Vibrationen flogen uns diverse Einschalt- und Betätigungsknöpfe entgegen.

Wir konnten weiterhin keine Fahrt aufnehmen, da der angehängte Rumpf wie ein Pendel wirkte. Auch ein leichtes Sinken war nicht möglich und so bewegten wir uns »hovernderweise« Richtung Alpnach. Nun mussten wir aber trotzdem versuchen die Maschine in einen Sinkflug zu bekommen, denn nur mit »hovern« war der Flug mit kalkulierten 35 Minuten Flugzeit und dem hohen Kraftstoffverbrauch bei 2800 Pounds Fuel Flow Maximum für beide Triebwerke nicht zu schaffen. Normalerweise hätten wir im langsamen, kontinuierlichen

Der Rumpf ist gegen das Abrutschen gesichert. Die Bergemannschaft bereitet nun alles für den Abtransport vor. Im Hintergrund noch einmal gut zu erkennen, die Abbruchkante auf die der Hubschrauber von der Bergspitze nach unten schlitterte, dann noch einmal abhob, taumelte und dann sehr hart gegen den Berg gerichtet aufsetzte.

Sinkflug über das Melchtal Alpnach erreicht. Das aber gelang uns mit unseren 10 bis 15 Knoten überhaupt nicht.

Am Himmel kündigte sich weiteres Unheil an. Das Wetter schlug unvermittelt um und wir kamen direkt in ein starkes Gewitter. Ohne es beeinflussen zu können, rissen die Gewalten uns auf und ab. Gott sei Dank konnten wir dadurch reichlich Höhe verlieren, denn wir hatten zwischenzeitlich den Flugplatz von Alpnach erreicht, waren aber noch knapp 1800 m hoch über Grund. So schnell wie unser starker Sackflug begonnen hatte, so schnell endete er auch wieder und beide Maschinen flogen plötzlich relativ normal.

Unser Plan C, falls der Kraftstoff nicht gereicht hätte, war ein kontrollierter Lastabwurf in einen Steinbruch nahe Alpnach um nicht die vielen verstreuten Bauerhöfe in der Umgebung des Flugplatzes zu gefährden. Gott sei Dank blieben wir davon verschont.

So wurde der Cockpitbesatzung bei diesem Gewitterflug mit seiner außergewöhnlichen Außenlast alles nur Erdenkliche abverlangt. Starke Böen schüttelten den Hubschrauber durch, sodass man den Stick nur mit beiden Händen halten konnte. Die Arbeitsteilung im Cockpit sah so aus, dass Manni mit beiden Händen

Am 26. Juni 2009 begann die Bergung des Wracks. Es war Freitag morgen als Pilot Hauptmann Michael Maly bei schönem Wetter seine 84+32 über dem Rumpf der 84+36 positionierte und die Bergungsmannschaft das vorbereitete Transportgeschirr von 35 m Länge an der Last befestigte.

Mit äußerster Vorsicht beginnt der Pilot den Rumpf der 84+36 anzuheben und ihn in eine stabile Fluglage zu bekommen, was nicht einfach war.

die eine Achse und ich mit beiden Händen die andere Achse steuerte.

Doch auf einmal war alles wieder wie weggeblasen. Binnen kurzer Zeit hatte sich das Wetter beruhigt, es regnete zwar noch, doch wir hatten den Flugplatz Alpnach erreicht und uns gelang sogar noch ein »Bilderbuchlandung« vor laufenden Kameras. Das Absetzen der Last, die Landung, alles war perfekt doch wir konnten das Erlebte noch lange nicht vergessen. Auf der anderen Seite des Flugplatzes zogen wir uns schweißgebadet in einen alten Shelter zurück, suchten uns eine Sitzgelegenheit und waren erst einmal damit beschäftigt den Flug zu verarbeiten.«

Das Wetter war umgeschlagen und kräftige Regenschauer begleitete die Landung auf dem Flugplatz in Alpnach.

Geschafft!

Das Heeresflieger-regiment 35

Die Wiege der Heeresflieger nach dem Kriege steht in Niedermendig, dem ersten Standort der fliegenden Truppengattung des Heeres. Am 7. Januar 1957 übernahm Major Ebeling, ein Heeresflieger der ersten Stunde, das von Franzosen genutzte Flugfeld. Nach einigen anderen Verbänden war Niedermendig ab November 1962 Heimat des mit der doppelrotorigen Vertol V-43 (H-21C) ausgerüsteten Heeresfliegerbataillons 300. Dieser Verband war dem III. Korps in Koblenz unterstellt.

Die geplante Einführung der CH-53G führte zu weit reichenden Änderungen der Verbands-Organisationsstruktur: So wurde das Bataillon zum Regiment aufgewertet, das, ähnlich den Luftwaffengeschwadern, über eingegliederte Technik- und Versorgungsstaffeln verfügen sollte. Zum 1. April 1971 ging aus der 2. und 3. fliegenden Staffel des Heeresfliegerbataillons 300 sowie aus der Heeresflieger-Instandsetzungsstaffel 307 der neue Verband mit der Bezeichnung mittleres Heeresfliegertransportregiment 35 (mHFlgTrspRgt 35) hervor. Schon im Vorfeld war die Infrastruktur in Mendig (ab Juni 1969 bildete Ober- und Niedermendig die Stadt Mendig) massiv angepasst worden. Rund 60 Mio. DM flossen in diverse Hallen, Unterkünfte, Tower, Stabsgebäude usw. Der Rheinland-Pfälzer Verband sollte als erster auf den modernen Hubschrauber von Sikorsky umrüsten.

Am 27. Februar 1973 war es dann soweit, in Mendig erfolgte die Übergabe der ersten zwei Truppenmaschinen (84+22 und 84+23). Jetzt galt es in möglichst kurzer Zeit ein neues, gänzlich anderes Waffensystem zu integrieren, eine besondere Herausforderung nicht zuletzt für die Technik die überwiegend Neuland betreten musste. Doch auch die Besatzungen, nun aus Pilot, Copilot und Bordwart bestehend, mussten sich an ihre neuen Aufgaben gewöhnen.

Drei Jahre nach der Einführung des Musters kam auf Grund des verheerenden Waldbrandes in Niedersachsen ein Großeinsatz auf das mHFlgTrspRgt 35 zu. Bis zu zwölf MTH (mittlerer Transporthubschrauber) waren hierbei im Rettungs- und Löscheinsatz.

Zum 1. Oktober 1979 erhielt das Regiment im Zuge der Heeresstruktur 4 mit Heeresfliegertransportregiment 35 eine neue Bezeichnung.

Der nächste außergewöhnliche Einsatz des Verbandes ereignete sich über zehn Jahre später, als Mendiger Soldaten 1988 zu Hilfeleistungen beim Erdbeben in Armenien, damals noch zur UdSSR gehörend, eingesetzt waren. Im gleichen Jahr erfolgte der erste Flug der Aktion »Friedensdorf«, bei der schwer verletzten afghanischen Kindern geholfen wurde. Zwei Jahre später beteiligte sich ein Kontingent des Verbandes an den Löschflügen am Heiligen Berg Athos in Griechenland. Das Jahr 1991 hielt einige außergewöhnliche Einsätze für das Heeresfliegerregiment 35 bereit. Zuerst wurden Maschinen des Verbandes für Verbindungsflüge zwischen Frankfurt, Ramstein und Nürnberg verwendet, bei denen verletzte amerikanische Soldaten aus dem Golfkrieg transportiert wurden. Außerdem begann die Operation »Kurdenhilfe«, bei der in Zusammenarbeit mit weiteren Heeresfliegerregimentern ca. 250.000 Flüchtlinge in kaum erreichbaren Bergregionen Ostanatoliens mit 800 Tonnen Hilfsgütern wie Decken, Zelten und Nahrungsmitteln versorgt wurden. Dieser Einsatz endete am 29. Mai 1991. Noch im selben Jahr erhielt das Regiment für seine herausragenden Leistungen auf dem Gebiet der Flugsicherheit einen Pokal vom Generalinspekteur der Luftwaffe übergeben.

Alt trifft Neu: Eine Vertol H-21C des Heeresfliegerbataillons 300 und das neue Muster in Mendig, die Sikorsky CH-53G. Die Maschine bedeutete einen enormen Leistungssprung.

30 Jahre Heeresflieger in Mendig, gefeiert am 25. Mai 1987.

Am 23. Mai 2000 wurde diese CH-53G des HFlgRgt 35 präsentiert. Sie zeigte eindrucksvoll wie viel Flugstunden die CH-53 bis dahin insgesamt erbracht hatte.

Weiterhin brachte das aufregende Jahr 1991 den Beginn des UNSCOM (United Nations Special Commission) Irak-Einsatzes, bei dem drei CH-53 der Heeresflieger für Transportflüge der UN-Waffeninspektoren bereitgestellt wurden. Diese Hilfe für die UN endete erst im August 1996.

In den Jahren 1993 und 1995 flog das Regiment erneut Feuerlöscheinsätze in Attika und Larrisa, Griechenland. Zwischenzeitlich hatte sich für den Verband eine organisatorische Veränderung ergeben. Im April 1994 unterstellte man im Rahmen der Heeresstruktur 5 das Regiment, vorher dem III. Korps zugehörig, der neu aufgestellten und ebenfalls in Mendig ansässigen Heeresfliegerbrigade 3.

Neben der Transportfliegerei sollte man darüber hinaus nun auch Verbindungsaufgaben übernehmen. Dazu erhielt der Verband zu seinen 33 CH-53G zusätzlich 20 Bo 105M VBH, die in einer Stabsstaffel zusammengefasst wurden.

Ab 1996 beteiligte sich der Verband am deutschen Kontingent (GEKONIFOR – German Contingent Implemenation Force) in Kroatien und später an dem sich anschließenden SFOR-Einsatz in Bosnien-Herzegowina. Ein Jahr später, im Juli 1997, verursachten anhaltende Regenfälle in Tschechien und Polen ein Jahrhunderthochwasser an der Oder. Auch das Mendiger Regiment unterstütze die Hilfe bei der von allen Regimenter und der Heeresfliegerwaffen schule bis zu 14 MTHs im Einsatz waren. Bis zum Ende der Aktion am 12. August wurden ca. 4600 Tonnen Material transportiert. Damit hatte man maßgeblichen Anteil, dass eine Katastrophe verhindert werden konnte.

Im Winter 1998/1999 beteiligte sich das Heeresfliegerregiment 35 an den Hilfsflügen der Lawinenkatastrophe im Österreichischen Galtür. Seit Sommer 1999 war das Regiment im Kosovo eingesetzt.

Trotz dieser vielen nationalen und internationalen Aufgaben, die den Verband weit über Deutschland hinaus bekannt machten, beschloss Bundesverteidigungsminister Rudolf Scharping im Rahmen der allgemeinen Truppenreduzierung die Auflösung des Heeresfliegerregiments 35. Diese im Februar 2001 getroffene Entscheidung sah vor, Personal und CH-53-Hubschrauber auf die zwei verbleibenden MTH-Regimenter zu verteilen. Im Anschluss reduzierte das Heer sukzessive den Personal- und Materialbestand des Heeresfliegerregiments 35. Der Flugplatz Mendig wurde zunächst erhalten, denn eine mit Bo 105 ausgerüstete Heeresfliegerunterstützungsstaffel blieb vor Ort aktiv. Auch die Heeresfliegerbrigade 3 residierte vorerst weiter in Mendig. Zum 25. Juni 2004 stellte das Heeresfliegerregiment 35 offiziell seinen Betrieb ein. Allerdings war der Heeresfliegerbrigade 3 keine lange Existenz mehr beschieden, denn dieser Kommandoverband wurde zum 31. Dezember 2007 aufgelöst. Die zugehörigen Heeresfliegerverbände waren schon zum 1. Januar 2007 der Division Luftbewegliche Operationen (DLO) unterstellt worden. Mit Auflösung der Heeresfliegerbrigade 3 fand der Betrieb auf dem traditionsreichen Flugplatz Mendig ebenso ein Ende. Zum 30. Juni 2008 wurden die Dienstflaggen am Standort eingeholt und die Bundeswehr schloss den Flugplatz endgültig.

Morgenstimmung auf dem idyllisch gelegenen Flugplatz Mendig in der Nähe von Koblenz.

Spezialaufträge

Hubschrauberjagd, Alpha Jet vs. CH-53G

Anfang der 80er-Jahre, als die Kampfkraft des Warschauer Paktes durch den neu eingeführten sehr leistungsstarken Kampfhubschrauber Mil Mi-24 Hind Kampfhubschrauber für den taktisch operativen Bereich gesteigert werden konnte, gab es innerhalb der NATO weder Kampfhubschrauber, noch qualitativ und quantitativ ausreichende Mittel dagegen. Die Luftverteidigung der NATO, die sich über 1000 Hinds konfrontiert sah, musste somit entsprechende Strategien zur Abwehr entwickeln. Die Einführung des Waffensystems Alpha Jet eröffnete diesbezüglich Möglichkeiten, doch musste zunächst die Effektivität validiert und die speziellen Verfahren erarbeitet werden. Somit wurde ein entsprechender Truppenversuch angeordnet.

Im Oktober 1980 erhielt das Jagdbombergeschwader 49 und dessen ATV-Gruppe (ATV, Auswertung, Truppenversuch und Vorschriften) den Auftrag bezüglich einem Truppenversuch »Hubschrauberbekämpfung«. Die theoretischen und praktischen Untersuchungen sollten zeigen inwieweit die besonderen aerodynamischen Fähigkeiten des Alpha Jet im Tiefflug in Verbindung mit der 27 mm-Bordkanone in erfolgreiche Einsätze gegen Kampfhubschrauber des Warschauer Pakts umgesetzt werden konnten und zwar:

- Welcher Ausbildungsaufwand ist für diese spezielle Aufgabe erforderlich
- Wie muss die Führungsorganisation beschaffen sein
- Welche Einsatzvoraussetzungen gilt es bei den Alpha Jet-Verbänden zu schaffen

Die Sikorsky CH-53G der Heeresflieger schlüpfte aufgrund ihrer vergleichbaren Größe, Geschwindigkeit und Agilität beim Truppenversuch in die Aggressorrolle eines vermeintlichen Angreifers und simulierte die Mi-24 Hind.

Der Truppenversuch gliederte sich in vier Phasen:

- Phase I: Entwickeln von Angriffsverfahren und Taktiken sowie eine möglichst einsatznahe Erprobung dieser Verfahren in den vorhandenen 250 Fuß Tieffluggebieten gegen CH-53G der Heeresflieger mit Auswertung der Alpha-Jet-Schießfilme.
- Phase II: Bestätigung der gewonnenen Erfahrungen durch scharfes Schießen auf ein Schleppbanner.
- Phase III: Modell-Lehrgang Hubschrauberbekämpfung um Mindestvoraussetzungen und Programmumfang festzulegen.
- Phase IV (war nur in der Planung und wurde nicht umgesetzt): Einsatz mehrerer Alpha Jets gegen einen Hind-Schwarm (simuliert durch vier CH-53G) im Rahmen einer Übung unter Nutzung vorhandener Führungseinrichtungen.

Von Seiten der Heeresflieger sollte das HFlgRgt 25 in Laupheim unterstützen, das geografisch nah zu Fürstenfeldbruck, Heimat des JaboG 49, gelegen ist. Dadurch war eine enge Absprache und Koordination möglich und auch die An- und Abflugwege waren überschaubar kurz.

In dem ebenfalls in dieser Reihe und beim Motorbuch Verlag erschienenen Band »Alpha Jet« werden diese Einsätze aus der Sichtweise der Alpha Jet-Besatzung geschildert. Hier sollen nun die gemachte Erfahrungen von Hauptmann a. D. Christian Winter, einem erfahrenen CH-53-Pilot des ehemaligen HFlgRgt 25 in Laupheim, dargestellt werden.

Für das gesamte Übungsprogramm hatte man einen Luftraum eingerichtet, der vom Nördlinger Ries bis Eichstätt reichte. Die nördliche Grenze stellte das Nördlinger Ries dar, die südliche Grenze Harburg. Als Westbegrenzung galt Nördlingen sowie die ganze Strecke über Wemding, Solnhofen bis nach Eichstätt als östliche Begrenzung. Hier war ein reservierter Raum (Box) eingerichtet, der auch mittels NOTAM (Notice to Airmen) veröffentlicht wurde und der während der Übung für andere Luftfahrzeuge gesperrt war.

Die einzelnen Phasen waren nochmals unterteilt:
In der ersten dieser drei Phasen hatte die Hubschrauber-Besatzung die Aufgabe innerhalb der »Box« eine festgelegte Route von Ost nach West oder umgekehrt zu fliegen (es war immer nur ein Hubschrauber an der Übung beteiligt). Der Auftrag des Alpha Jet-Piloten lautetet nun ein so genanntes Cap Pattern (Suchflug) durchzuführen. Der Jetpilot kannte also genau den Flugweg der CH-53G und sollte den Hubschrauber von oben gezielt erfassen. Im Mittelpunkt der Tests stand, ob der Alpha Jet-Pilot die Maschine überhaupt visuell auffassen konnte. Daraus ergaben sich schon die ersten Erkenntnisse, denn die Alpha Jets hatten immer wenn die Hubschrauber über Wald flogen, sich also vor einer dunklen Kulisse bewegten, Probleme diese zu erkennen.

Gemeinsamer und entspannter Rückflug nach getaner Arbeit. Doch davor lagen nervenaufreibende Abfangmanöver.

Anfänglich waren die CH-53-Besatzungen noch der Meinung, das Fliegen in Bodennähe, mit hoher Geschwindigkeit und im Konturenflug über die Landschaft wäre eine Garantie, sich die Alpha Jets vom Leibe zu halten, doch diese Art des Fliegens führte dazu, dass sich der drehende Rotor, ähnlich einer Scheibe, ständig im Sonnenlicht spiegelte und den Hubschrauber dadurch verriet. Je unruhiger geflogen wurde, umso auffälliger waren sie für die Alpha Jets. Wenn der Hubschrauber hingegen auf einem geraden Strich über dunklem Wald flog, hatte der Alpha Jet-Piloten Mühe ihn von oben aus zu finden.

Der nächste Schritt war nun den Angriff auf den Hubschrauber mit zwei Alpha Jets durchzuführen. So durchflog die eine Maschine die Box von Ost nach West und die zweite von West nach Ost. Nach einem Erkennen des Hubschraubers konnte immer ein Alpha Jet hinter dem Hubschrauber den Angriff ansetzen. Also wurde die Luftraumbeobachtung verstärkt. Der Bordmechaniker mit Stehhaltegurt gesichert, beobachtet durch die geöffnete Laderaumklappe den Luftraum nach hinten. An der Seitentür konnte er die obere Hälfte nach oben klappen und hatte so freie Sicht zur Seite. So konnte sich der Bordmechaniker im Laderaum frei bewegen und hatte freie Sicht nach allen Seiten. Dies war aber nur möglich solang die Maschine gerade aus flog in der ersten Phase das normale Einsatzprofils.

Derweil setzte sich die Erkenntnis durch, dass die Hubschrauberpiloten auch über die Entscheidungsfindung der Alpha Jet-Piloten, auch um sich selbst zu schützen, Bescheid wissen mussten. Also entschied man sich dazu die Besatzungen zu mischen. Zur Vorbereitung auf diese Aufgabe mussten die Hubschrauberpiloten, es waren bis zu sechs erfahrenen Hubschrauberführer, ein sog. Jet Passenger-Training absolvieren, um im Alpha Jet mitfliegen zu dürfen. Zum gemeinsamen Briefing und zur Vorbesprechung flog man früh morgens mit drei Piloten nach Fürstenfeldbruck (zwei Piloten waren für die CH-53 vorgesehen, der dritte Pilot stieg in den Alpha Jet mit ein). Ein Alpha Jet-Pilot dagegen begleitetet den Übungsflug im Hubschrauber. Im Alpha Jet saß nun auf dem hinteren Sitz ein Hubschrauber-Pilot, der Alpha Jet-Pilot saß vorne im Hubschrauber auf dem Bordmechaniker-Sitz. Die Bordmechaniker selbst waren damit beschäftigt, den Luftraum an der Heckklappe oder der Seitentür zu beobachten. Von nun an gab es immer diese gemischten Besatzungen.

Nach der ersten Phase folgte eine zweite Phase die darin bestand mit der CH-53 in die Box aus einer nicht bekannten Richtung einzufliegen. Die nun immer zu zweit angreifenden Alpha Jets mussten ganz aktiv den Hubschrauber suchen in der Hoffnung, dass er sich durch hastige Bewegung verriet. Für die Hubschrauberbesatzung hieß dies dunkler Wald und möglichst gradlinige Bewegung. In dieser zweiten Phase dauerte es natürlich viel länger den Hubschrauber ausfindig zu machen. Doch nun folgte die dritte und schwierigste Phase, zumindest für die Hubschrauber-Besatzungen, in der sich die Hubschrauberbesatzungen als Hind-Simulator aktiv zur Wehr setzen sollten. Zwar führte die CH-53G keine Waffen mit, doch als Hind (dieser Kampfhubschrauber war mit einer Kanone bestückt) musste man zumindest eine Abwehr simulieren. Dies führte dazu, dass es dann zu Luftkämpfen Alpha Jet gegen Hubschrauber kam. Als erstes Ergebnis zeigte sich, dass der 19 Tonnen Hubschrauber, der eine Länge von fast 27 m und einen Rotordurchmesser von fast 22 m besitzt, im Moment der Erkennung sofort aktiv Gegenmaßnahmen einleiten und dem Jet den Weg abschneiden musste. Für diese Manöver hatte man bestimmte Beschränkungen, die dem Hubschrauber auferlegt waren, außer Kraft gesetzt. So wurde die ursprünglich von 170 Knoten auf 130 Knoten reduzierte Geschwindigkeit wieder aufgehoben und auch eine Höhenbeschränkung gab es nicht mehr. Hauptmann a.D. Christian Winter beschrieb diese Erlebnisse als Hubschrauberpilot wie folgt:

»Wir sind von 10 Fuß und tiefer bis auf 10.000 Fuß geflogen, wobei uns beim Fliegen im bodennahen Bereich die dritte Dimension für die Flucht fehlte, d.h. wir mussten feststellen, wenn der Alpha Jet angreift, dann schießt er immer in einem Bahnneigungsflug, er schießt nie nach oben und im Grunde genommen auch nicht horizontal. Wenn sie herum kamen, haben die Piloten den Waffenrechner laufen lassen und in dem Moment wo das Ziel dann deckungsgleich im Head-up-Display mit der Anzeige übereinstimmte, musste der Pilot den Alpha Jet ausrichten. Bis zu drei Sekunden dauerte es, visieren und schießen. Diese drei Sekunden durften wir ihm nicht geben. Aus dieser Erkenntnis heraus haben wir die Lehre gezogen, dass wir ihm im Moment des Einkurvens den Weg verkürzen mussten. D.h. wir haben dann schlagartig den Hubschrauber herum gezogen und versucht in seine Innenkurve zu gelangen. Dabei war es wichtig in dieser Phase möglichst viel Leistung zu geben und nach oben zu ziehen. Dann waren wir auf Gegenkurs zum Alpha Jet. Er konnte jetzt nicht mehr einkurven, denn unser Radius war immer kleiner und die Steigleistung war mindestens so gut wie seine wenn wir mit Volllast flogen, denn wir waren ja immer leer. Das bedeutete für unsere Strategie, Grasnabe nur solange wir nicht erkannt waren, anschließend brauchten wir Höhe unter uns, um als dritte Dimension zu wirken.

In der nächsten Phase waren es zwei Alpha Jets die uns angriffen. D.h. zuerst haben sie uns nur mit einem Alpha Jet gejagt, da waren die Überlebenschancen 50% und mehr, doch zu zweit hatten wir schlechte Karten. In letzterem Fall führte eine Maschine den Luftkampf und die zweite wartete um diesen weiterzuführen und zu beenden. Die Überlebenschancen lagen dann bei vielleicht 10% wenn wir Glück hatten. Aber dennoch haben wir immer wieder versucht eine Position zu erreichen, in der der Angreifer nicht schießen konnte, auch wenn er direkt hinter uns war. Der Alpha Jet flog an uns vorbei und musste seinen Angriff neu ansetzten. In der Phase des »Neu-Ansetzens« haben wir die Chance genutzt uns zu »verkrümeln«. Unsere nächste Erkenntnis war, mit hoher Geschwindigkeit (bis zu 170 Knoten) zu fliegen und dann so eng als möglich auf ihn einzudrehen. Doch die Alpha Jet-Piloten hatten dann auch schon wieder eine Methode parat wie sie uns am leichtesten kriegen konnten, aber das funktionierte nur wenn sie zu zweit waren. Auch unsere Strategien wurden ständig angepasst und doch passierten Dinge, die so nicht vorhersehbar waren.«

Nach diesem Truppenversuch »Hubschrauberbekämpfung«, der von der Luftwaffe initiiert worden war, wurde von Seiten des Heeres daraus keine Lehren gezogen. Die Luftwaffe hatte für ihre Alpha Jets eine praktikable Rolle gefunden, doch für die Heeresflieger waren die gewonnenen Erkenntnisse nicht relevant. Die einzigen, die sich dafür interessierten, waren die CH-53-Piloten selbst.

Der Truppenversuch, der Anfang 1981 begonnen hatte war nach 200 Einsätzen und ca. 2000 Anflügen Alpha Jet auf CH-53 mit einem teilweise zufrieden stellenden Ergebnis für den Alpha Jet abgeschlossen worden. Die Versuche zeigt auf, dass es möglich war auf größere Distanz fliegende Hubschrauber mit zwei Alpha Jet effektiv anzugreifen. Das Versuchsprogramm wurde eingestellt, ein Einsatzauftrag wurde nicht erteilt.

Nach seinem Ende wäre das Programm auf Seiten CH-53-Hubschrauber auch mit den gewonnenen Erkenntnissen nicht mehr weiterführbar gewesen, da es fast keine Bordmechaniker mehr gab, die diese enormen Belastungen bei solchen Abfangjagden mit Luftkampf ertragen konnten. Denn durch die extremen Flugmanöver waren die Bordmechaniker – trotzdem sie mit einem Gurt gesichert waren – nicht mehr in der Lage, sich im Laderaum auf den Beinen halten. Sie lagen regelmäßig flach auf dem Boden oder krallten sich an der Decke fest. Sie hatten permanent gegen diese maximalen g-Kräfte zu kämpfen und manch einer musste sich übergeben, so dass Außenlandungen keine Seltenheit waren. Auch die eingesetzten Hubschrauber hatten ihr Belastungslimit erreicht, denn das g-Limit des CH-53 lag bei 2,3 g welches mehrmals überschritten wurde. Als Ergebnis der außergewöhnlichen Belastung zeigten sich Haarrisse im Heckrotorausleger.

Die CH-53G als Hind-Aggressor im Einsatz

Um im Verteidigungsfall gut auf die angreifenden »Hinds« vorbereitet zu sein, benötigte die Bundeswehr eigene Hubschrauber, die im Rahmen von Gefechtsübungen die Rolle der Aggressoren übernehmen sollten. Hierzu stellten zwei mittlere Heeresflieger-Transportregimenter, das mHFlgTrspRgt 25 in Laupheim und das mHFlgTrspRgt 35 in Mendig einen so genannten »Hind«-Schwarm, bestehend aus je vier CH-53G zusammen. Hauptmann a.D. Heinz Keller, ein erfahrener CH-53-Pilot des ehemaligen mHFlgTrspRgt 25 war hautnah dabei:

»Unter Hinzuziehung von amerikanischen und britischen Geheimdienstoffizieren, zu denen die ersten Einsatzgrundsätze der Hind durchgesickert waren, wurde in Mendig die Ausbildung gestartet. Dafür wurde ein CH-53G-Schwarm und in der nächsten Phase ein zweiter Schwarm in Laupheim aufgebaut. Für einen Schwarm hatte man bis zu sechs Besatzungen ausgebildet. Da sich auch das 601st Tactical Communication Wing (TCW) der US-Luftwaffe von Sembach mit ihren CH-53C an diesen Einsätzen beteiligten wollte, wurden deren Besatzungen dafür geschult. Zwei Piloten von Laupheim reisten nach Sembach in die Pfalz und übernahmen Vorort die theoretische Einweisung der CH-53-Piloten. Danach erfolgte die praktische Ausbildung der »Sembacher« in Laupheim. Was man am Anfang nicht in Betracht gezogen hatte war, dass die amerikanischen CH-53C Hubschrauber bis zu zwei Tonnen schwerer waren, denn diese Hubschrauber hatten um die dynamischen Bereiche eine Panzerung. Als dann sehr oft gemeinsam geflogen wurde, machten sich die technischen Unterschiede bemerkbar.

So gab es beim taktischen Fliegen bestimmte Manöver, die immer wieder geschult werden mussten so z.B. wie überfliegt man eine Hochspannungsleitung möglichst schnell und effizient. Eines Tages, als wir wieder einmal eine solche Trainingseinheit mit den amerikanischen Bündnispartnern absolvierten, flogen wir wie üblich in ein Tieffluggebiet mit Hochspannungsleitungen ein. Wir als Anführer und hinter uns die amerikanischen CH-53. Mit gerade einmal mit 50 Fuß Abstand »hüpften« wir über die Hochspannungsleitungen. Doch hatten wir nicht bedacht, dass der amerikanische Hubschrauber, der uns folgte zwei Tonnen schwerer war. Und so schaffte dessen Besatzung es nicht mehr über die Hochspannungsleitung hinweg zu kommen. In Normalfluglage trennten sie mit ihrem Hubschrauber die Leitungen quer durch ohne großen Schaden davon zu tragen.

Medaille »Boris Flight« und »Hind is fighting you« als Zugehörigkeitssymbol der Besatzungen.

Bezüglich der eigentlichen Aufgabe »Hind Aggressor« für unsere Bodentruppen hatten wir als CH-53 Besatzungen das Einsatzprofil der Hind genauestens studiert und dieses nachhaltig geübt. Der typische Hind-Angriff lief dann wie folgt ab: Schneller Tiefstanflug von wenigstens zwei Hubschraubern, plötzliches Hochziehen und Abfeuern von ungelenkten Raketen (dieses wurde durch das Einschalten unserer Scheinwerfer angedeutet). Da diese Art des Angriffs anfänglich von den Bodentruppen nicht realisiert wurde, entschloss man sich die für den »Hind«-Einsatz vorgesehenen Hubschrauber farblich zu markieren. Dazu wurden die Sponson und bei einem Teil der Hubschrauber auch der Bugbereich rot lackiert um so von den Panzerbesatzungen besser als »Feind« erkannt zu werden.

Das Einsatzszenario stellte sich nun wie folgt dar, wobei die »Hind«-Schwärme von Mendig und Laupheim unabhängig (entsprechend der Korps-Gliederung für das II. Korps und III. Korps ein Schwarm) waren:

Meist kamen wir bei Großübungen von Panzerverbänden zum Einsatz, um einzelne Panzer zu bekämpfen. D.h. alle unsere vier Maschinen eines Schwarms standen in einem Bereitschaftsraum der Großübung zum sofortigen Start bereit. Der Schwarmführer hatte sich zuvor mit einer Bo 105 zu den Panzerbataillonen und zu deren Kommandeuren begeben, um Hinweise bezüglich der Position der zu »bekämpfenden« Panzern

Zur besseren Erkennung als »Aggressor« wurde u.a. an den Sponson und auf dem Bug der dafür vorgesehenen CH-53G eine rote Leuchtfarbe aufgetragen.

zu erhalten. Anschließend bekamen wir über Telefon oder Funk deren Koordinaten mitgeteilt.

Bis zum Anflugpunkt wurde nach Karte 1:250.000 navigiert, ab dem Anflugpunkt wurde zur Karte 1:50.000 übergegangen, da wir sonst die geforderte Genauigkeit nicht erreicht hätten. Auf dieser Karte wurde nun um das Ziel ein Kreis gezogen und das Anflugverfahren mit den anderen Hubschrauberbesatzungen abgesprochen. An einem Angriff nahmen in der Regel immer zwei Hubschrauber teil. Geplant war aus der Deckung einer Waldkulisse heraus den Angriff einzuleiten und im Tiefstflug von ungefähr 50 Fuß (ca.15 m) Höhe das Ziel bis auf eine Entfernung von ungefähr 1,5 km anzufliegen um dann die Maschine auf 500 bis 600 Fuß hoch zu ziehen. Davor und noch bereits im Anflug trennten sich beiden Hubschrauber und flogen zu ihrer abgesprochenen und vorher festgelegten Angriffsposition. Dann wurde der direkte Angriff von oben auf das Ziel eingeleitet.

Das Ziel, meistens ein Panzer bzw. ein gepanzertes Fahrzeug, wurde anvisiert und die Scheinwerfer eingeschaltet. Abgefangen wurde die Maschine bei 200 Fuß

Deckung hinter einer Waldlichtung. Bei Großübungen mit Panzerverbänden kamen diese Hubschrauber zum Einsatz, um einzelne Panzer zu »bekämpfen«.

und der Abflug fand dann wieder im Tiefstflug bei 50 Fuß statt. Das Ziel wurde von mehreren Seiten nach den vereinbarten geplanten Koordinaten aus angeflogen. Beim Einfliegen von zwei Seiten (wurde immer gegeneinander geflogen) in den fiktiven Zielkreis, konnten wir uns oft auch gar nicht sehen sondern flogen nur über Funkkommando und Stoppuhr, dann gab einer von beiden das Kommando »Jump« und wir zogen die Maschine hoch um sie gleichzeitig wieder nach unten zu drücken und dabei einen scharfe Rechtskurve auszuführen, denn das war unsere Lebensversicherung, um ohne Berührung aus dem Angriffsszenario herauszukommen. In den meisten Fällen haben wir das Ziel gefunden. Von heutiger Navigationsausrüstung (GPS) konnten wir damals nur träumen. Das Navigieren kostete die meiste Konzentration. Doch erst danach, als der Schwarmführer zum angesetzten Debriefing beim Bataillon die Ergebnisse präsentiert bekam, erfuhr man, wie viele Panzerbesatzungen einen Hubschrauberangriff erlebt und reagiert hatten.

Bei den Targets hielten sich bei großen Übungen meist Schiedsrichter auf, die den Erfolg, oder Misserfolg der Angriffe beurteilten und auch festlegten, ob wir »abgeschossen« worden waren.

Bei Großübungen wie z.B. »Kecker Spatz« wurden mit unserem Schwarm 14 angreifende Hinds simuliert. D.h. wenn wir auch fiktiv abgeschossen waren, so flogen wir bereits nach zehn Minuten unseren nächsten Angriff. So wurden wir immer wieder bei Großübungen von Panzerverbänden eingesetzt.

Auch die Luftwaffe wollte von den »Hind-Aggressors« profitieren und so wurden im Rahmen von Luftwaffenübungen mit den CH-53-Hubschraubern Bodenverteidigungsstellungen, sowohl Nike, Hawk als auch Roland, nach demselben Muster simuliert angegriffen. Meistens bestand ein Angriff aus einer CH-53-Rotte (zwei Hubschrauber), die dann entweder eine fest installierte Hawk-Stellung oder bewegliche Roland-Stellungen angriff, die bei Übungen rund um Flugplätze positioniert waren. Wenn solche Übungen in Bayern stattfanden waren wir im Vorteil, da kannten wir jeden Busch und Baum und konnten uns sehr gut »anschleichen«. Dabei unterflogen wir auch mal Hochspannungsleitungen oder auch Brücken. Dazu musste man sich erst einmal annähern, eine Sichterkundung machen und dann im Schwebeflug unten durch gehen«.

Nach der Deutschen Wiedervereinigung und Auflösung des Warschauer Paktes fanden auch diese taktischen Übungen ihr Ende.

Die Arnoldies

In den 70er-, Anfang der 80er-Jahre gab es ein Demo-Team der Heeresflieger, bestehend aus zwei bis vier CH-53 Maschinen, das auf verschiedenen Flugveranstaltungen auftrat. Intern nach dem anfänglichen Schwarmführer Arnold »die Arnoldies« benannt, wurden diverse sehr anspruchsvolle Flugfiguren mit der CH-53 geflogen wie z.B. Diamant und Kolibri. Die Besatzungen zeigten die außergewöhnlichen Fähigkeiten der CH-53 auch bei Hochgeschwindigkeitsflügen auf einander zu mit abschließend hochgezogener Kehrkurve. Weiterhin wurde dem Publikum ein sehr enger Formationsflug gezeigt. Diese Aufnahme entstand im Sommer 1974 im Rahmen eines Flugtages in Wiesbaden. Gastgeber hier war die US Army.

Im Feld

Bis Anfang der 90er-Jahre waren die CH-53-Hubschrauber der Heeresflieger das Rückgrat des Heeres bei der logistischen Unterstützung, bei Beteiligung an Großmanövern und dem Transport von Luftlandetruppen.

Die Hochwertübung ELITE (Electronic Warfare Live Training Exercise) fand in zurückliegenden Jahre vorwiegend im süddeutschen Raum statt. Verbände der Luftwaffe und des Heeres nahmen teil. Auch CH-53GS des Heeresfliegerregiments 25 aus Laupheim. Es handelte sich hierbei um eine komplexe Übung des Elektronischen Kampfes und stellt einen Höhepunkt der Einsatzausbildung des Führungs- und Funktionspersonals der Flugabwehrkräfte, des Einsatzführungsdienstes und der fliegenden Besatzungen dar. Die mehrtägige Übung wurde um den Truppenübungsplatz Heuberg durchgeführt.

Fast scheint die 84+42, eine CH-53GS, die nicht abgemähte Wiese auf dem Hochplateau des Heubergs zu streifen.

Bei den Einsätzen kam es derweil auch vor, dass eine Maschine durch technischen Defekt auf freiem Feld landen musste. Für solche Fälle stand eine spezielle Mannschaft mit Werkzeug und Gerät bereit, um, wie in diesem Fall, ein Rotorblatt zu wechseln.

Hohe Beweglichkeit war das oberste Ziel der Luftlandetruppen. Dazu zählten auch die verlastbaren Krakas. Im Feld musste für die Hubschrauber auch für genügend Kraftstoff zum Nachtanken gesorgt werden.

Auch als Außenlast konnte ein Wiesel von einer CH-53 transportiert werden

Die Cockpitbesatzung mussten auch für den Ernstfall z.B bei ABC-Alarm gerüstet sein.

Beide CH-53 der Dienststelle in Manching. Die 84+02 war mit einer Messanlage am Bug ausgerüstet.

Die Wehrtechnische Dienststelle 61 und ihre CH-53

Die Wehrtechnische Dienststelle 61 für Luftfahrzeuge -und Luftfahrgerät der Bundeswehr im bayerischen Manching nimmt als Dienststelle des BAAINBw (Bundesamt für Ausrüstung, Informationstechnik und Nutzung der Bundeswehr), ehemals BWB, vielfältige Aufgaben bezüglich der fliegenden Waffensysteme der Bundeswehr wahr. So findet dort die Erprobung und Bewertung von Luftfahrzeugen und Luftfahrtgerät der Bundeswehr statt. Darüber hinaus unterstützt die WTD 61 das Luftfahrtamt der Bundeswehr bei der Musterprüfung und-Zulassung und ist für die luftrechtliche Nachweisführung zuständig. Die Dienststelle stellt fachtechnische Expertise für die Projektleiter und Projektteams bereit und ist für die entwicklungstechnische Betreuung während der Nutzung zuständig. Sie analysiert am Markt vorhandene Luftfahrzeuge und Geräte und trägt zur Auswahlentscheidung bei. Sie plant und wickelt Forschungs- und Technologieaufgaben ab und unterstützt zunehmend bei Sofortinitiativen für den Einsatz.

Die Sikorsky CH-53 ist fast 50 Jahre auf dem Flugplatz Manching bei Ingolstadt fester Bestandteil des fliegerischen Dienstbetriebes. Nachdem Mitarbeiter der Dienststelle, damals noch als Erprobungsstelle 61 (ErpSt 61) bezeichnet, schon frühzeitig in den Auswahl- und Evaluierungsprozess des neues Hubschraubers eingebunden waren, wurden auch die ersten beiden gelieferten CH-53 der ErpSt 61 zugeordnet. Die Maschinen waren von Sikorsky in Stratford, Connecticut gebaut und per Schiff nach Lemwerder bei Bremen transportiert worden. Dort erfolgte die Aufrüstung der Hubschrauber und der Einflug beider Maschinen.

Die beiden vollständig von Sikorsky gebauten CH-53D/G wurden der Erprobungsstelle 61 in Manching zugeordnet. Die Maschinen trugen anfangs noch den typischen Grünanstrich der US Marines-Maschinen.

Die Übergabe an die Erprobungsstelle 61 und die anschließende Überführung der zwei CH-53D/G (84+01 und 84+02) nach Bayern fand am 3. und 5. November 1969 statt.

Zunächst ging es darum, das moderne Gerät kennen zu lernen. Dies geschah auch mit technischem und fliegendem Personal von Sikorsky. So war u.a. der Sikorsky-Testpilot Albert King drei Jahre in Manching und half nicht nur bei der Schulung und Ausbildung, sondern flog auch diverse Erprobungsvorhaben mit. In der Anfangszeit standen Erprobungen und Verifizierungen der CH-53 bzw. deren Gerät im Mittelpunkt der Aktivitäten. So wurde ab März 1971 umfangreiche EMV-Messungen (elektromagnetische Verträglichkeit) mit der CH-53 (84+02) durchgeführt. Besonders intensiv widmete sich die Dienststelle der Dauererprobung der in Lizenz gefertigten MTU-Triebwerke für die CH-53. Insgesamt 600 Stunden waren dafür genehmigt worden und brachten die Aggregate und Besatzungen während stundenlangem Hovern über der Bahn und Flüge über das gesamte Leistungsspektrum an die Grenze der Belastbarkeit, wobei auch Leistungsflüge am Limit und Außenlasten von über sechs Tonnen geflogen wurden. Die Dauererprobung, von August 1972 bis Mai 1975 (zwischenzeitlich allerdings unterbrochen) auf der ausgeliehenen 84+04 durchgeführt, verlief schließlich erfolgreich. Gleichzeitig fand der Erstflug mit dem EAPS (Engine Air Particle Seperator) auf der 84+01 statt. Der effektive Triebwerkseinlauffilter rückte allerdings erst einige Jahrzehnte später in den Fokus der Ausrüstungsplanung. Zum damaligen Zeitpunkt gab es kein Interesse und auch keine Notwendigkeit an diesem Sand- und Staubschutz für die Triebwerke. Auch erst sehr viel später erhielt die CH-53 eine Rettungswinde an der vorderen Einstiegstür. Erste Versuche mit der so genannten Breeze-Winde, die auch auf der H-34 Verwendung fand, erfolgten mit der 84+01 schon ab April 1972.

Im Laufe des Jahres 1973 konzentrierte man sich auf Tests mit diversen Außenlasten. Zum Beispiel wurde ein VW Bus, ein Unimog, eine Schneeraupe fürs Gebirge, eine Feldhaubitze und diverse Radanhänger, Gummi Kraftstoffbehälter und Fertigbrückenteile der Pioniertruppe transportiert. Später, im Juli 1975, folgte dann auch die Lenkrakete Lance. Im Januar 1974 startete wieder die EAPS-Erprobung, hier stand nun das Verhalten bei Vereisungszuständen im Mittelpunkt der Versuche. Ein interessantes Vorhaben fand im Dezember 1974 statt. Mit der kommandierten 84+62 wurde mittels montierter Flutlichter ein Fußballfeld aus der Luft beleuchtet. Auch für einen derartigen Spezialfall eignet sich die CH-53. Im Zeitraum 1975 bis 1976 erfolgten diverse Testflüge im Zusammenhang mit Navigationshilfen z.B. mit dem bodenunabhängigen Navigationssystem (BNS), einem Vorgänger des heutigen GPS und einem Sektor-TACAN (SETAC).

Um für ein wirksames Mittel zur Bekämpfung von Waldbränden zu erhalten, testete die Erprobungsstelle 61 ab

Januar 1978 einen Feuerlöschbehälter. Dieser, auch »Smokey« genannt, hatte ein Fassungsvermögen von 5000 Liter und war später in vielen Fällen, überwiegend allerdings im Ausland im Einsatz. Anfang der 80er Jahre erhielt die 84+10 modifizierte, in der Länge reduzierte, Starfighter-Zusatztanks. Entwickelt von Dornier und ausgestattet mit elektrischen Pumpen, die Kraftstoff vom Zusatztank in den Sponson umpumpten, ermöglichte sie eine Stunde zusätzliche Flugzeit. Die Maschine wurde anschließend noch eine ganze Zeit von der Heeresfliegertruppe in Laupheim genutzt. Da elektrische Kraftstoffförderpumpen nicht mehr auf dem neuesten technischen Stand waren, wurde dieses System später aufgegeben.

Die CH-53-Hubschrauber der Erprobungsstelle 61 waren auch häufig als Zieldarsteller im Einsatz. So unternahm die 84+01 im Juli 1978 entsprechende Flüge für die Waffensysteme Roland und Gepard, ab November 1982 wurde viele Erprobungen im Zusammenhang mit der Boden-Luft-Abwehrwaffe Stinger geflogen.

Ein außergewöhnlicher und interessanter Auftrag führte die Manchinger im Oktober 1982 nach Kiel. Von dort aus wurden Infrarotmessungen an getauchten deutschen U-Booten vorgenommen. Darüber hinaus wurde ein Verfahren erprobt, mittels dessen man an der Wasser-Wellenstruktur ein getauchtes U-Boot auffinden konnte. Die Flüge erfolgten bis 1987 mit zeitlichen Unterbrechungen. Später, im August 1990, wurden diese Flüge von Norwegen aus durchgeführt, da sich hier der Salzgehalt des Wassers unterscheidet, was Einfluss auf die Ergebnisse der Erprobung haben konnte. Ebenfalls im maritimen Umfeld bewegten sich die Erprobung mittels der CH-53 Kugelminen abzusetzen. Dies erfolgte im Juni 1985 mit der 84+01. Anfang 1987 wurde die Dienststelle im Rahmen einer Umgliederung im Bundesamt für Wehrtechnik und Beschaffung in Wehrtechnische Dienststelle 61, kurz WTD 61, umbenannt.

Wieder eine ausführliche Erprobung in eigener Sache stand am September 1992 an. Zu diesem Zeitpunkt wurden die neuen Titanrotorblätter Schwingungsmessungen unterzogen. Kurz darauf folgten damit Leistungsflüge, Lärm- und Schwingungsmessflüge. Als Testträger kam hierfür die zur Erprobungsstelle kommandierte 84+53 zum Einsatz. Dieser Auftrag dauerte bis April 1993.

Ab Dezember 1995 war die Dienststelle intensiv in die Weiterentwicklung der CH-53G involviert, zu diesem Zeitpunkt hieß das Programm noch RWE/NTF (Reichweitenerhöhung/Nachttiefflugfähigkeit) und mündete später in die CH-53GS. Mit der 85+00 erfolgten diverse Testflüge. Unter anderem wurde auch die elektromagnetische Verträglichkeit der neuen Komponenten im Flug erprobt und später im

Bereits ab April 1972 wurden die ersten Versuche mit der sogenannten Breeze-Winde und zwei Puppen an der 84+01 durchgeführt.

Jahr 1996 auch Testflüge mit BiV (Bildverstärker) bei Nacht durchgeführt.

Ende 1996 begann die Erprobung der Smart 155 Artilleriemunition von Diehl Defence. GPS-gelenkt war das System in der Lage Geschosse nur dann auszulösen, wenn die Kontur eines feindlichen Fahrzeuges identifiziert war. Die CH-53 (Testträger 84+02) überflog diverse Panzer-Szenarios und erprobte erfolgreich die Funktion des Smart-Systems.

Die folgenden Jahre standen weiterhin im Fokus der CH-53GS-Erprobung mit der 85+00. Dies betraf Datenermittlung (Data Gathering) bezüglich des AFCS, Außenlast-Kreisflüge und EAPS-Testflüge mit zur Hälfte abgedeckten Einlauföffnungen.

Mitte des Jahres 2000 startete die Evaluierung der neuen T64-100 Triebwerke an der kommandierten CH-53G mit der Kennung 84+74. Dies schloss im August 2000 auch eine Hitzeerprobung in Sevilla, Spanien mit ein. Die Tests verliefen an dem modifizierten, leistungsstärkeren Triebwerk sehr erfolgreich. Neben Erprobungs- und Zulassungsprogrammen wurden bzw. werden bei der WTD 61 regelmäßig Forschungs- und Technologievorhaben durchgeführt.

Ein recht umfangreiches und komplexes F&T-Projekt stellte die Einzelblattsteuerung (IBC, Individual Blade Control) von ZF Luftfahrttechnik dar. Hierbei ging es darum, die Rotorblätter einer CH-53G im Fluge höher harmonisch d.h. mit mehreren Zyklen pro Rotorumlauf entsprechend ihrer

Luftiger Arbeitsplatz! Teststände im Zusammenhang mit der Erprobung der Smart 155 Artilleriemunition von Diehl Defence. Die CH-53 überflog dabei diverse Panzer-Szenarios und erprobte erfolgreich die Funktion des Smart-Systems.

Position optimal anzustellen, um dadurch unerwünschte aerodynamische Wechselkräfte zu reduzieren, was zu geringeren Vibrationen, Lärm und notwendiger Rotorantriebsleistung führen sollte. Dies geschah für jedes Rotorblatt einzeln mittels eines IBC-Hydraulikzylinders, der jeweils die Pitch-Ansteuerung vornahm. Dazu musste eine hydraulische Versorgung, die aus zwei Hydraulikpumpen, einem Verteiler-Aggregat, einem Ölkühler usw. bestand, eingebaut werden. Zusätzliche hydraulische Leitungen innerhalb des Mastes versorgten die im Rotorkopf sitzenden Stellzylinder. Um für diese Einbauten Platz zu erhalten, mussten ein Schleifring und diverse elektrische Leitungen für die Blattspitzenbeleuchtung verlegt werden.

Das Auftragsziel für die WTD 61 bestand darin, die Versuchsanlage in eine CH-53G zu integrieren, die Systemerprobung mit Versuchen zur Sicherheitsabschaltung vorzunehmen, die Flugversuche zur Untersuchung der Wirksamkeit der IBC-Anlage durchzuführen und damit letztendlich den Nachweis des zu erwartenden Vorteils in Bezug auf Vibrationsreduzierung, Lärmminderung und Leistungsersparnis zu ermitteln. Mitte des Jahres 2000 wurde in Zusammenarbeit mit ZF die Einrüstung an der 84+02 begonnen.

Die Flugversuche begannen im Oktober 2001, sie dauerten bis zum Oktober 2003 an. Insgesamt wies das System seine Funktionsfähigkeit nach. Die Vibrationsreduzierung, gemessen am Pilotensitz, lag bei 90% und der im Überflug aufgezeichnete Lärm sank um mehr als 3dB. Im Schnellflug wurden für den Hauptrotor 6% weniger Antriebsleistung gemessen.

Im Dezember 2003 begannen an der kommandierten 84+67 Flugtests mit dem MILDS (Missile Launch Detection System) Flugkörperabwehrsystem. Da das in der CH-53GS installierte Warnsystem zu oft Fehlalarme auslöste, wurde ein moderneres, alternatives System evaluiert. Die Tests verliefen erfolgreich, nachfolgend erhielten alle CH-53GS und GE, MILDS und auch die GA verwendet das System.

Zur Verbesserung des Selbstschutzes für Einsätze in Afghanistan testete die WTD 61 ein von der belgischen Firma FN Herstal gebautes schweres MG M3M Kaliber 12,7 mm. Als kurzfristig einbaubare Rüstsätze sollten die MGs von der Heckrampe aber auch von der vorderen rechten Tür und dem linken vorderen Fenster aus zur Selbstverteidigung eingesetzt werden können. Dies machte eine ergänzende Musterzulassung der CH-53G/GS notwendig. Nachdem die entsprechende Beauftragung der WTD 61 Ende 2005 erfolgt war, fand die messtechnische Aufbereitung der 84+01 in Manching statt. Nach Aufstellen eines detaillierten Flugversuchsprogramms erfolgten diverse Testflüge die vor allem auftretende Vibrationen und Dehnungen ermitteln sowie das Handhaben der Waffe aufzeigen sollten. Schiessversuche aus verschieden Flugzuständen (Schwebe- und Bewegungsflug) heraus schlossen sich an und wurden auf Schießplätzen der WTD 91 in Meppen sowie auf Putlos an der Ostsee durchgeführt. Die insgesamt fünfwöchige Flugerprobung der Heckbewaffnung verlief erfolgreich, sodass nach einer entsprechenden Analyse- und Bewertungsphase die WTD 61 die Zulassung für den Truppeneinsatz, zunächst nur für die Heckbewaffnung, erteilen konnte.

Ab dem 18. Juni 2007 wurden in Meppen an der 84+94 die beiden vorderen Waffenstation-Positionen überprüft. Anfangs mittels Bodenschießversuchen, danach aus dem Schwebeflug und dem Vorwärtsflug in verschiedensten Fluglagen über Land und über Wasser. Neben der 84+01 und 84+02 verfügten die Manchinger zu diesem Zeitpunkt über zwei weitere kommandierte Maschinen, die 84+55 sowie die 84+94.

Auch im neuen Jahrzehnt war die Wehrtechnische Dienststelle 61 intensiv mit der CH-53 beschäftigt. Allerdings musste sie zunächst schmerzliche Abgänge hinnehmen. So wurden die beiden langjährigen Testträger, die 84+01 (am 7. Juni 2010) sowie die 84+02 (am 26. Mai 2010) mit jeweils unter 3000 absolvierten Flugstunden ausgemustert. Sie wurden im zerlegten Zustand per LKW nach Diepholz transportiert und dort verwertet.

Doch weiterhin gab es im Zusammenhang mit der CH-53 bei der WTD 61 viel zu tun. So war die Dienststelle natürlich intensiv in das CH-53GA-Programm eingebunden und so entfielen diverse Flugstunden mit den beiden Prototypen 84+86 und 85+04 in der Erprobungsphase auf die Evaluierung der neuen Systeme.

Derweil hatte sich auch in Koblenz bezüglich einer Umstrukturierung der übergeordneten Behörde der WTD 61 einiges getan. Denn zum 1. Oktober 2012 wurde das Bundesamt für Wehrtechnik und Beschaffung reformiert und erhielt mit Bundesamt für Ausrüstung, Informationstechnik und Nutzung der Bundeswehr (BAAINBw) einen neuen Namen. Die Behörde, weiterhin in Koblenz ansässig, sollte fachliche und organisatorische Verantwortungen bündeln, Schnittstellen reduzieren und dadurch noch besser in der Lage sein, leistungsfähige Waffensystemen und moderne Ausrüstung der Bundeswehr bereitzustellen. Das BAAINBw beschäftigt somit zusammen mit seinen nachgeordneten elf Dienststellen ca. 9600 Mitarbeiterinnen und Mitarbeiter. Davon sind ca. 500 für die WTD 61 tätig. Unabhängig davon ging die tägliche Projektarbeit auch im Bereich CH-53 weiter.

Die »Manchinger Rutsche« ist ein bei der WTD 61 entwickelter Einbau auf der Heckklappe der CH-53. Sie simuliert ein realistisches Abgangsverhalten von Dummies (Puppen mit Lebensgewicht). Bei der CH-53 wurde mit der GE 84+26 im Herbst 2016 ein verbesserter Funktionsablauf des Öffnungs- und Entfaltungsvorganges des bei der Bundeswehr seit 1957 verwendeten Reservefallschirms T-10R mit einem DAD-System (Deployment Assistance Device) erprobt.

Die Evaluierung und Zulassung des schweren Maschinengewehrs M3M führte Angehörigen der WTD 61 auf diverse Schießplätze.

Zum Jubiläum 50 Jahre Erprobungsstelle/ Wehrtechnische Dienststelle 61 am 15. September 2007 erhielt die 84+02 orangerote Jubiläumsaufschrift. Die 84+02 wurde, nachdem sie zuvor schon lange nicht mehr geflogen war, am 26. Mai 2010 nach Diepholz zur Verwertung überführt.

Die 84+02 war im Rahmen des Erprobungsprogramm IBC (Individual Blade Control) eingesetzt. Dieses Forschungs- und Technolgie-Vorhaben in Zusammenarbeit mit ZF-Luftfahrttechnik demonstrierte erfolgreich die Reduzierung von Vibrationen und Lärm.

Ab dem August 2013 (Erstflug am 26. August 2013) lief dann die Erprobung der sensorgestützten Landehilfe (SeLa-TR). Nach einem Beinah-Unfall nach Brown-Out in Afghanistan wurde eine entsprechende Unterstützung für die Landephase dringend gefordert. Kurzfristig wurde die SeLa-TR (Sensor-Landehilfe-Teilrealisierung) umgesetzt. Sie bestand aus einem Driftsensor, einem Radarhöhenmesser, zwei Kameras, die am Heck sitzen und nach vorne gerichtet sind, sowie einem SeLa-Missionscomputer. Integrator dieser Maßnahme war die Firma Airbus Helicopters, die Einrüstung des Testgerätes fand an der 84+15 statt. In der endgültigen Konfiguration sollten die relevanten Informationen (Höhe, Drift) in das Multifunktions-Display (MFD) im Cockpit einblendbar werden. Im Laufe der Erprobung und notwendigen Nachweisführung ermittelte die WTD 61 allerdings Nachbesserungsbedarf bei der Software für das MFD. Auch bei den Kameras, die ein TV-Bild unterhalb des Hubschraubers liefern, wurden schließlich Defizite erkannt. Nachdem der Hersteller entsprechend nachgebessert hatte, wurde für Mitte 2014 eine Staubkampagne in der Oberlausitz und für CH-53GS/GE auf einem Truppenübungsplatz nahe Zaragoza, Spanien vom 20. Juli. bis 31. Juli 2015 durchgeführt, um erneut die Funktionalität unter realistischen Bedingungen zu verifizieren.

Ein sehr erfolgreiches Forschung & Technologie-Projekt bei der CH-53G stellte das In-Flight Tuning (IFT)-Programm im Zeitraum von Anfang 2013 bis zum Juni 2014 dar. Entwickelt und gebaut von ZF Luftfahrttechnik und teilweise aufbauend auf den Ergebnissen von IBC (Individual Blade Control, ebenfalls ZF Luftfahrttechnik), war hierbei das Ziel, durch den Rotor verursachte Schwingungen zu minimieren. Kernelement von IFT waren sechs elektrisch angesteuerte so genannten Smart Pitch Rods (SPR), die die konventionellen Steuerstangen zwischen drehender Taumelscheibe und Blattdrehhebel im Rotorkopf ersetzten. Integrierter Bestandteil der SPR war die Actuator Control Unit (ACU), die die Längenverstellung der Spindelstange steuerte. Insgesamt betrug der gesamte Verstellbereich nur 1,32 mm, die Geschwindigkeit bei der Anpassung war mit 0,13 mm pro Sekunde ebenfalls sehr gering. Signale von Vibrationssensoren wurden in der zentralen Einheit des Systems, dem IFT Commander, verarbeitet, er kommandierte entsprechende Längenänderungen der sechs SPRs. Dadurch wurde im Flug kontinuierlich eine Optimierung der Rotoreinstellung vorgenommen. Der große Vorteil war, dass dadurch die heute nötige Justierung (RT&B, Rotor Track & Balancing) nach Rotorblattwechsel überflüssig wurde. Diese wurde bisher manuell durch minimales verdrehen der Steuerstange am Boden erreicht, die Ermittlung der optimalen Einstellung nahm

Die Zulassungsflüge fanden in der 25. und 26. Kw 2018 auf dem abgesperrten Erprobungsgelände »Feilenmoos« der WTD 61 statt, um insbesondere die Flugeigenschaften der CH-53 in Verbindung mit dem Bambi Bucket, einem Wasserbehälter zum Feuerlöschen ausgiebig zu testen.

mehrere Messflüge in Anspruch. Nach diversen Tests, wie Vibrationsuntersuchungen und Ermüdungsprüfungen an Bodentestständen wurden die Komponenten von IFT, zusammen mit einem Kontrollarbeitsplatz für den Flugversuchsingenieur im Laderaum der 84+94 eingebaut. In der Nase der CH-53 wurde ein nach oben gerichteter optischer Sensor zur Messung des Blattspurlaufs sowie an zwei weiteren Orten Vibrationssensoren zur Schwingungsermittlung integriert. Am 16. Mai 2013 erfolgte der erste Flug von Manching aus, insgesamt wurden 44 Flugstunden für die diversen Flugtests aufgewendet. Diese Phase des Erprobungsvorhabens konnte am 5. Juni 2014 sehr erfolgreich abgeschlossen werden. So demonstrierte IFT, dass mit nur minimalen Änderungen am Hubschrauber eine deutliche Vibrationsreduzierung möglich war und vor allem nach Rotorinspektionen oder Rotorblattwechsel zeitaufwändige Einstellungen von Hand, verbunden mit entsprechendem Flugstundenaufwand, eingespart werden konnten.

Anfang 2015 fand unter dem Begriff »Rettungsmittel der Bundeswehr an der CH-53« vom 18. Februar bis 19. Februar 2015 bei der WTD 61 eine Erprobung mit fast allen in der Bundeswehr eingeführten Rettungsmitteln sowie einem in der Zulassung befindlichen neuen Rettungsgerät statt. Im Rahmen der Anpassung des Waffensystems CH-53GE/GS an zukünftige Aufgaben hatte man den Einbau einer Rettungs-und Bergewinde vorgesehen. Sie dient der Rettung und Bergung von Personen über Land und über Wasser. Sie ist ebenfalls mit Haken zur Befestigung eines Fast Roping Seils ausgestattet. Derzeit sind vier dieser Winden in der Bundeswehr vorhanden. Die Winde an der zur WTD 61 kommandierten Erprobungsmaschine (84+15) war die einzige für den scharfen Einsatz freigegebene Außenrettungswinde. Folgende Rettungsgeräte konnten an der Außenrettungswinde der CH-53 erprobt werden:

- Das Universaltransportgerät 2000 in der Konfiguration als Bergrettungtrage (zweit UT2000 zusammen verbunden), der Berg-Rettungssack (BRS) alleine und in Kombination mit der UT2000.
- Die Sanitätsausstattung Verwundeten Bergung (Roll Up)
- Der Luftrettungsbergesack, Bw
- Der Hubschrauber-Rettungsgurt (Rettungsschlaufe)
- Der Rettungsgurt-Luftretter
- Das Bergedreieck Tyrah im Einzel-und Dreimannverfahren.

Die Nachweisversuche konnten durchgehend ohne Zwischenfälle durchgeführt werden.

Seit langem wurde von der Truppe ein Mission Tablet Computer gefordert, auf dem man eine GPS korrigierte Mooving Map angezeigt bekam und geplante Einsatz Szenarien erkennen konnte. Im Jahre 2015 wurde das Testprogramm Mission Tablet Computer (MTC) für CH-53GS/GE bei der WTD 61 aufgenommen. Ein derartiges Projekt gab es schon seit einiger Zeit von der Firma ESG und nun ging es darum den Prototypen hinsichtlich seiner Verwendbarkeit für die Truppe zu beurteilen. Vorteilhaft waren die vielen Funktionen, die der MTC bot. Der Bordtechniker oder der nichtsteuerführende Pilot hatte den MTC auf seinem Oberschenkel mittels einer mobilen Tragehalterung festgeschnallt.

Im Rahmen der CH-53GA Modifikation baute Airbus Helicopter ein ähnliches System ein, das aber nicht auf die CH-53GS/GE adaptierbar war. Also fokussierte man sich auf die Insellösung von ESG. Ziel der Versuche vom 15. Juli 2015 bis 21. Dezember 2018 war es, den Nachweis der Verkehrssicherheit/Lufttüchtigkeit des Mission Tablet Computers zu erbringen. Die Durchführung der Nachweisflüge lag in der Verantwortung der WTD 61, welche als Grundlage das Flugversuchsprogramm der Firma ESG Elektroniksystem- und Logistik-GmbH verwendete.

Der Mission Tablet Computer (MTC) diente als Ersatz für das bisher integrierte Kartengerät DKG-3 in der CH-53 GE/GS. Zusätzlich sollte der MTC die Funktion eines Tablet-PC im Personnel Recovery Rüstsatz CH-53 GS/GE übernehmen. Es handelt sich dabei um einen robusten Tablet-PC zur Verwendung im Cockpit und außerhalb des Luftfahrzeugs. Die Anbindung des MTC an andere Geräte des Luftfahrzeugs bildete ein System zur Informationsverdichtung das »System MTC«. Die CH-53GE mit dem taktischen Kennzeichen 84+96 in der Serienkonfiguration wurde dafür bereitgestellt. Die Versuchsdurchführung gliederte sich in Tag- und Nachtflüge VFR. Die Flüge fanden über dem Erprobungsgelände »Feilenmoos« (Absetzplatz der WTD 61) und innerhalb der Flugbox »Köschinger Forst« nördlich der WTD 61 statt.

Die Manöver wurden im Rahmen der Einsatzprüfung durch die Truppe vorgeschlagen, um das größtmögliche Spektrum der maximalen Steuerbewegungen in Hinblick auf Einschränkungen durch den MTC zu testen. Eine gegenseitige Übergabe/Übernahme des MTC im Cockpit musste während des Fluges getestet werden.

Für den Nachweis der geforderten Lufttüchtigkeitsparagraphen waren insgesamt zwei Testflüge vorgesehen. Im ersten Testflug erfolgt der Nachweis sämtlicher geforderter Lufttüchtigkeitsparagraphen bei Tage. Anschließend wurde bei einem zweiten Testflug bei Nacht die Nutzbarkeit des

MTC unter VFR Nachtbedingungen sowie unter Verwendung von Restlichtverstärkerbrillen nachgewiesen. Während der Flüge wurden mehrere Defizite im Handling und der Funktionsweise des MTC durch die Testcrew aufgedeckt, welche eine Einführung des Geräts auf das Waffensystem CH-53 ausgeschlossen hat.

Da auch medizinische Geräte einer zeitlich begrenzten Verwendung unterliegen, war es notwendig den Rüstsatz Med-Evac CH-53 zu überprüfen, Geräte auszutauschen, bzw. zu modifizieren (hauptsächlich durch Airbus Helicopters vorgenommen). Aufgrund von Obsoleszenz verschiedener Medizingeräte wurde in den Jahren 2016 bis 2019 der bestehende Rüstsatz überarbeitet. Parallel hierzu wurde ein neuer Stromverteiler entwickelt, um damit der Anforderung einer gestiegenen Leistungsaufnahme der neuen Medizingeräte gerecht zu werden. Der Rüstsatz MedEvac CH-53 dient zum verkehrssicheren Transport von Verwundeten, Unfallverletzten und von Erkrankten (VUK). Mit seiner Verwendung sollen im Hubschraubermuster CH-53 folgende Fähigkeiten sichergestellt werden, die qualifizierte medizinische Erstversorgung, Rettung und Bergung sowie der Transport von VUK. Der Rüstsatz besteht aus modular aufgebauten Standardgeräteträgern. Diese werden an der Zellenwand im Laderaum der CH-53 befestigt und sind zur Aufnahme der einzelnen Medizingeräte gedacht. Vor den Geräteträgern sind die Feldtragen und weiteres medizinisches Equipment verstaut und befestigt. Auf diese Weise können bis zu drei Patienten intensivmedizinisch behandelt werden.

Gerade in der heutigen Zeit, bei trockenem Klima mit gestiegener Waldbrandgefahr wird der Ruf nach intensiverer Brandbekämpfung aus der Luft lauter. Auf Antrag der betroffenen Landesregierung kann die Luftwaffe diesem Aufruf gerecht werden - im Rahmen der Amtshilfe. Besonders bei Bränden auf ehemaligen Truppenübungsplätzen ist das Löschen aus der Luft wichtig, um eine Gefährdung der Feuerwehr am Boden durch alte Munition zu reduzieren. Die Bundeswehr verfügt allerdings nur noch über zwei einsatzbereite »Smokey« Wasserbehälter, die für die CH-53 optimiert sind. Im Rahmen einer nötigen Nachbeschaffung wurde die Firma Airbus mit einer Marktrecherche beauftragt. Anschließend wurde von der kanadischen Firma SEI Industries ein solcher Behälter mit der Bezeichnung »Bambi Bucket« auf Leihbasis als Erprobungsprojekt bei der WTD 61 aufgenommen. Der Behälter mit 7600 Liter Fassungsvermögen ist zwar etwas überdimensioniert, verfügt aber über eine Einschnürungsmöglichkeit, mit der die Füllmenge in drei Stufen auf 70, 80 oder 90% beschränkt werden kann. Im Hinblick auf die höhere Kapazität des künftigen STH wurde aber schon ein größerer Wasserbehälter ins Auge gefasst.

»Millimeterarbeit«. Anfang des Jahres 2018 erfolgten bei der WTD 61 die Vorbereitungen für das von dem BAAINBw beauftragten Flugversuchsprogramms, in dem es um den Nachweis ging, den Mungo A/C-Spür in den Frachtraum der CH-53 verladen zu können.

Die WTD 61 führte nach Beauftragung des BAAINBw die Eignungs- und Nutzbarkeitsuntersuchung des Bambi Buckets an der CH-53 durch. Die Dienststelle erhielt dafür einen Feuerlöschbehälter der kanadischen Firma SEI Industries zur Verfügung gestellt. Die Tests erfolgten in Kooperation mit der Firma Airbus Helicopters in Donauwörth. Nach einleitenden Bodenvorversuchen fand zunächst ein Kranhängeversuch mit erstmaligem befüllen durch die Flugplatzfeuerwehr statt.

In der 25. und 26. Kw 2018 wurden dann die erforderlichen Erprobungsflüge auf dem abgesperrten Erprobungsgelände »Feilenmoos« der WTD 61 durchgeführt. Hierbei wurden insbesondere die Flugeigenschaften der CH-53 in

Verbindung mit dem Bambi Bucket ausgiebig getestet. Wesentliche Punkte bei der Eignungsbewertung waren die unterschiedlichen Außenlastkonfigurationen zwischen dem Bambi Bucket und dem Hubschrauber. So fanden Flüge mit Seillängen von 10 m, 20 m und 30 m statt, um operationelle Vor- und Nachteile beim Einsatz des Feuerlöschbehälters festzustellen. Zudem wurden in Zusammenarbeit zwischen Absetzwerkstatt und der Testcrew des Hubschraubers die operativen Verfahren beim Annähern und Einhängen des Bambi Buckets am Hubschrauber festgelegt, Notverfahren getestet, sowie die Aufnahme von Wasser an stehenden und fließenden Gewässern erprobt. Als fließendes Gewässer wurde die Donau im Bereich der Pionierkaserne Ingolstadt ausgewählt. Die Erprobung wurde durch die Pioniere mit Schnellboten zur Absperrung des Fluss Bereichs unterstützt.

Ab Ende 2017 musste sich die Planungsabteilung CH-53 mit einer etwas komplizierten Aufgabe beschäftigen, denn es galt die Verladung eines Mungo 3 A/C-Spür-Fahrzeugs zu organisieren und zu erproben.

Bei dem Mungo A/C-Spür handelt es sich um ein geschütztes Radfahrzeug, welches mit einer leichten A/C-Aufklärungsausstattung (atomare und chemische Belastung) ausgerüstet ist. Im Rahmen der Einsatzfähigkeit des im Einsatz dringend benötigten Fahrzeuges war die Luftverladebarkeit als Innenlast in der CH-53 gefordert. Allerdings stellte sich bei ersten Versuchen heraus, dass das Fahrzeug in den geltenden Betriebsgrenzen der CH nicht verlade- und transportierbar war. So konnten die geforderten Mindestladefreimaße zwischen Luftfahrzeug und Ladegut an mehreren Positionen nicht eingehalten werden, was zu einer Nichterfüllung der vertraglich vereinbarten Spezifikation zwischen BAAINBw und Krauss-Maffei-Wegmann geführt hätte. So wurde die WTD 61 durch das BAAINBw beauftragt durch ein Flugversuch nachzuweisen, dass die unterschrittenen Ladefreimaße die Verkehrssicherheit des Luftfahrzeuges nicht beeinträchtigen würden. Anfang 2018 erfolgte die Versuchs-Vorbereitung des Fahrzeuges. Dazu mussten Druckverteilerplatten auf dem Laderaumboden verteilt werden, damit das ca. 5,5 t schwere Fahrzeug keine Beschädigung am Luftfahrzeug hinterlässt. Weiterhin wurden am Fahrzeug die Fahrwerksfedern niedergespannt, die Reifendrücke von fünf auf zwei Bar abgesenkt, Dachaufbaukomponenten abgebaut und sämtliche Ausrüstungsgegenstände entfernt. Außen herum musste gemäß Beladevorschrift ein lichtes Spaltmaß von 80 mm eingehalten werden. Nachdem Gewicht und Höhe vermessen wurden, konnte der Mungo rückwärts über die Laderaumrampe der CH-53 eingefahren und an der vordefinierten Position im mittleren Gesamtschwerpunkt unter dem Hauptrotormast mit 26 Lastgurten sicher verzurrt werden.

Im Rahmen der Flugversuche mit der CH-53GE, 84+26, konnte am 19. März 2018 aufgezeigt werden, dass der Mungo 3 A/C-Spür sicher als Innenlast innerhalb der Flugbetriebsgrenzen transportiert werden kann.

Ein weiteres Großprojekt mit der CH-53 wurde zwischen dem 19. März und dem 30. September 2019 bei der WTD 61 durchgeführt. Es handelte sich um die Erprobung einer doppelten Lasthakensicherung als notwendige Sicherheitseinrichtung für zukünftige Erprobungen mit Human External Cargo (HEC). Das redundante System wird neben dem Lasthaken des LFZ am Lasthakenträgerrohr verbunden. Eine gewollte oder ungewollte Auslösung des Primärsystems führt dazu, dass die Last in das Sekundärsystem der doppelten Lasthakensicherung übergeht. Dieses Teilsystem trägt dann bis zur Landung die Last mit den geforderten Sicherheiten. Bereits im November 1999 hatte man damit begonnen mit Rettungsnetz-Strickleiter und einem 60 Meter langen Rettungsseil über Land und über Wasser diese Entwicklung im Zusammenhang mit Einsätzen des KSK zu verifizieren. Zehn Jahre später stand ein weiter entwickeltes System unter der Bezeichnung »human external cargo« in der Zulassungsphase. Dahinter verbarg sich das Evakuieren von KSK Soldaten oder das Bergen von Verletzten aus Gefahrenzonen mittels unterhängen eines Seiles mit normalen Außenlasthaken. So gesichert, können sich damit mindestens zehn Personen am Seil einhängen und innerhalb kürzester Zeit aus einer feindlichen Gefahrenzone ausgeflogen werden. Befestigt ist das Seil an einem Trapezgestell bei geöffneter Frachtraumklappe. Hierbei ist alles auf Schnelligkeit ausgelegt, sodass mit einer gewissen Geschwindigkeit und Höhe die Soldaten, eingehängt in Schlaufen, im Vorwärtsflug herausgeflogen werden können. Mit der Winde ist das nur für max. zwei Personen möglich. Die Doppelsicherung an den Schleifen hatte Airbus entwickelt. Statische Untersuchungen wurden vorgenommen, die den Vorberechnungen entsprachen. Weiterhin galt es zunächst einzuhaltende Flugbereiche festzulegen. Die eigentliche Erprobung erfolgte durch Einsatzsoldaten, die von fliegerärztlichen Ergonomen des Luft- und Raumfahrtmedizinische Institutes begleitet wurden. Es bestand zusätzlich die Möglichkeit andere Außenlasten wie z.B. einen Käfig, ein Netz usw. mit einzubeziehen. Als Erprobungsträger kam die CH-53G/ IFR, 84+94 zum Einsatz.

Im Rahmen der Nachweisführung der doppelten Lasthakensicherung für »Human External Cargo«, so der Arbeitstitel, musste die WTD 61 den Ermüdungsnachweis unter realen Flugbedingungen erbringen. Während des Flugversuchsprogramms wurde nun mit der CH-53G der doppelten Lastsicherung und mit unterschiedlichen Außenlastkonfigurationen Belastungskräfte am primären Laststrang aufgezeichnet. Erstmalig kam bei dieser Erprobung ein Prototyp des SPIE-Rig (Special Patrol Insertion Extraction) zum Einsatz. Um das Gewicht vollausgerüsteter KSK-Soldaten zu simulieren, wurden insgesamt zehn 150 kg schwere Sandsäcke angehangen und mit Messtechnik instrumentiert. Die Flüge erfolgten am Erprobungsgelände »Feilenmoos«.

Im Rahmen der Programms Obsoleszenzbeseitigung (Obs) bei CH-53GS und GE war die WTD 61 von Beginn an involviert, so z.B. auch bezüglich der Cockpit-Auslegung. Der Erstflug fand unter anderem mit dem CH-53-Projektpiloten statt. Aktuell begleiten Angehörige der WTD 61 das Erprobungsprogramm mit den beiden Prototypen (84+52 und 85+01). Aber auch bei der anlaufenden Modifikation der GS/GE-Flotte in Donauwörth bei Airbus Helicopters werden ständig Vertreter der WTD 61 vor Ort sein.

Das Muster CH-53GA wird sporadisch von der WTD 61 mit betreut. Zumal anfänglich doch einige »Kinderkrankheiten« bestanden. Bei der WTD 61 ist Oberstleutnant Gerrit Buske derzeit Projektpilot für das Waffensystem CH-53. Er hat die Aufgabe im Jahre 2018 von Oberstleutnant Andreas Buttenmüller übernommen. Oberstleutnant Gerrit Buske wurde im Jahre 2011 an die Dienststelle versetzt und absolvierte ein Jahr später die National Test Pilot School in Mojave, USA. Ab 2013 war er bei der WTD 61 als Projektpilot und/oder stellvertretender Projektpilot auf NH-90 NFH, CH-53, MK 88A, UH-1D, Bell 206 (BSHS), und STH. Er ist zentraler Ansprechpartner für alle fliegerischen Vorgänge mit dem Muster und somit in sämtliche Abnahme- und Erprobungsvorhaben eingebunden. Insgesamt sechs Hubschrauberpiloten mit Testflugberechtigung 1 sind derzeit bei der WTD 61 im Einsatz. Jeder verantwortet als Projektpilot ein Hubschraubermuster der Bundeswehr. Die Piloten fliegen bis zu vier Muster, sodass alle Maschinen jederzeit abgedeckt werden können. Das fliegerische Erprobungsprogramm wird von Testflugingenieuren (TFI) ausgearbeitet und verantwortet. Vier TFIs sind im Bereich Drehflügler tätig. Die Dienststelle verfügt (Stand Mitte 2019) nur über eine aktive CH-53G/IFR, 84+94 (es ist eine der drei letzten G's, wobei eine ausgeschlachtet wird und nach Bückeburg ins Hubschraubermuseum geht). Die Dienststelle erhielt diese Maschine, da die beiden eigenen GE's zur Hauptphaseninspektion an die Industrie abgegeben werden mussten. Bei dieser Inspektion wird allerdings auch die Modifikation zur Obs mit umgesetzt. Neben den zwei GEs, die normalerweise im Bestand der Dienststelle sind, wünscht sich die WTD 61 für die Zukunft eine eigene GA. Die bayerische Dienststelle, insbesondere die mit Drehflüglern beschäftigen Mitarbeiter, können sich auch in Zukunft nicht über fehlende Aufträge beklagen, stehen doch diverse Erprobungen an, um die Hubschraubertypen der Bundeswehr einsatzbereit zu halten.

Testflug mit dem Prototypen des SPIE-Rig, welches in Kombination mit der doppelten Lasthakensicherung geflogen wurde.
Im Rahmen der Nachweisführung der doppelten Lasthakensicherung für »human external cargo«, so der Arbeitstitel, musste die WTD 61 den Ermüdungsnachweis erbringen. Die Flüge erfolgten mit der im Moment einzigen Maschine der WTD 61, eine CH-53G/IFR, 84+94, am Erprobungsgelände »Feilenmoos«.

Aktuelle Projekte

Projektbezeichnung	Starttermin	Endtermin
In-Flight-Tuning-System CH-53G	16. Mai 2013	05. Juni 2014
Erprobung »Rettungsmittel der Bw an der CH-53«	18.Feb.2015	19.Feb.2015
Sensorgestützte Landehilfe (SeLa-TR) für CH-53GS/GE Staubkamp in Zaragoza	20.Juli 2015	31.Juli 2015
Mission Tablet PC (MTC) für CH-53GS/GE	15.Juli 2015	21.Dez. 2018
Übersicht Rüstsatz MedEvac CH-53	2016	2019
Ustg Einsatzprüfung SeLa-TR	06.Juli 2017	14.Juli 2017
Eignung, Bewertung Feuerlöschbehälter Bambi Bucket CH-53	30.Nov.2017	28.Dez.2018
12,7 mm x 99 Doppelkern Abpralltest aus CH-53	29.Jan. 2018	28.Dez.2018
Mungo Verladung in CH-53	März 2018	
CH-53 Lafette MG3, Toleranzprügung	05.März 2018	30.Dez.2019
CH-53 Flugerprobung F&T Vorh. SigWarn	19.März 2019	29.März 2019
CH-53 doppelte Lasthakensicherung	19.März.2019	30.Sep.2019
CH-53 Lafette MG3 Erst. Inst. Konzept	24.Jan.2019	28.Jun. 2019

84 99

Im Team Luftwaffe

Das Hubschraubergeschwader 64

Geschichte

Die Hubschrauber der Luftwaffe, zunächst als Teil von drei Luftrettungs- und Verbindungsstaffeln und einer Ausbildungsstaffel im Einsatz, sollten Mitte der 60er Jahre in eine Einheit zusammengeführt werden und so entstand am 1. Oktober 1964 in Penzing bei Landsberg das Hubschraubertransportgeschwader 64 (HTG 64). Zu dieser Zeit betrieb der Verband die Sikorsky H-34G Choctaw, die Bristol B.171 Sycamore sowie die Bell 47G. Von Ende Januar 1968 bis Mai 1969 erhielt das HTG 64 die Bell UH-1D. Im Mai 1968 verlegte eine Staffel nach Diepholz in den Norden der Republik. Kurz darauf stand eine weitere Umstrukturierung an, denn das HTG 64 verlegte zum 1. Juni 1971 nach Ahlhorn, allerdings verblieb eine verstärkte Staffel in Penzing um Transport- und SAR-Aufgaben auch für das südliche Deutschland effektiv darstellen zu können. In den kommenden Jahren erfolgten noch einige Veränderungen, immerhin das zuverlässige Einsatzmuster UH-1D blieb eine Konstante im Betrieb. Im Rahmen der Luftwaffenstruktur 4 fiel die Entscheidung das HTG 64 zum 1. April 1994 aufzulösen und die Maschinen den Lufttransportgeschwadern und der Flugbereitschaft BMVg zuzuordnen.

Nach langer Zeit ohne ein designiertes Hubschraubergeschwader führte die geplante Einführung des Eurocopter NH90 bei der Luftwaffe erneut zur Aufstellung eines entsprechend eigenständigen Verbandes. Der NH90 sollte bei der Luftwaffe leichte Transportaufgaben wahrnehmen, sowie den SAR aber auch CSAR (Combat Search and Rescue)-Auftrag übernehmen. So wurde am 1. Oktober 2010 auf dem Fliegerhorst Holzdorf/Schönewalde das Hubschraubergeschwader 64 (HSG 64) aufgestellt. Das HSG 64 führte ein sehr ähnliches Verbandswappen wie das frühere HTG 64, es ist aber bewusst nicht identisch (gerades Oberteil des Schildes), um den deutlich umfangreicheren Auftrag abzubilden. Drei Wochen später am 21. Oktober 2010, traf dann der erste von insgesamt 42 für die Luftwaffe vorgesehenen NH90 ein.

Die Sikorsky CH-53 wurde Mitte 1972 bei den Heeresfliegern eingeführt und war somit viele Jahrzehnte im Heer fest verwurzelt. Sie bildete sicher auch ein Aushängeschild dieser Truppengattung. Die Diskussion einer tief greifenden Bundeswehrreform in den Jahren 2009 und 2010, die das Ziel hatte eine optimale und effizientere Einsatzausrichtung zu realisieren, hinterfragte bald auch die Zuordnung der Lufttransportmittel. So schien es den Verantwortlichen sinnvoll alle operativen sowie strategischen Anteile des Transports der Luftwaffe zuzuordnen. Das Heer sollte im Gegenzug alle leichten taktischen Kräfte bündeln und auch die SAR-Aufgabe übernehmen. Durch diese Fokussierung erhoffte man sich eine Straffung der Organisation und eine Vereinfachung und Verkürzung der Entscheidungsprozesse, vor allem während eines Einsatzes. Nach langer, intern auch sehr kontrovers geführter Debatte, wurde Mitte 2011 entschieden, alle NH90 und UH-1D-Hubschrauber dem Heer und die CH-53 im Gegenzug der Luftwaffe zuzuordnen. Diese, als Fähigkeitstransfer Hubschrauber bezeichnete Neuausrichtung, zog natürlich umfangreiche Strukturanpassungen nach sich und bedeutete für viele Angehörige zum Teil schmerzliche Veränderungen. Zusammen mit dem HSG 64 standen die mittleren Transporthubschrauberregimenter 15 und 25 als auch die Anteile CH-53 an der Heeresfliegerwaffenschule im Zentrum dieser Veränderung. Die Ausarbeitung einer neuen Detailplanung nahm allerdings noch einige Zeit in Anspruch, die Einleitung des Fähigkeitstransfers begann zum 1. Juli 2012. In einem ersten Schritt ging die Planungsverantwortung bezüglich Material und Infrastruktur des CH-53-Betriebs auf die Luftwaffe über. Für die Luftwaffe galt es nun für die zwei mit CH-53 ausgerüsteten mittleren Transporthubschrauberregimenter, sowie den Anteil der CH-53-Schulung an der Heeresfliegerwaffenschule Übergangsszenarien vorzusehen aber auch Standorte dafür zu definieren. Nach langen Abwägungen wurde

Hauptaufgabe des HSG 64 ist der Einsatz in Afghanistan zunächst im Rahmen von ISAF, heute als Teil von Resolute Support. Vor Ort werden ausschließlich CH-53 in der Version GS verwendet.

Hauptstandort des HSG 64 ist Laupheim bei Ulm. Dort findet reger Flugbetrieb mit dem großen Hubschrauber statt.

durch die Leitung des BMVg entschieden, dass das HSG 64 zukünftig an zwei Standorten in Laupheim bei Ulm und in Schönewalde/Holzdorf stationiert sein sollte.

Zum Jahreswechsel 2012/2013 fand schließlich der Verantwortungswechsel statt, dies war verbunden mit der formalen Auflösung des alten HSG 64 zum 31. Dezember 2012 und der offiziellen Neuaufstellung des HSG 64 zum 1. Januar 2013 in Laupheim, nun ausgerüstet mit dem Einsatzmuster Sikorsky CH-53. Gleichzeitig wurden alle NH90 und die noch verbliebenen UH-1D der Luftwaffe an die Heeresfliegertruppe abgegeben. Der neu aufgestellte Verband übernahm die Führung der CH-53-Anteile in Rheine, Bückeburg und Laupheim. Um eine Übergangsphase zu ermöglichen, wurden die mittleren Transporthubschrauberregimenter 15 und 25 erst etwas später, zum 30. Juni 2013, aufgelöst.

Zum 1. Oktober 2013 verließen die ersten 39 Techniker Bückeburg, um an ihrem neuen Dienstort in Schönewalde/Holzdorf ihre Tätigkeit aufzunehmen. Bis zum Jahreswechsel reduzierte sich die Personalstärke am Standort Bückeburg kontinuierlich. Ende Januar fand der letzte Ausbildungsflug mit der CH-53GA in Bückeburg statt. In den darauf folgenden Monaten verlegten die CH-53GA, es waren zum Schluss insgesamt zwölf gewesen, sukzessive nach Holzdorf bzw. nach Laupheim. Die Luftwaffe ist allerdings weiterhin mit Personal in Bückeburg präsent und zwar bezüglich der gemeinsamen Hubschrauberausbildung sowie auch durch die dort befindlichen CH-53-Simulatoren. Zu diesem Zeitpunkt hatte die Lufttransportgruppe HSG 64 (LTGrp HSG 64) in Schönewalde/Holzdorf schon mehrere CH-53GA direkt von Airbus Helicopters erhalten. Am 24. September 2013 traf dort die erste Maschine (84+33) ein. Schon kurze Zeit später, am 8. Oktober 2013, begann für zwölf Teilnehmer der erste Lehrgang in Holzdorf zur Erlangung der Musterberechtigung CH-53GA. Insgesamt wurden drei Kurse für das Jahr 2014 eingeplant.

Anfänglich waren zwölf Maschinen für die LTGrp HSG 64 und deren 3. Staffel eingeplant. Die Entscheidung 15 Airbus Helicopters H145M zur Unterstützung der Spezialkräfte zu beschaffen und sie dem HSG 64 am Standort Laupheim zuzuordnen, führte zu einer Erhöhung der CH-53-Anzahl in Holzdorf.

Für das Geschwader kündigte sich für Ende 2014 eine gewisse Entlastung der jahrelangen Einsatzbelastung als Teil von ISAF in Afghanistan an. Bis Ende 2014 wurde ISAF offiziell beendet, allerdings unter der Bezeichnung Resolute Support ab dem 1. Januar 2015 mit angepasstem Auf-

Sehr hilfreich für die Umschulung der Besatzungen sind sog. Cockpit Procedure Trainer –hier können die Crews die Cockpitfunktionalitäten kennenlernen und diverse Verfahren üben.

gaben und zunächst reduziertem Umfang weitergeführt (siehe Beitrag Einsatz in Afghanistan). Mitte des Jahres 2015 trainierten Angehörige des Verbandes die speziellen Anforderungen des Einsatzlandes Afghanistan in außergewöhnlicher Weise. Zwischen dem 30. Mai und dem 13. Juni fand auf der Holloman AFB in New Mexiko, USA die Übung Angel Thunder statt. Ziel von Angel Thunder war es CSAR (Combat Search and Rescue) und PR (Personal Recovery) unter extrem realistischen Bedingungen zu üben. Schon Wochen zuvor waren drei Maschinen mit AN-124 Transportflugzeugen nach Holloman transportiert und dort vorbereitet worden. Das Einsatzgebiet der Übung umfasst eine Fläche von fast doppelter Größe Deutschlands. Insgesamt 2700 Teilnehmer verschiedener Nationen nahmen an dieser außergewöhnlichen Veranstaltung teil.

Am 15. Juni 2015 richtete der Verband in Laupheim den Tag der Bundeswehr aus und lockte dabei 20.000 Besucher an. Hierbei konnten die Angehörigen des Verbandes den Gästen ihr großes Aufgabenspektrum näherbringen. Anfang September besuchten 33 Militärattachés Laupheim, um sich dort über das Thema Lufttransport zu informieren. Ende des Jahres, am 12. Dezember, erhielt das Geschwader seine ersten zwei Airbus Helicopters H145M-Maschinen, die in Laupheim als Teil der 4. Fliegenden Staffel stationiert wurden.

Mitte Januar 2016 konnte eine erste Hauptphasen-Inspektion an einer CH-53GA (84+39) bei der LTGrp HSG 64 in Schönewalde/Holzdorf abgeschlossen werden. Insgesamt 161 Arbeitstage waren dafür nötig.

Vom 7. bis 16. März 2016 des Jahres fand eine Premiere für einige Angehörige des HSG 64 statt. Hierbei trainierte ein Kontingent des Verbandes am Polarkreis als Teil der deutsch-finnischen Übung Cold Blade bei arktischen Temperaturen, intensive Vorbereitungen waren hierfür nötig.

Insgesamt 40 moderne CH-53GA sind beim HSG 64 im Einsatz.

Zwei CH-53GA der Lufttransportgruppe des HSG 64 auf dem Vorfeld des großzügigen Flugplatzes Schönewalde/Holzdorf.

Im nordfinnischen Ivalo operierten deutsche CH-53GA und finnische NH90 gemeinsamen Tiefflug, Schneelandungen und Nachtflüge. Auch Schießen aus der Luft war möglich. Die Maschinen waren dabei in beheizten Zelten abgestellt. Am 14. April 2016 führte die mit einer attraktiven Sonderbemalung versehene CH-53G mit dem Kennzeichen 84+06 ihren allerletzten Flug durch. Sie war knapp 44 Jahre vorher in Dienst gestellt worden und im Laufe ihrer Einsatzzeit rund 6370 Flugstunden in der Luft. Heute dient sie als Ausstellungsstück auf dem Flugplatz Laupheim.

Die internationale Einbindung des HSG 64 spielt eine sehr wichtige Rolle. So nahm eine Abordnung des Verbandes im Mai 2017 für zwei Wochen an der Übung Fire Blade 2017 auf der Papa Airbase in Ungarn teil. Ziel war es Befreiungsmanöver, Schießen mit Bordwaffen und Formationsflüge bei Tag und bei Nacht zu trainieren. Die Teilnehmer kamen neben Deutschland aus Ungarn, Österreich, Belgien und Slowenien. Das HSG 64 war mit drei CH-53GA dabei. Im Jahr 2017 musste der Verband, vom Standort Holzdorf aus, wieder Unterstützung als fliegende Feuerwehr leisten. So war am 29. Mai 2017 in Bad Schandau in der sächsischen Schweiz ein Feuer in unwegsamem Gelände ausgebrochen, das effektiv nur aus der Luft bekämpft werden konnte. Zwei Stunden nach der Alarmierung war die CH-53GA mit ihrem Smokey Wasserbehälter vor Ort und konnte das Feuer löschen. Nur zwei Monate später waren Hubschrauber aus Holzdorf wieder unterstützend in den neuen Ländern im Einsatz. Diesmal ging es darum die sachsenanhaltinischen Stadt Silstedt mittels Transport von großen Sandsäcken, sogenannter Big Packs, vor einer drohenden Überschwemmungskatastrophe zu schützen.

Am 28. September 2017 ging die Führung des größten fliegenden Verbandes der Bundeswehr von Oberst Stefan Demps and Oberstleutnant Christian Mayer über. Am 16. Februar 2018 erhielt der Verband den Flugsicherheitspreis für fünf Jahre unfallfreien Fliegen zwischen 2012 bis 2016 überreicht, Kommodore Mayer konnte sehr stolz auf diese Leistung seiner Angehörigen blicken, zumal das HSG 64 im Laufe dieser Zeitspanne ununterbrochen in Afghanistan im Einsatz stand.

Der nun jährlich stattfindende Tag der Bundeswehr fand am 9. Juni 2018 unter anderem in Holzdorf bei der dortigen Lufttransportgruppe HSG 64 statt. Natürlich standen bei dieser Veranstaltung die Muster des Verbandes, CH-53 und die H145M, im Mittelpunkt vor allem bezüglich der Flugvorführungen. In der Woche darauf besuchte der neue Inspekteur der Luftwaffe, Generalleutnant Ingo Gerhartz, zum ersten Mal das HSG 64.

2019 stand der Verband wieder besonders im Fokus der deutschen Öffentlichkeit. Schon 2018 waren auf Amtshilfeersuchen bei verschiedenen Waldbränden 480 Löschangriffe mit der CH-53 geflogen worden. Das neue Jahr forderte den Verband diesbezüglich wieder stark. Ende April 2019 waren zwei Maschinen bei einem Moorbrand in Vechta sowie bei einem Waldbrand im Saale-Orla-Kreis im Einsatz. Anfang Juni brannte es dann ganz in der Nähe des Flugplatzes Holzdorf in Jüterbog. Auch hier war eine Maschine im Einsatz, vor allem um eine bedrohte Biogasanlage zu schützen. Bei den Löschvorgängen kam jeweils der 5000 Liter fassende Wasserbehälter Smokey zum Einsatz. Aktuell läuft bei der WTD 61 übrigens die Erprobung eines neuen Wasserbehälters, der im Hinblick auf den kommenden STH bis zu 7400 Liter aufnehmen kann. Anfang Juli brannte es dann wieder, diesmal bei Lübtheen in Mecklenburg-Vorpommern. Hierbei standen ca. 430 Hektar auf einem ehemaligen Truppenübungsplatz in Flammen, die Rauchschwaden zogen bis nach Berlin. Da die Brandbekämpfung vom Boden aus durch alte Munition im Gelände sehr gefährlich bis unmöglich war, mussten einmal mehr Hubschrauber helfen. Neben Maschinen der Bundespolizei waren auch wieder zwei CH-53 des HSG 64 im unermüdlichen Einsatz und halfen maßgeblich den Brand unter Kontrolle zu bekommen. Dadurch rückten zwar die CH-53 der Luftwaffe einmal mehr in den Fokus der Öffentlichkeit, allerdings führten diese Einsätze den Verband bald an seine Kapazitätsgrenze. Es zeigte sich einmal mehr deutlich, dass der sehr verlässliche und leistungsstarke Hubschrauber schon sehr bald durch ein neues System ersetzt werden muss. Die Weichen hierfür wurden schon gestellt, die Ausschreibung für den neuen schweren Transporthubschrauber (STH) läuft schon.

Auftrag und Aufgaben des HSG 64

Das Wappen der Lufttransportgruppe HSG 64 in Schönewalde/Holzdorf.

Mit dem Fähigkeitstransfer trägt die Luftwaffe und somit das HSG 64 nun die Verantwortung zur Sicherstellung des teilstreitkraftübergreifenden Lufttransports mit der Sikorsky CH-53. Der Verbandsauftrag geht aber deutlich darüber hinaus. Die Unterstützung der Spezialkräfte mit Hubschraubern, die Gewährleistung von Hubschrauberkapazität für Evakuierungsoperationen als auch die Sicherstellung einer Personnel Recovery-Fähigkeit gehören zum Einsatzauftrag des Verbandes.

Aktuell bildet die Aufrechterhaltung des Einsatzauftrages im Rahmen von Resolute Support (RS) in Afghanistan den Tätigkeitsschwerpunkt. Der Verband stellt durchgehend derzeit fünf CH-53GS ab, die in Mazar-e Sharif stationiert sind.

Die Hubschrauber sind dem gemischten Einsatzverband vor Ort, dem Air Wing Resolute Support, unterstellt.

Die sich im Einsatz befindlichen CH-53 in der Version GS verfügen über Außentanks und damit über eine deutlich höhere Reichweite. Vor Ort wird ein Rüstsatz vorgehalten, um die Hubschrauber ggf. auch für qualifizierte Verwundeten- oder Krankentransporte einsetzen zu können.

Die Sicherstellung der Einsatzanforderungen für RS prägt immer noch maßgeblich den Ausbildungsflugbetrieb in Deutschland. Die fliegenden Besatzungen üben hier vor allem Staublandungen, Tiefflug, und Abwehrverfahren bei Bedrohung. Darüber hinaus erhalten die Bordschützen ihre praktische Schießausbildung.

Gebirgsflug stellt eine weitere Herausforderung für die Besatzungen dar. Nicht zu Letzt trifft man in Afghanistan auf stark gebirgiges Gelände. Die Aus- und Weiterbildung findet hierzu unter anderem in den Schweizer Alpen statt. Der Verband hält hierzu enge Beziehungen mit den Schweizer Streitkräften.

Die Maschinen des Hubschraubergeschwaders 64 stehen auch für Hilfseinsätze im In- und Ausland zur Verfügung. Dies können Bergungen, aber auch Personen- und Materialtransporte sein. Für Feuerlöscheinsätze auf Landesebene stehen im Rahmen der Amtshilfe Löschbehälter mit 5000 Liter Fassungsvermögen bereit, sodass bei Waldbränden Unterstützung aus der Luft geleistet werden kann.

Darüber hinaus werden die CH-53 des HSG 64 weiterhin auf nationalen und internationalen Übungen zu finden sein, entweder als Übungsteilnehmer oder in direkter Unterstützung der übenden Truppen.

Gliederung des Hubschraubergeschwaders 64

Das HSG 64 ist nicht nur der jüngste, sondern mit über 2600 Angehörigen auch der größte fliegende Verband der Luftwaffe. Der Kommodore und sein Stab führt das Geschwader von Laupheim bei Ulm aus. Dort sind ca. 1200 Angehörige, 1100 Soldatinnen und Soldaten und 100 Zivilangestellte, stationiert. Unterhalb der Kommandoebene sind in Laupheim die Fliegende Gruppe und die Technische Gruppe angeordnet. Zur Fliegenden Gruppe gehören die 1., die 2. und die 4. Fliegende Staffel sowie die Flugbetriebsstaffel. Die 1. und

Eine CH-53GA ist in einer Wartungshalle abgestellt. Einige Maschinen tragen weiterhin eine Tarnfleck-Bemalung.

2. Fliegende Staffel beheimaten die CH-53-Besatzungen, die 4. Fliegende Staffel die Crews der H145M.

Die 1. FlgStff HSG 64 hat als Hauptaufgaben den Lufttransport und militärische Evakuierungsoperationen (die 2. Staffel unterstützt dabei). Die Bordsicherungssoldaten sind der 1. FlgStff in Laupheim und der 3. FlgStff in Holzdorf zugeordnet. Der Hauptauftrag der 2. FlgStff HSG 64 ist die direkte taktische Unterstützung der Spezialkräfte der Bundeswehr sowie Personnel Recovery. Darüber hinaus sind die Kampfretter Teil der 2. Staffel.

Die Flugbetriebsstaffel ist für die Aufrechterhaltung und Organisation des Flugbetriebs zuständig, dazu gehört z.B. die Flugsicherung und die Fliegerhorstfeuerwehr. In Laupheim bestehen zwei Start- bzw. Landebahnen, eine Asphaltbahn (1646 x 30m) sowie eine Grasbahn (600 x 50m). Der Technischen Gruppen unterstehen drei Staffeln, die Instandsetzungs- und Elektronikstaffel, die Nachschub- und Transportstaffel sowie die Wartungs- und Waffenstaffel.

In Schönewalde/Holzdorf befindet sich die Lufttransportgruppe HSG 64. Sie wird von einem Kommandeur im Range eines Oberstleutnants geführt. Ihm unterstehen mehrere Einheiten: Die 3. Fliegende Staffel, die Versorgungsstaffel, die Flugplatzstaffel sowie die 1. und 2. Technische Staffel.

Die 3. Fliegende Staffel ist sehr stark gefordert. Neben dem vielfältigen Routineflugbetrieb mit der CH-53GA steht die Schulung der Piloten aber auch bordtechnischen Feldwebel zur Erlangung der Musterberechtigung CH-53 im Mittelpunkt der fliegerischen Tätigkeit.

In Holzdorf stehen der LTGrp HSG 64 ideale infrastrukturelle Rahmenbedingungen zur Verfügung. Der Flugplatz ist flächenmäßig sehr groß und bietet ideale Bedingungen um z.B. auch am Platz selbst Flugübungen durchzuführen. Der moderne, große Tower im südlichen Teil gibt optimalen Überblick u.a. auch über die 2419 m lange Start- und Landebahn. Sechs große Hallen stehen für die Technik zur Verfügung. Fünf davon waren ursprünglich für den NH90 konzipiert worden. Dieses Muster war zunächst für den Standort Holzdorf vorgesehen gewesen. Der Fähigkeitstransfer bedeutet aber, dass für die Luftwaffe vorgesehene NH90 an das Heer und CH-53 des Heeres an die Luftwaffe gingen. Pro Halle können je zwei CH-53 untergebracht werden. Insgesamt sind sechs Dockplätze für die CH-53 eingerichtet worden.

Die LTGrp HSG 64 betreibt am Standort eine Ausbildungswerkstatt. Diese befindet sich unter anderem in einer ehemaligen Halle der Heeresfliegerunterstützungsstaffel 1,

Eine CH-53GS im Tiefflug zwischen Tucson, Arizona und Holloman AFB, New Mexiko im Rahmen der CSAR-Übung Angel Thunder 2015.

Im März 2017 verbrachte ein Kontingent des HSG 64 am Polarkreis, um dort mit den finnischen Streitkräften Einsätze unter diesen speziellen Bedingungen zu trainieren.

Die CH-53G 84+06 erhielt schon im Jahre 2014 diese außergewöhnliche Bemalung und repräsentierte den Verband bei diversen Veranstaltungen. Am 14. April 2016 führte sie ihren letzten Flug durch. Sie steht heute ausgestellt auf dem Fliegerhorst Laupheim.

Im August 2018 leistete das HSG 64 Amtshilfe und unterstützt mit einer CH-53 die Löscharbeiten eines Waldbrandes nahe Treuenbrietzen in Brandenburg.

in welcher nun Fluggerätemechaniker ausgebildet werden. Des Weiteren befindet sich im Unterkunftsbereich die Ausbildungseinrichtung für Elektroniker für Geräte und Systeme.

Der Verband verfügt in Holzdorf über ca. 800 Angehörige, davon ca. 200 Zivilangestellte.

Mittlerweile ist das Hubschraubergeschwader 64 ebenfalls direkt für die luftwaffenseitige Logistik und Instandhaltung der CH-53 verantwortlich. Zuvor war das Systemzentrum 21 als Teil des Waffensystemunterstützungszentrums 2 in Diepholz mit dieser Aufgabe betraut. Im September 2018 wurde der Verband allerdings aufgelöst, Personal und Material gingen zeitgleich auf die neuaufgestellte Abgesetzte Instandhaltungsstaffel des HSG 64 über. Ziel der Maßnahme war es Einsatz und Logistik näher zusammenzubringen und somit die Fähigkeiten des Hubschraubergeschwaders insgesamt zu stärken. Die Führung aus einer Hand soll Effizienzsteigerungen und eine engere Verzahnung mit sich bringen, was im Ergebnis auch eine verbesserte Verfügbarkeit der CH-53 ermöglichen soll. Durch diese Maßnahme unterstehen dem Kommodore des HSG 64 somit nun zusätzliche ca. 600 Dienstposten.

Das HSG 64 unterhält in Diepholz nun bis zu acht CH-53 Docks. In jedem arbeiten acht Techniker unter Anleitung eines Dockchefs. Diepholz hat sich auf die Durchführung von Sandphasen spezialisiert und so sind dort vor allem GS-Maschinen anzutreffen.

Die Kampfretter und Bordsicherungssoldaten des HSG 64

Das HSG 64 ist ein außergewöhnlicher Verband, er deckt ein weites Einsatzspektrum ab, insbesondere natürlich hinsichtlich der schon lange andauernden Verwendung in Afghanistan. Dies macht spezialisierte und sehr gut ausgebildete Kräfte notwendig. Auf der einen Seite sind das die Bordsicherungssoldaten, auch Doorgunner genannt, die mithilfe des schweren Maschinengewehrs M3M und dem Maschinengewehr MG3 den Schutz der CH-53 im Flug übernehmen. Als Teil des Bordsicherungszuges CH-53 und in zwei Gruppen gegliedert tun ca. 22 Doorgunner Dienst beim HSG 64. Bis die Soldaten den begehrten Militärluftfahrzeugbesatzungsschein erhalten können, gilt es allerdings eine anspruchsvolle und sehr fordernde Ausbildung

Kampfretter des Hubschraubergeschwaders 64 übten im Oktober 2018 zusammen mit der 56th und 57th US-Rescue Squadron das Luftlandeeinsatzverfahren »Fast Roping««.

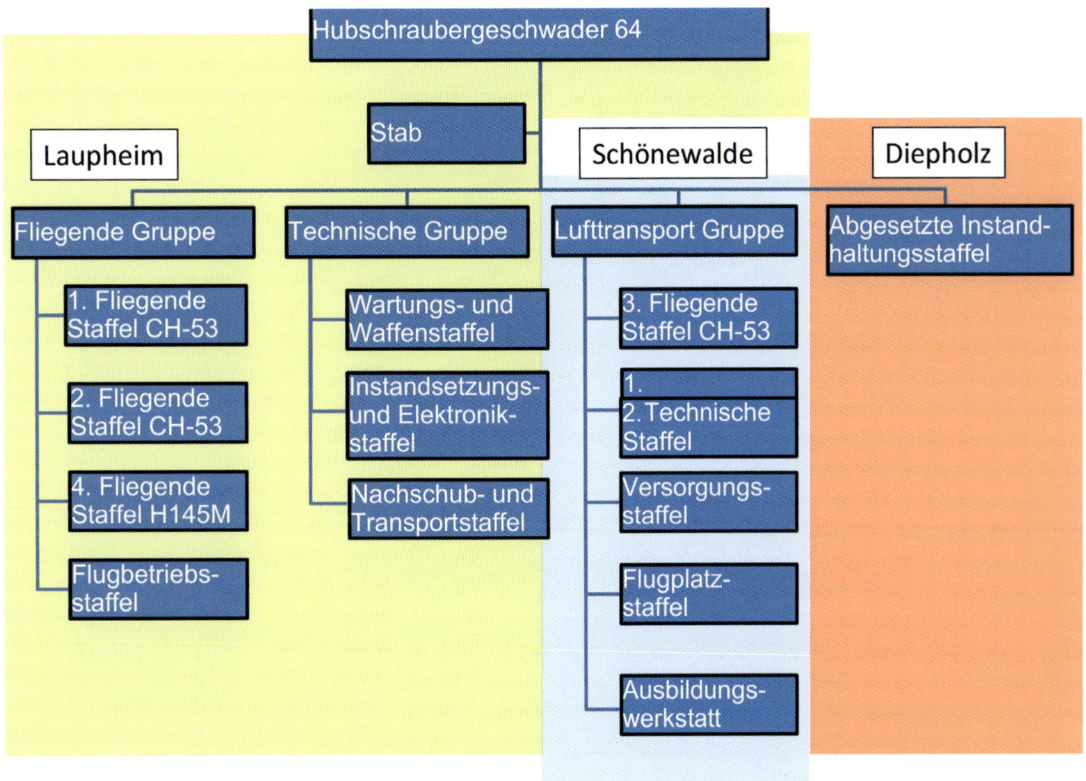

Die Gliederung des HSG 64, dem größten fliegenden Verband der Bundeswehr.

Hoher Absprung. Die Kampfretter des HSG 64 sind Elitesoldaten, die über eine sehr intensive Fallschirmspringerausbildung verfügen.

Das HSG 64 verfügt nun neben der CH-53 mit der H145M LUH SOF noch über ein zweites Einsatzmuster.

zu durchlaufen. Da die Tätigkeit in der CH-53 körperlich sehr anstrengend ist, muss der Bewerber neben seiner demonstrierten Flugtauglichkeit körperlich fit sein und darf auch keine Höhenangst haben. Diverse Lehrgänge wie z.B. Überleben See und Überleben Land müssen erfolgreich absolviert und natürlich Schießübungen durchgeführt werden. Höhepunkt sind die jährlich im Frühjahr und im Herbst stattfindenden dreiwöchigen Heli Dust-Übungen in der Oberlausitz. Hierbei ist es wichtig verschiedene Szenarien zu trainieren, bei langsamem und schnellem Flug, hoch bzw. tief sowie bei Tag und bei Nacht. Mehrere 10.000 Schuss Munition werden bei den Ausbildungsflügen abgegeben. Derart gut ausgebildet können die Doorgunner dann ihre wichtige Funktion im Einsatzland ausüben.

Neben den Bordsicherungssoldaten gibt es eine weitere einzigartige Soldatengruppe beim HSG 64, die Kampfretter. Die Aufgabe dieser Spezialkräfte ist Personal Recovery, also Rettung und Rückführung von hinter feindlichen Linien verunfallten Crews eigener Luftfahrzeuge. Lange gab es bei der Bundeswehr keine eigenen Kräfte hierfür, so dass bei einem Vorfall nicht in eigener Regie reagiert hätte werden können. Ende der 90er Jahre entstanden erste Konzepte im Rahmen einer CSAR (Combat Search and Rescue)-Kerngruppe. Es dauerte allerdings noch einige Zeit bis dann der Aufbau luftwaffeneigener Spezialkräfte begonnen werden konnte. Die Bewerber-Auswahlkriterien forderten eine sehr gute infanteristische Ausbildung, sehr hohe physische und psychische Belastbarkeit und unbedingte Teamfähigkeit. Abhängig von der Vorqualifikation wurden die angehenden Kampfretter intensiv für ihre Aufgaben vorbereitet. Dazu gehörte Nahkampf, Schießen, Fallschirmspringen, Einzelkampfausbildung, Abseilverfahren sowie eine intensive medizinische Ausbildung. Nachdem die ersten Elitesoldaten ihre Ausbildung absolviert hatten, wurden sie dem HSG 64 zugeordnet und sind im Einsatz integraler Bestandteil der CH-53-Besatzung. Allerdings sind sie nicht nur auf dem größten Hubschrauber der Bundeswehr zu Hause, auch die H145M oder der NH90 der Heeresflieger gehören zum Repertoire der Kampfretter. Im Einsatz operieren sie immer im Dreierteam, einer davon ist für die medizinische Erstversorgung ausgestattet. Es steht eine große Palette modernster Ausrüstung zur Verfügung.
Die Absetzverfahren im Einsatzgebiet können den Erfordernissen angepasst werden. Entweder klassisch per Landung oder mittels am Heckausleger installiertem Seil, aber auch per Fallschirm. Bei letzterem können die Verfahren HALO (High Altitude, Low Opening, hoher Absprung, niedrige Schirmöffnung) oder HAHO (High Altitude, High Opening, hoher Absprung, hohe Schirmöffnung) angewendet werden. HAHO bietet die Möglichkeit die CH-53 viele Kilometer vor dem Zielpunkt zu verlassen und dann lautlos mittels speziellen Schirmen zu Boden zu gleiten. Diese vielen anspruchsvollen Techniken müssen natürlich fortlaufend geübt werden. Neben dem tagtäglichen Training sind die Kampfretter sehr häufig in Afghanistan vor Ort und stehen dort in Bereitschaft, sollten eigene Truppen isoliert sein und gerettet werden müssen. Sie leisten somit einen sehr wertvollen Beitrag für die Sicherheit deutscher Streitkräfte im Einsatz.

Aktueller Bestand CH-53

Dem HSG 64 stand im August 2019 folgende Anzahl CH-53 zur Verfügung:

Standort Laupheim:
- 20 CH-53GA
- 20 CH-53GS
- 4 CH-53GE (eine kommandiert TAusbZLw)
- 2 CH-53G-IFR

Standort Holzdorf:
- 1 CH-53G (kommandiert TAusbZLw)
- 1 CH-53G-IFR (kommandiert TAusbZLw)
- 20 CH-53GA (zwei kommandiert TAusbZLw)

Diese Anzahl bezeichnet allerdings den Buchbestand, tatsächlich sind deutlich weniger Maschinen am jeweiligen Standort, da sich Maschinen immer auch in Hauptphasen in Diepholz oder bei Airbus Helicopters befinden. Darüber hinaus sind fünf Maschinen langfristig zur Ausbildung nach Faßberg kommandiert. Die verbleibenden CH-53G und G-IFR werden in den nächsten Monaten ausgemustert.

Crewtraining bei der Lufttransportgruppe Hubschraubergeschwader 64

Das HSG 64 ist (neben der WTD 61) der einzige mit CH-53 ausgerüstete fliegende Verband der Bundeswehr. Es liegt deswegen auf der Hand, dass das Geschwader recht intensiv bei der Crew-Ausbildung involviert ist. Dieses Element des Aufgabenspektrums wird überwiegend bei der Lufttransportgruppe HSG 64 und dessen 3. Fliegenden Staffel in Holzdorf durchgeführt. Der ostdeutsche Flugplatz bietet dabei ideale Ausbildungsbedingungen, denn es stehen in der Nähe große und sehr gut nutzbare Truppenübungsplätze wie z.B. in der Annaburger Heide oder in der Oberlausitz zur Verfügung. Die Ausbildung erfolgt auf der modernen CH-53GA.

Konzentrierte Arbeit im Cockpit der CH-53GA.

Die fliegerische Ausbildung auf dem größten Hubschraubermuster der Bundeswehr, mit Tactical Combat Training Program (TCTP) bezeichnet, beginnt nach anfänglicher Theorie, die im Rahmen von computerbasiertem Training erfolgt, mit der Simulator-Ausbildung. In Holzdorf stehen dafür zwei moderne sogenannte Cockpit Procedure Trainer zur Verfügung, die, mit einem CH-53GA-Cockpit ausgerüstet, optimal geeignet sind die Funktionalitäten in der CH-53 zu erlernen und spezielle Verfahren einzuüben. Unter anderem steht auch ein zweidimensionales Sichtsystem zur Verfügung, das sehr realistisch die Umgebung abbilden kann. Diese Simulatoren wurden von Airbus Helicopters gebaut. Darüber hinaus sind zwei große und voll bewegliche CH-53-Flugsimulatoren von CAE im Internationalen Hubschrauberausbildungszentrum in Bückeburg wichtiger Bestandteil des Trainings. Insgesamt sind 94 Simulator-Flugstunden vorgesehen. Diese beiden Cockpits sind vernetzbar um taktische Verfahren realitätsnah trainieren zu können. Die einzelnen Bestandteile der Pilotenschulung werden in Lehrplänen beschrieben und müssen vom Schüler nach und nach erfüllt werden. Es startet mit dem Kennenlernen der Besonderheiten dieses großen Hubschraubers und einfachere Flüge bei Sichtflugbedingungen am Tage. Weiterhin gehört insbesondere der Schwebeflug, Navigation und Geländeflug zum Programm. Das Erlernen von Notverfahren ist auch ein sehr wichtiger Bestandteil der anfänglichen Flugausbildung, die ca. sechs Monate in Anspruch nimmt. Nachdem der Schüler die CH-53GA fliegerisch sicher beherrscht folgt der nächste Ausbildungsabschnitt, bei dem nun erste Hubschraubereinsatzverfahren auf dem Lehrplan stehen. Dies sind z.B. Lufttransportflüge mit Innen- und Außenlasten (z.B. Feuerlöschbehälter, Fahrzeuge), Absetzen von Fallschirmspringern aber auch Nachtflüge und erste Geländelandungen. Die letzte Ausbildungsphase, im Lehrplan 102 beschrieben, beinhaltet das volle Spektrum des taktischen Fliegens bei Tag und Nacht. Dazu gehört der Tiefstflug, Bordwaffeneinsatz, Formationsflug mit mehreren Luftfahrzeugen sowie taktische Flugverfahren jeweils am Tage und in der Nacht. Planerisch sind 73,5 Stunden Realflug eingeplant. Die gesamte Ausbildungsdauer kann stark variieren, sie ist abhängig von der Anzahl einsatzbereiter Maschinen aber auch die Verfügbarkeit von Fluglehrberechtigten spielt eine wichtige Rolle. Gerade letztere stellen eine äußerst knappe Ressource dar, denn die Fluglehrer des Verbandes haben umfangreiche Aufgaben zu erfüllen. Neben diesen leisten sie, wie alle Einsatzpiloten auch, ihre Einsätze in Afghanistan ab und stehen somit nicht durchgehend zur Verfügung.

Außenlandungen wie z.B. hier auf dem Truppenübungsplatz Annaburger Heide gehören zum Ausbildungsprogramm für angehende CH-53-Piloten.

Zentimetergenau und mit Hilfe des Bordtechnikers wird die schwere CH-53 auf einem Erdwall abgesetzt.

Kurze Landung in einer Waldlichtung der Annaburger Heide.

Die nur wenige Kilometer südwestlich des Fluglatzes Holzdorf gelegene Annaburger Heide dient auch als Standortübungsplatz für die in Holzdorf/Schönewalde stationierten Bundeswehreinheiten und bietet optimale Bedingungen um z.B. Geländeflug und Außenlandungen zu trainieren.

Ein typischer Ausbildungsflug beginnt mit den Vorbereitungen ca. eine Stunde vor der Startzeit im Briefingraum der 3. Fliegenden Staffel. Der Flugweg wird geplant und die durchzuführenden Übungsinhalte besprochen. Da die Flugsicherheit immer im Mittelpunkt steht, wird auch auf mögliche Gefährdungen hingewiesen und z.B. alternative Landeplätze definiert. An- und Abflugverfahren werden durchgespielt. Parallel zum Einsatzbriefing der Piloten war der Bordtechniker schon zur vorgesehenen Maschine gefahren, um dort zusammen mit der technischen Bodencrew die Systeme der CH-53GA hochzufahren.

Nach Eintreffen der Piloten an der Maschine findet nochmal eine kurze gemeinsame Besprechung in der Maschine mit allen Besatzungsangehörigen statt. Die Minimumcrew besteht aus zwei Piloten, einer davon ist der Kommandant. Hinzu kommt auf dem Mittelplatz sitzend der Bordtechniker. Abhängig von der Mission wird die Crew von weiteren Mitgliedern ergänzt, z.B. durch einen weiteren bordtechnischen Feldwebel, der für den Laderaum verantwortlich ist, aber auch bei Geländelandungen wichtige Bodenreferenzinformationen vor der Landung übermittelt.

Mithilfe der entsprechenden Checklisten wird der Hubschrauber gestartet, der Bordtechniker überwacht den Vorgang von außen. Nach dem Rollen findet der Start statt und die Übung beginnt. Beim heutigen Trainingseinsatz folgt die Crew einem festgelegten Tiefflugprofil. Der Flugschüler konzentriert sich auf die Steuerung der CH-53 und fliegt die festgelegte Route ab. Der Fluglehrer überwacht, unterstützt und gibt Hinweise. Kommunikation wird an Bord sehr groß geschrieben, alle Crewmitglieder tauschen sich fortlaufend aus, um auf demselben Informationsstand zu sein.

Hauptziel der Mission ist es auf dem Übungsplatz Annaburger Heide, südwestlich des Flugplatzes gelegen, Geländeanflüge in sogenannten Confined Areas zu üben. Confined Areas sind Gebiete, die deutliche Einschränkungen für eine Landung aufweisen, so z.B. eine dichte Bewaldung um den Aufsetzpunkt herum, Steigungen oder Unebenheiten oder spezielle Geländeausprägungen wie z.B. ein Damm. Diese Landungen fordern die ganze Crew und sind dementsprechend anspruchsvoll. Zunächst muss der Landeplatz der Luft erkundet und bezüglich der Eignung beurteilt werden. Danach gilt es den Anflugweg in Bezug auf die Form der Confined Area, der Windrichtung, der Bewaldung, der Steigung und der möglichen Notlandefelder auszuwählen und den Anflug einzuleiten. Hierbei gibt der Fluglehrer teilweise eine künstliche Leistungsbegrenzung aus Trainingsgründen vor.

Im Verlauf von ca. 45 Minuten führt der Flugschüler mit Unterstützung der gesamten Crew diverse Anflüge an verschieden Plätzen durch. Zwischen den geplanten Landefeldern wird die Maschine im Tiefstflug über Baumwipfel hinweg bewegt. Durch dieses Training werden die fliegerischen Fertigkeiten des Schülers deutlich gesteigert. Nachdem der letzte Landeplatz dreimal angeflogen und die schwere Maschine zentimetergenau abgesetzt wurde, beendet der Fluglehrer diesen Übungsanteil und der Rückflug zum Platz wird eingeleitet. In moderater Höhe und mit 100 Knoten (ca. 160 km/h) Fluggeschwindigkeit geht es zum Fliegerhorst Holzdorf zurück. Dort endet die Mission nach ca. eineinhalb Stunden Flugzeit angefüllt mit intensiver und effektiver Ausbildung, die den Schüler wieder einen Schritt näher an seinen Typenqualifikation auf der CH-53 geführt hat.

Nicht nur Piloten werden in Holzdorf auf der CH-53 geschult, sondern auch die bordtechnischen Feldwebel (Bordtechniker). Nach der intensiven theoretischen und auch praktischen Ausbildung an der Technischen Schule Nord in Faßberg, wird der angehende Bordtechniker im Rahmen von Lehrgängen weiter geschult um einerseits den Militärluftfahrzeugbesatzungsschein und anderseits die Musterberechtigung CH-53 zu erlangen. Sehr erfahrene Lehrer der 3. Fliegenden Staffel stellen diesen Teil des Aufgabenspektrums sicher. Neben neuen bordtechnischen Feldwebeln werden auch schon im Einsatz befindliche technische Besatzungsmitglieder z.B. von der UH-1D auf die CH-53 umgeschult.

Ein sehr außergewöhnlicher Lehrgang betraf eine Gruppe ehemaliger C-160-Lademeister, die durch die Reduzierung bei der Transall-Flotte neue Aufgaben übernehmen konnten. Obwohl diese sehr kompetenten Crewmitglieder über einen Militärluftfahrzeugbesatzungsschein verfügten, fehlte jede spezielle Erfahrung mit den Besonderheiten eines Hubschraubers. Deswegen arbeiteten Spezialisten der LTGrp HSG 64 in eigener Regie einen maßgeschneiderten Lehrplan aus. Dieser sah neben einleitender Theorie und Simulatorstunden auch 14 Missions in der CH-53 vor. Insgesamt waren für diesen speziellen Lehrgang 86 Ausbildungstage vorgesehen. Nach erfolgreichem Abschluss konnten den frisch gebackenen sogenannten CH-53 Loadies eine neue Perspektive auf einem fliegenden System der Bundeswehr geboten werden, zugleich erhielt der Verband dringend nötige Personalverstärkung. Als Besonderheit ist der Einsatz der Loadies allerdings auf den Laderaum beschränkt. Der normale Bordtechniker ist prinzipiell auch für den dritten Sitz im Cockpit qualifiziert.

Einsatzvorbereitung auf dem Übungsplatz Oberlausitz

Seit dem Jahr 2002 steht die CH-53 der Bundeswehr in Afghanistan ununterbrochen im aktiven Einsatz. Die Randbedingungen sind dort sehr anspruchsvoll, neben den realen Bedrohungen bestehend aus Feuerwaffen und Boden-Luft-Raketen spielen extreme Umwelteinflüsse eine große Rolle. Die dort herrschenden Temperaturextreme und zum Teil sehr hochgelegenen Einsatzgebiete machen die fliegerische Aufgabe sehr komplex. Darüber hinaus setzen sich die Besatzungen nicht nur aus Piloten und Bortechnikern zusammen, sondern bestehen gegebenfalls auch aus Bordschützen, Kampfrettern, Ärzten und Sanitätern. Diese außergewöhnlichen Rahmenbedingungen erfordern einen hohen Ausbildungsstand von allen Beteiligten.

Da der Einsatz in Afghanistan und die notwendige Ausbildung dafür bei der Bundeswehr höchste Priorität genießt, erfolgt ein regelmäßiges und intensives Training, das auf das spezielle Aufgabenszenario zugeschnitten ist. In Deutschland besteht die Möglichkeit auf dem Truppenübungsplatz Oberlausitz realitätsnah wichtige Einsatzbestandteile auszubilden und zu üben. Das Gelände in der Nähe von Weißwasser/Sachsen und an Polen angrenzend, bietet ideale Bedingungen und ist sehr weitläufig. So beträgt die Ausdehnung in Ost-West- 38 km und Nord-Süd-Richtung 9 km und es verfügt über diverse Schießbahnen und zwei Feldlager mit der Kapazität 1650 Soldaten aufzunehmen. Das HSG 64 plant im Jahr mindestens zwei jeweils zweiwöchigen Kommandos ein und verlegt dabei zwischen 150 und 200 Soldaten und drei bis vier Maschinen in die Oberlausitz.

Auf dem Truppenübungsplatz sind alle Beteiligten des CH-53 Teams gefordert. Auf der fliegerischen Seite stehen Tiefstflug in ca. zehn Metern Höhe und das Trainieren von taktischen Szenarien auf dem Programm. Dazu gehören auch der Formationsflug und das Anwenden von Eloka-Abwehrmaßnahmen wie z.B. Hitzefackelausschüsse bei gleichzeitigem Durchführen von Abwehrmanövern. Bezüglich der rein fliegerischen Ausbildung steht aber ein Aspekt im Mittelpunkt, der in Afghanistan von enorm großer Bedeutung ist: Die Staublandung. Der feine Sand im Einsatzland beansprucht nicht nur sehr stark die Technik, sondern führt bei Außenladungen dazu, dass die Piloten durch eine Staubwalze praktisch keine Bodensicht bei der Landung haben. Die Landung in einem solchen Umfeld erfordert viel Erfahrung

Obwohl die Sandkorngröße nicht mit der in Afghanistan vergleichbar ist, können die Verfahren bei Staublandungen gut auf dem Truppenübungsplatz Oberlausitz geübt werden.

Die Bordsicherungssoldaten des HSG 64 leisten einen wichtigen Beitrag zur Sicherheit der CH-53 im Einsatzland. Die Schieß-Ausbildung mit dem M3M und dem MG3 wird überwiegend in der Oberlausitz absolviert.

und optimale Crewkoordination. Ein wichtiger Faktor ist dabei der Bordtechniker im Laderaum der CH-53. Das auf der geöffneten Laderampe liegende und nach vorne blickende Crewmitglied meldet wichtige Lageinformationen an das Cockpit. Auf dem Truppenübungsplatz mit seinen sandigen Böden herrschen mit Afghanistan vergleichbare Verhältnisse und somit gute Trainingsbedingungen. Das Üben von Staublandungen ist somit ein wichtiger Ausbildungsbestandteil jedes Oberlausitz-Kommandos.

Ein weiteres wichtiges Ziel der Übung ist die Aus- und Weiterbildung der Bordschützen. Als Teil des HSG 64 sind sie ständige Besatzungsmitglieder im Einsatzland und besetzen in der Maschine insgesamt drei Positionen jeweils an der rechten Einstiegstür, der Laderampe und am linken vorderen Fenster. In erster Linie geht es um die Bedienung des FN Herstal M3M Maschinengewehrs (Kaliber 12,7 x 99 mm), aber auch das alt hergebrachte Rheinmetall MG3 (Kaliber 7,62 x 51 mm) wird verwendet (nicht an der Rampe). In verschieden Szenarien, am Boden stehend, abhebend und im Flug wird auf Zielscheiben und diverse andere Ziele geschossen. Die Leuchtspurmunition zeigt dabei den Flugweg des Projektils. Sehr wichtig ist, dass auf diesem Truppenübungsplatz auch nachts scharf geschossen werden darf. Der Übungsbetrieb erstreckt sich somit von frühmorgens bis spät in die Nacht. Die Bordschützen, überwiegend Mannschaftsdienstgrade, sind Teil des Kommandos und werden von einem speziellen Ausbilder betreut und angeleitet.

Die CH-53 deckt in Afghanistan diverse wichtige Rollen ab. Sie ist als Transportmittel für Spezialkräfte vorgesehen, kann in Not geratenen Besatzungen und reguläre Bodentruppen unterstützen und retten (PR, Personnel Recovery) sowie als medizinisch ausgerüstetes Transportmittel Verwendung finden (MedEvac). Die diversen Aufträge erfordern spezielle Einsatzprofile und Crewkoordination, die sich ebenfalls optimal auf dem Truppenübungslatz ausbilden lassen.

So trainieren kombinierte Teams aus spezialisierten Kräften und Ärzten bzw. Sanitätern das Retten und Versorgen von Verletzten im engen Zusammenspiel mit den Angehörigen des HSG 64 und im Einsatz mit diesem Hubschrauber. Dabei kommen zwei CH-53 zum Einsatz, eine Maschine landet und setzt das Rettungsteam ab bzw. nimmt es auf, die zweite Maschine sichert derweil das umliegende Gelände. Diese Übungen sind sehr realistisch gestaltbar.

Auf dem Übungsplatz wird auf verschiedene Ziele am Boden stehend aber auch fliegend geschossen. Durch den feinen Sand am Übungsplatz können auch Staublandungen trainiert werden.

Die Leuchtspurmunition zeigt deutlich den Weg ins Ziel. Die Geschosse prallen anschließend am Boden ab.

Nachtbetankung in einem Lager des Truppenübungsplatzes. Dafür steht neben Sicherungspersonal und Tankwagen auch ein Feuerwehrfahrzeug zur Verfügung.

Zielsuche (der Tanz am Himmel bei Nacht). Die Scheinwerfer der CH-53 suchen den Boden ab. In der Nacht sind Außenladungen im Gelände nicht vorgesehen.

Das Trainieren von Abwehrmaßnahmen gehört zum Übungsumfang in der Oberlausitz. Hier werden Hitzefackeln ausgestoßen.

Später Tiefstflug!

Auf dem Truppenübungsplatz Oberlausitz können diverse Bodenbedrohungen simuliert werden. So organisiert das Kommando normalerweise die Entsendung entsprechender Systeme wie den Roland (Rad) oder der DGTR-18 Smokey Sam. Letzteres Waffensystem besteht aus einem Verfolgungsradar sowie einer Starteinrichtung für eine 38 cm lange und fünf cm durchmessende Dummy-Rakete mit Feststoffantrieb.

Da der Körper aus Schaumpolystrol besteht, ist ein möglicher Treffer für das Fluggerät ungefährlich. Die Crews müssen bei ihren Einsätzen die Bedrohung registrieren und blitzschnell technische und fliegerische Gegenmaßnahmen einleiten. Dabei kommt ihnen die hohe Agilität und Leistungsstärke der CH-53 zu Gute, die, trotz ihrer Größe, zu außergewöhnlichen Flugmanövern in der Lage ist.

Fliegen auf höchstem Niveau, Gebirgsflugausbildung mit der CH-53 im Schweizer-Hochalpingebiet

Schnell wechselndes Wetter, lokal sehr unterschiedliche und schwierige Wind- bzw. Aufwindverhältnisse, stark begrenzte Landezonen mit unebenem Untergrund und durch die Höhe merklich reduzierte Triebwerksleistung sind die Hauptgründe, die das Fliegen im Gebirge zu einer so anspruchsvollen Aufgabe machen. Die Gebirgsflugausbildung bildet somit den Höhepunkt für die CH-53-Besatzungen und bedeutet sehr anstrengende und fordernde Einsätze in ungewohnter Umgebung. Mit Übernahme der CH-53 genießt auch diese Ausbildung bei der Luftwaffe eine hohe Priorität. Im Gegensatz zu den Heeresfliegern muss jedes Besatzungsmitglied dieses spezielle Training absolvieren nicht zuletzt da z.B. Einsätze am Hindukusch in Afghanistan, die in Höhen von bis zu 4800 Metern reichen können, weiterhin jederzeit möglich sind.

Seit dem Jahre 2004 findet die Gebirgsflugausbildung der CH-53 in den Schweizer Alpen statt. Im Gegenzug nutzt die Schweizer Luftwaffe in Deutschland Möglichkeiten des Nachttiefflugs und IFR Fliegens. Pro Kommando verlegen eins bis zwei CH-53 in das eidgenössische Nachbarland, das im hochalpinen Bereich ideale Trainingsvoraussetzungen bietet. Der Ausbildungsbetrieb beginnt meistens mit der Verlegung einer CH-53 Anfang der Woche entweder nach Alpnach (nähe Luzern), Meiringen oder Sion, normalerweise bestehend aus zwei erfahrenen Gebirgsfluglehrern, vier Schülern und sechs Bordtechnikern. Nach ein bis zwei Eingewöhnungsflügen für die neuen Schüler beginnt die Ausbildung am folgenden Tag mit, so es das Wetter zulässt, drei Flugperioden. Insgesamt sind 30,5 Flugstunden pro Schüler vorgesehen, die Lehrinhalte bestehen aus Standardverfahren, Fliegen mit Außenlast, Einsatz der Rettungswinde sowie Nachtflug und Nachtlandungen.

Durch die zentrale Lage der Flugplätze Alpnach, Meiringen und Sion sind mögliche Landestellen sehr schnell erreichbar. Ob es nun Kaiserstuhl, Concordiaplatz, Grimselpass, Axalp oder Klausenpass ist, viele Stellen eigenen sich für die Ausbildung und bieten dem Schüler unterschiedliche Anforderungen und Schwierigkeitsgrade.

Nicht nur die Piloten werden bei den Einsätzen stark gefordert sondern auch die Bordtechniker (je einer an der rechten vorderen Tür und einer an der Heckrampe) sind intensiv mit eingebunden. Ein normales Landeverfahren im Gebirge erfolgt in verschiedenen Phasen: Zunächst wird ein möglicher Landeplatz identifiziert und anschließend eine Winderkundung geflogen um abzuklären aus welcher Richtung und wie stark er weht. Nun erfolgt eine Leistungsüberprüfung des Helikopters um den exakten Wert zu ermitteln. Die Piloten müssen sicherstellen, dass für die Landung und mögliche Lastaufnahme auseichend Leistung vorhanden sein wird (die Triebwerksleistung nimmt mit zunehmender Flughöhe ab, das maximale Abfluggewicht von 19 Tonnen auf Meereshöhe reduziert sich auf 3000 Metern um über 2,5 Tonnen). Nach der Leistungsüberprüfung erfolgt die Hocherkundung des Landeplatzes. Für die große CH-53 muss dieser natürlich entsprechende Ausmaße aufweisen, das Gelände darf nicht zu stark abschüssig sein und der Untergrund muss dafür geeignet sein. Wichtig ist auch immer den enormen Abwind durch den Rotor (bis zu 200 km/h) zu berücksichtigen. Bei der Hocherkundung gilt es die An- und Abflugrichtung festzulegen. Bevor die eigentliche Landung erfolgen kann, wird noch eine Tieferkundung und dann ein Probeanflug durchgeführt. Die Bordtechniker unterstützen nun indem sie den Landeplatz genau einschätzen. Beim anschließenden Absetzen geben die Bordtechniker, die sich im Bereich der Heckklappe und der rechten Tür stehend oder auch auf dem Bauch liegend aufhalten, laufende Anweisungen und sprechen die Piloten ein.

Wappen für die Teilnehmer der Bergflugausbildung.

Während der 90 bis 110 minütigen Flüge werden drei bis fünf Landeplätze erkundet, angeflogen und bis 15 Landungen durchgeführt. Die Piloten müssen dabei vorrangig auf die Instrumente achten, denn es fehlt durch die Berge oftmals die Horizontreferenz und auch die Geschwindigkeit muss penibel eingehalten werden. Insgesamt verhält sich die CH-53 in diesem anspruchsvollen Umfeld gutmütig und bietet eine stabile Plattform.

Schneller Tiefflug im Gebirge.

Viele Augen erkunden den Landeplatz.

Nach jedem Flug wird dieser ausführlich analysiert und der Schüler erhält eine schriftliche Bewertung welche Flug- bzw. Landebestandteile gut und welche ggfs. weniger gut ausgeführt worden sind. So kann der Ausbildungsfortschritt auch bei wechselnden Fluglehrern gut nachverfolgt und dokumentiert werden. Nach den Landeübungen folgt das Fliegen mit Außenlasten. Dazu werden zwei Tonnen Gewicht an einem 25 Meter langen Stahlseil mitgeführt, abgesetzt und wieder aufgenommen. Dies ist ebenfalls ein sehr anspruchsvoller Ausbildungsanteil. Am Ende der Ausbildung findet ein Checkflug statt, bei dem der Schüler, im Cockpit rechts sitzend, alle Bestandteile des Trainings erfolgreich nachweisen muss. Er trifft alle Entscheidungen, der Fluglehrer arbeitet nur zu. Nach erfolgreichem Abschluss erhält er die Gebirgsfluglizenz. Um diese zu erhalten, muss die Besatzung mindestens einen Einsatz innerhalb von 180 Tage im Gebirge fliegen.

Die Gebirgsfliegerei stellt eindeutig die Königsdisziplin im Umgang mit der CH-53 dar. Sie wird auch künftig einen wichtigen Stellenwert innerhalb der Ausbildung einnehmen und dadurch alle Besatzungsmitglieder optimal für mögliche Einsatzszenarien in diesem anspruchsvollen Umfeld vorbereiten.

Die anspruchsvolle Landung bindet auch den Bordtechniker im Laderaum mit ein, der auf der Heckklappe liegend laufend Informationen ins Cockpit liefert.

Landung auf einem Hochplateau. Die Schweiz bietet eine Vielzahl anspruchsvoller Landeplätze.

Mittlerweile wird auch mit der CH-53GA Bergflugausbildung durchgeführt.

Wartung und Instandhaltung der CH-53

Die Sicherstellung der Flugsicherheit und Leistungsfähigkeit wird durch eine regelmäßige und intensive technische Betreuung erreicht. Im täglichen Betrieb findet vor jedem Einsatz eine Vorflug- später ggfs. eine Zwischenflug- und abschließend eine Nachflugkontrolle statt. Die eigentliche Wartung- und Instandhaltung der CH-53 ist gemäß einem flugstundenabhängigen Phasensystem organisiert. Nach 50 Flugstunden erfolgt eine erste Teilphase, gefolgt von zwei weiteren bei 100 und 150 Flugstunden. Bei den Teilphasen (TPH) werden vor allem diverse Wartungspunkte, z.B. Kontrolle und Auffüllen von Schmierstoffen usw. durchgeführt. Diese Maßnahme dauert nur einige Tage bis maximal zwei Wochen, danach ist der Hubschrauber wieder einsatzbereit. Nach 200 Flugstunden steht dann die sogenannte Hauptphase (HPH) auf dem Programm. Für dieses intensive Vorhaben wird die CH-53 zunächst gewaschen und dann eingedockt. Anschließend erfolgt durch ein ca. acht Personen umfassendes Team die sehr intensive Bearbeitung, so z.B. Ausbau und Tausch aller zeitverfolgten Komponenten, Behebung der im Flugbetrieb aufgetretenen, zurückgestellten Beanstandungen sowie die Umsetzung von sogenannten technischen Anweisungen (TA). Letzteres sind Modifikationen an der CH-53 um Systeme zuverlässiger zu machen oder neue Funktionalitäten einzubringen. Ausgebaute Komponenten wie z.B. die Triebwerke, die Rotorblätter, die elektrischen oder hydraulischen Anlagen etc. werden in spezialisierten Werkstätten geprüft und, wenn nötig, instandgesetzt. Sollten dann Probleme festgestellt werden, muss repariert oder Ersatz beschafft werden. Bei bestimmten Teilen mit eingeschränkter Verfügbarkeit kann dies lange dauern, was die Gesamtdurchführungszeit beeinflusst. So schwankt die Durchführungszeit einer Hauptphase zwischen sechs Monaten und einem Jahr. Am Ende der Hauptphase steht ein Abnahmeflug, erst wenn dieser erfolgreich absolviert ist, kann die CH-53 wieder in Dienst gehen. Die Hauptphasen, fortlaufend mit Buchstaben gekennzeichnet, haben jeweils verschiebende Schwerpunkte, sodass nach und nach das gesamte Luftfahrzeug genau überprüft wird.

Die intensive Nutzung der CH-53 in der extrem sandhaltigen Luft Afghanistans erforderte weitere Wartungs- und Instandhaltungsmaßnahmen. So erhält jede Maschine nach ihrer Rückkehr aus Afghanistan zusätzlich zur obligatorischen Hauptphase eine Sandphase. Diese beinhaltet viele weitere Reinigungs-, Kontroll- und Austauscharbeitspunkte. Alleine die Eingangsreinigung für Afghanistan-Maschinen erfordert bis zu 250 Arbeitsstunden.

Überprüfung des Rotorkopfes im Rahmen einer Hauptphase bei einer Technischen Staffel der LTGrp HSG 64 in Schönewalde/Holzdorf.

Ein sehr wichtiges Standbein der CH-53 Instandhaltung ist weiterhin in Diepholz beheimatet. Allerdings nun unter einem Dach, die Abgesetzte Instandhaltungsstaffel HSG 64 hat mittlerweile dort die Verantwortung vom aufgelösten Systemzentrum 21 übernommen.

Das Technische Ausbildungszentrum der Luftwaffe

Für die technische Schulung an Luftfahrtgerät der Bundeswehr wurde schon sehr früh, am 26. Mai 1956, die Aufstellung der Technischen Schule der Luftwaffe L auf dem Fliegerhorst Lechfeld befohlen. Aus diesem Stammverband ging noch im selben Jahr die Technische Schule der Luftwaffe 2 (TSLw 2) (verblieb in Lechfeld) und die Technische Schule der Luftwaffe 3 (TSLw 3) (Verlegung nach Faßberg) hervor. Zunächst bestand die Einheit neben dem Stab aus drei Ausbildungsstaffeln, die technische Grundlehrgänge (Ausbildungsstaffel A), Typeneinweisungen auf Strahl-, Propellerflugzeugen und an Hubschraubern (Ausbildungsstaffel B) sowie Ausbildung an Bodengerät und Kraftfahrzeugen anboten. So gegliedert nahm die Schule 1957 ihren Betrieb auf.

Durch die hohen Ausbildungsanforderungen wuchs sie in den folgenden Jahren bis heute personell und ausstattungsmäßig stark an. Um den neuen Gegebenheiten besser Rechnung zu tragen, wurde sie mehrfach umorganisiert.

Die Neuausrichtung der Bundeswehr brachte auch für den Bereich der technischen Ausbildung Änderungen mit sich, allerdings blieb der Standort Faßberg, wie am 26. Oktober 2011 vom Bundesverteidigungsminister verkündet, bestehen. Zum 31. Dezember 2013 wurden die beiden Technischen Schulen 1 (TSLw 1) in Kaufbeuren und 3 (TSLw 3) in Faßberg offiziell aufgelöst. Einrichtungen und Personal gingen im neu gebildeten Technischen Ausbildungszentrum der Luftwaffe (TAusbZLw) auf, das vom norddeutschen Standort in der Heide geführt wird und dort seinen Stab hat. Das Zentrum gliedert sich nun in zwei Abteilungen. Zum einen die Abteilung Nord weiterhin in Faßberg und die Abteilung Süd in Kaufbeuren stationiert.

Das Technische Ausbildungszentrum der Luftwaffe ist zuständig für die trainingsgebundene Aus-, Fort- und Weiterbildung in den Bereichen:

- Waffensystemtechnik
- Waffen- und Munitionstechnik fliegender Waffensysteme
- Elektronikgrundlagen
- Radargerätetechnik

Aufgereiht in einer Halle stehen CH-53 als Ausbildungsgerät. Teilweise werden die Maschinen nach einer gewissen Zeit ausgetauscht und wieder für den Flugdienst abgegeben.

- Elektronische Kampfführung
- Militärische Flugsicherung
- Kraftfahrzeugtechnik
- Bodengerätetechnik
- Strukturmechanik
- Betriebsstoffe
- Gefechtsschadenbehebung an Luftfahrzeugen
- Waffensystemübergreifende Grundlagenausbildung, auch in den Regelungsräumen EASA und DEMAR

Das Technische Ausbildungszentrum Abteilung Nord gliedert sich in drei Ausbildungsgruppen und in eine Ausbildungsunterstützungsgruppe. Die Ausbildungsgruppe I ist eine der ersten Lehrstationen für angehende Fluggerätemechaniker am Standort Faßberg. Hier werden insbesondere Soldaten und Soldatinnen sowie zivile Mitarbeiter und zivile Mitarbeiterinnen in den Grundlagen geschult und auf die darauffolgende waffensystemspezifische Ausbildung in der Ausbildungshöhe 7 bzw. 6 vorbereitet.

Das besondere an der Ausbildungsgruppe III ist ihre Vielfalt, denn hier sind fünf sehr unterschiedliche Fachbereiche zusammengefasst: Bodendienstgeräte, Betriebsstoff, Gefechtsschadenbehebung, Flugausrüstung und Strukturmechanik/Metall. Auch die Ausbildungswerkstatt mit jeweils 24 Auszubildenden gehört zu dieser Einheit.

Die Ausbildungsunterstützungsgruppe hat den komplexesten Auftrag aller Einheiten des TAusbZLw und hält den größten Teil der materiellen, personellen und infrastrukturellen Ressourcen für die Auftragserfüllung vor. Kurz gesagt liegt die Verantwortung für die Bereitstellung aller benötigten Materialien und Dienstleitungen für den reibungslosen Trainingsbetrieb in einer Hand. Dazu gehört unter anderem die Teileinheit Instandhaltung Luftfahrzeuge und Schulungs-/Ausbildungsgerät. Diese Teileinheit ist mit seinen acht Fachbereichen und ca. 50 Soldaten und zivilen Mitarbeiter das zentrale Organ für die Sicherstellung der Einsatzbereitschaft der Ausbildungsmittel für die praktische Ausbildung an den fliegenden Waffensystemen CH-53.

Die technisch-logistische Ausbildung CH-53 findet sich in der Ausbildungsgruppe II wieder. Darüber hinaus wird neben den Trainings-SASPF und technisch-logistischen

Der Composite-Trainer steht in der Ausbildungshalle und stellt diverse Systeme wie z.B. den komplexen Rotorkopf dar. Er verfügt auch über ein funktionsfähiges Cockpit.

Luftfahrzeug-Englisch, im zur Ausbildungsgruppe II gehörenden Abgesetzten Bereich Wunstorf das Waffensystem Airbus A400M in deutsch-französischer Kooperation ausgebildet.

Die erste CH-53G (84+03) wurde am 30. November 1971 an die Technische Schule 3 (TSLw 3) ausgeliefert. Die Schulung begann schon bald darauf Anfang 1972 mit den ersten Technikern der Heeresfliegerwaffenschule und anschließend für die Angehörigen des mittleren Heeresfliegertransportregiments 35.

Der Schulungsteilbereich CH-53 ist mit seinem Stammpersonal und den im Durchschnitt über 100 Trainingsteilnehmern pro Tag, die in 22 verschiedenen Trainingstypen ausgebildet werden, eines der Kompetenzzentren der luftfahrzeugtechnischen Ausbildung in der Bundeswehr. Die Gesamtzahl der auszubildenden Trainingsteilnehmer liegt bei über 500 pro Jahr, wobei sich die unterschiedlichen Lehrgänge von 5 bis 143 Ausbildungstagen erstrecken. In den Lehrgängen werden Soldaten und Zivilbeschäftigte entsprechend ihrer späteren Verwendung in der Laufbahn der Unteroffiziere ohne oder mit Portepee, bzw. den vergleichbaren zivilen Laufbahnen ausgebildet. Hinzu kommen Einweisungslehrgänge für luftfahrzeugtechnische Offiziere, Sachbearbeiter in Stäben und Luftfahrzeugführer dieses Waffensystems. Ferner werden systembezogene Schulungen für das bordtechnische Personal der CH-53 sowie Ergänzungsausbildungen für Off-Aircraft-Instandsetzungen und Speziallehrgänge für Kabel- und Stecker-Reparaturverfahren durchgeführt. Knapp 25 erfahrene Ausbilder stellen diesen Auftrag sicher. Die Ausbildungseinrichtung für die CH-53 ist in einer separaten Halle untergebracht, insgesamt fünf Maschinen (Stand Mitte 2019: 84+92 (GE), 84+83 (G-IFR), 84+11(G) und 84+33 (GA) und 84+37 (GA)) stehen dort für die Praxisausbildung zur Verfügung. Sehr wichtig ist auch ein sogenannter Composite-Trainer der in Originalgröße die Systeme, z.B. den komplexen Rotorkopf des gesamten Hubschraubers darstellt und eine sehr gute Zugänglichkeit der einzelnen Komponenten zulässt. Weiterhin stehen ein Hydrauliksystem-Demonstrator und diverse ausgebaute und vorbereitete Originalbauteile, wie z.B. Triebwerk, Rotorkopf, Hauptgetriebe usw. zur Verfügung.

In modernen Schulungsräumen flankiert von interaktiven Systemfunktionsmodellen, die sehr anschaulich die Komponenten z.B. der Flugsteuerungshydraulik, der Rotorblattverriegelung, der Pylon-Klappanlage und der Hauptrotorstell- und Faltanlage darstellen, wird die Theorie vermittelt. Zur Unterstützung verfügen die Schüler über Laptops, die die einzelnen Themen beinhalten. Es bestehen Videos, welche die Funktionsweisen der einzelnen Komponenten veranschaulichen. Interaktiv können darüber hinaus Fehlersimulationen durchgeführt werden.

Das Lehrgangsangebot gliedert sich grundsätzlich in drei Bereiche:

- Schulung zum Mechaniker für die Laufbahn der Unteroffiziere. Diese Ausbildungsstufe wird mit ATN7 bezeichnet.
- Schulung zum Meister für die Laufbahn der Feldwebel. Diese Ausbildungsstufe wird ATN6 benannt.
- Bordtechniker

Der ATN7-Lehrgang soll den Unteroffizier zu folgendem befähigen:

- Selbständige Durchführung der Inspektions-, Wartungs- und Instandhaltungsarbeiten im Rahmen seiner Materialerhaltungsstufe an seinen Systemen
- Einfache Fehlersuche bzw. Fehleranalyse
- Wechsel von Bauteilen und Baugruppen
- Zustandsüberprüfung auf Sauberkeit, Beschädigung und Verschleiß
- Funktionsüberprüfung an Anlagen und Bauteilen

Der ATN7-Lehrgang beginnt für alle Teilnehmer mit einem Grundlagenkurs. Hieran schließt sich z.B. für den Bereich Flugwerk rund 19 Wochen Schulung der verschiedenen Systeme an.

Der sehr hohe Zerlegungsgrad bei vielen CH-53 Systemen erfordert eine insgesamt nicht nur breite sondern auch tiefgehende Schulung.

Noch intensiver ist die weiterführende Ausbildung zum Meister (ATN6). Dieser Lehrgang kommt nur für Angehörige mit bestehender ATN7 aus Flugwerk und Triebwerk in Betracht. Nach Abschluss soll der Schüler folgendes zusätzlich zu den ATN7-Anforderungen beherrschen:

- Funktionsprüfung der Systeme, Bau- und Hauptbaugruppen
- Funktionsprüfung von Systemkomponenten an der Testbank
- Schwierige Fehlersuche in Systemen, Bau- und Hauptbaugruppen

Modern ausgerüstete Schulungsräume erlauben effektives Lernen. Schüler (unten) und Hörsaalleiter (oben) während einer Übungseinheit im Lehrgang für angehende Bordtechniker.

- Wechsel von Bau- und Hauptbaugruppen
- Instandsetzung von Systemkomponenten und von Bau- und Hauptbaugruppen

Ab dem Jahr 2000 übernahm die Schule Verantwortung für die sogenannte Bordmechaniker-Feldwebel-Ausbildung. Zuvor war von den Heeresfliegern erkannt worden, dass die im Einsatz befindlichen, gegebenenfalls gemischten Besatzungen aus unterschiedlichen Regimentern, unbedingt eine standardisierte Schulung benötigen.

Mit Übernahme der Nutzungs- und Materialverantwortung der CH-53 durch die Luftwaffe wurde die BordMech-Fw-Ausbildung neustrukturiert. Es wird nun nur noch die Tätigkeitsbezeichnung »Bordtechniker« geführt.

Ab dem Jahre 2020 wird sich die Ausbildung in allen Bereichen der CH-53 gänzlich neu aufstellen. Inhaltlich werden alle Trainings den Regelungsräumen EASA/DEMAR angepasst sein, um u.a. das luftfahrzeugtechnische Bestandspersonal für die Aufnahme und den Betrieb des noch zu bestimmenden Nachfolgemusters STH vorzubereiten.

Ein moderner GA-Procedure Trainer unterstützt sehr effektiv die technische Ausbildung auf der neuen CH-53-Version.

Die Zukunft

Trotz der diversen Modernisierungsprogramme nahm die Verfügbarkeit der CH-53 bei der Luftwaffe kontinuierlich ab. Von ca. 10.000 Flugstunden können derzeit nur noch weniger als 5000 Flugstunden pro Jahr für die gesamte Flotte realisiert werden. Ein Hauptproblem sind vor allem sehr lange Durchführungszeiten bei Instandsetzungsmaßnahmen von zum Teil mehreren Monaten, insbesondere hervorgerufen durch Ersatzteilknappheit bestimmter Komponenten. Schon in den frühen 2000er Jahren wurde - damals noch durch das Heer - dringender Bedarf für neues Gerät angezeigt. Es fanden sich allerdings keine Partner für eine europäische Neuentwicklung und auch die finanziellen Mittel hierfür fehlten zunächst. Um nicht wie in der jüngeren Vergangenheit regelmäßig durch Verschiebungen und Preiseskalationen negativ beeinflusst zu sein, legte man sich darauf fest, ein schon verfügbares Muster beschaffen zu wollen. Am 27. Juni 2016 unterzeichnete der Generalinspekteur der Bundeswehr die Vorlage »Fähigkeitslücke und Funktionale Forderung« und gab damit den offiziellen Startschuss zur Suche eines Nachfolgers.

Folgendes Anforderungsprofil wurde für das neue Muster definiert:

- Taktischer Lufttransport von Personal und Material
- Combat Search and Rescue
- Medizinische Transporte
- Einsatz mit Spezialkräften der Bundeswehr
- Militärische Evakuierungsmaßnamen
- Einsatz von schwimmenden Einheiten aus

Um diese Missionen erfolgreich durchführen zu können, muss entsprechende Ausrüstung wie z.B. ein elektronisches Informationssystem, Optische und Infrarotsensoren, Bewaffnung, Winde, Abseilmöglichkeiten sowie modulare und schnell einrüstbare medizinische Ausstattung sowie ballistische Schutzausstattung zur Verfügung gestellt werden. Bezüglich der Leistungsdaten sollen mindestens 30 Personen beziehungsweise jeweils eine Innen- oder Außenlast von ca. 10 Tonnen transportiert werden können. Darüber hinaus sollen Lastflüge von acht Tonnen über mindestens 125 nautische Meilen möglich sein.

Auf dem Weg nach Berlin.

Am 28. Februar 2019, etwa ein halbes Jahr später als ursprünglich geplant, hat das Bundesamt für Ausrüstung, Informationstechnik und Nutzung (BAAINBw) einen Teilnahmewettbewerb für den sogenannten schweren Transporthubschrauber (STH) gestartet. Die Verschiebung war nötig geworden, da erst im November des Vorjahres ein Budget von insgesamt 5,6 Mrd. Euro für das Vorhaben (bis 2031) im Bundeshaushalt eingeplant werden konnte. Dies stellt die Voraussetzung für die Ausschreibung dar. Angefragt wurde dabei nicht nur ein Hubschraubermuster, sondern auch dessen langfristige logistische und technische Betreuung sowie Ausbildung aus einer Hand. Die Ausschreibung wurde im Rahmen eines vom BAAINBw in Koblenz am 28. Februar 2018 durchgeführten Industrietages STH den Anbietern direkt erläutert. Hierbei gab das Amt wichtige Hinweise zu den rechtlichen Rahmenbedingungen, zum Auswahlprozess, zum Zeitplan und zum angefragten Leistungsumfang. Wichtig war die Darstellung und Erläuterung einer Formel, mit der die teilnehmenden Hersteller eine benötigte Flottengröße berechnen sollen. Die Berechnungsgrundlage berücksichtigt nicht nur die reine Nutzlast des Musters, sondern bezieht auch die durchschnittlichen Flugzeiten der Crew sowie die zu erwartende Hubschrauberverfügbarkeit mit ein. Dieses als »Flottenleistung« bezeichnete Verfahren wurde nötig, da nur so die in Leistung und Preis stark unterschiedlichen Kandidaten Lockheed Martin/Sikorsky CH-53K und Boeing CH-47F ER (Extended Range) im Rahmen eines durch das BMVg vorgegebenen Wettbewerbs vergleichbar werden. Aus dem rechnerischen Vergleich ergab sich dabei eine Anzahl von ca. 44 CH-53K als Äquivalent zu 60 CH-47F ER.

Der Teilnahmewettbewerb endete am 27. Mai 2019 und wie erwartet bewarben sich zwei Firmen. Boeing mit seiner CH-47F ER und Sikorsky mit der CH-53K. Am 24. Juni wurden die im Teilnahmewettbewerb qualifizierten Firmen zur Abgabe von Angeboten aufgefordert. Der weitere Zeitplan sieht nun vor, dass nach sechs Monaten erste Angebote abgegeben werden, die dann zunächst intern geprüft werden. Anschließend beginnt dann die Verhandlungsphase mit den Lieferanten, die mit dem sogenannten »Best and Final Offer« abschließt. Den Zuschlag erhält dann das wirtschaftlichste Angebot (auch unter Berücksichtigung der Lebenswegkosten). Darauf folgt die Vertragsunterzeichnung, vorbehaltlich der parlamentarischen Zustimmung, ist diese für das 1. Quartal 2021 geplant. Drei Jahre nach Vertragsabschluss soll dann der erste Hubschrauber geliefert, drei Jahre später soll ein erstes Asset STH für Einsätze verfügbar sein. Zwölf Jahre nach Vertragsunterzeichnung schließlich gilt es, den letzten STH an den Kunden zu übergeben.

Die King Stallion präsentierte sich im Rahmen der ILA im April 2018 erstmals einem großen internationalen Publikum. Dazu wurde eine CH-53K mit einer USAF C-17 nach Holzdorf transportiert. Unten ist der charakteristische Tower zu sehen.

Die Kontrahenten, Boeing CH-47F ER vs. Sikorsky CH-53K

Die beiden zur Auswahl stehenden Muster unterscheiden sich grundlegend. Während es sich bei der CH-53K trotz optischer Anlehnung an die Vorgänger-Versionen um ein völlig neu entwickeltes Fluggerät handelt, ist die CH-47F ein in Produktion befindlicher und schon lange erfolgreich im Dienst stehender Transporthubschrauber. Es sind derzeit weltweit über 900 Maschinen bei insgesamt 20 Ländern, darunter acht NATO-Mitgliedern, im Einsatz. Die Chinook mit dem charakteristischen Doppelrotor verfügt über zwei Allied Signal T55-Triebwerke mit je 3529 KW Leistung. Dadurch ist sie in der Version »ER« (Extended Range) in der Lage, eine maximale Gesamtzuladung von ca. 11.700 kg sowohl als Innen- als auch Außenlast mitzuführen. Die maximale Reichweite beträgt, allerdings abhängig von der beförderten Last und den Einsatzparametern, ca. 1150 Kilometer. Sie wurde in den letzten Jahren konsequent weiterentwickelt und verbessert, vor allem hinsichtlich eines digitalen Glascockpits (Collins Aerospace CAAS, wie auch CH-53K), einem modernisierten Rumpf mit höherer Überlebensfähigkeit und reduziertem Wartungsaufwand. Von der operationellen Seite her verfügt die CH-47F über einen wichtigen Vorteil: Durch die Tandemrotor-Anordnung ohne Heckrotor ist ein schnelles und gefahrloses Be- und Entladen des Frachtraums bei laufendem Rotor möglich. Eine für die US Army geplante CH-47F »Block II« soll neu geformte Rotorblätter erhalten, die eine höhere Tragelast ermöglichen werden. Darüber hinaus ein verbessertes Kraftübertragungssystem, das weniger Leistungsverluste hervorruft, sowie ein optimiertes Kraftstoffsystem mit zwei statt vorher sechs Tanks, die aber insgesamt mehr Treibstoff aufnehmen. Welche Bestandteile der künftigen Variante ihren Weg in eine mögliche Version für Deutschland finden würden, wäre dann aber von der tatsächlichen Verfügbarkeit zum gegebenen Zeitpunkt abhängig.

Trotz der laufenden Modernisierungen der CH-47F kann die Chinook aber bezüglich Technik und Leistung nicht in allen Bereichen mit der CH-53K, die mit drei je 5593 KW leistenden Triebwerken ausgestattet ist, mithalten.

Insbesondere das Fly-by-Wire Flugkontrollsystem des CH-53K King Stallion bedeutet einen großen Vorteil hinsichtlich der Steuerbarkeit, deren Einfachheit die Piloten deutlich entlastet. Der Hauptvorteil der CH-53K ist aber sicher die extrem hohe Leistungsfähigkeit, die eine mehr als 40% höhere Nutzlast als Außenlast zulässt. Dies bedeutet natürlich, dass für dieselbe Frachtmenge weniger Flüge durch die CH-53K durchzuführen sind. Die CH-53K hält durch ihre moderne und aktuelle Auslegung sicher auch größeres Entwicklungspotential für die Zukunft bereit.

Beide Modelle erfüllen die Hauptanforderungen der Luftwaffe hinsichtlich geforderter Transportleistung und Mission-Befähigung. Beide besitzen eine Luftbetankungsmöglichkeit, die Laderaummaße sind mit Ausnahme der Breite (CH-53K ist ca. 30 cm breiter) annähernd identisch.

Im Bieterkampf versuchen beide Hersteller mit einer Reihe deutscher Partnerfirmen (bzw. deutsche Ableger internationaler Firmen) zu punkten. Auf Seiten von Boeing sind dies: AERO-Bildungs GmbH, Aircraft Philipp, CAE Elektronik GmbH, COTESA, Diehl Defence, ESG, Honeywell, Liebherr-Aerospace, Reiser Simulation & Training GmbH, Collins Aerospace und Rolls-Royce. Boeing wirbt darüber hinaus mit ihrer starken Präsenz in Deutschland und den diversen Partnerfirmen ihrer zivilen Flugzeugprogramme.

Sikorsky hat Vorverträge mit Rheinmetall, Hensoldt, Vincorion, ZF, Collins Aerospace, Rohde & Schwarz, Auto-

Vergleich der CH-53GA mit der CH-54K. Die Stellplatzgrößen sind nahezu identisch.

flug und Hydro abgeschlossen. Während diese Hersteller nur im Erfolgsfall zum Zuge kommen und ausschließlich für die deutschen Hubschrauber liefern und anschließend warten, hat mit der MTU Aero Engines ein anderer deutscher Hersteller einen festen Arbeitsanteil für alle CH-53K ergattert. Für mindestens 800 T408-GE-400 (GE38-1B)-Triebwerke des USMC-Auftrages entwickelt und liefert MTU an General Electric die dreistufige Nutzturbine, das Austrittsgehäuse sowie die Antriebswelle. Darüber hinaus hat die MTU einen speziellen Teststand für das neue Triebwerk in ihrer Niederlassung in München aufgebaut und vorbereitet. Diese feste Beteiligung macht einen Anteil von 18% am Gesamtvolumen des T408-GE-400 aus.

Auf der Internationalen Luftfahrtausstellung in Berlin im April 2018 zeigten beide Hersteller ihrer Produkte hautnah am Boden und auch im Flug. Die CH-53K machte ihr internationales Debüt. Sie war zuvor mit einer C-17 nach Schönewalde/Holzdorf geflogen worden und bereitete sich dort auf ihr anspruchsvolles Flug-Demonstrationsprogramm vor.

Zusammengefasst steht der ausgereiften, sofort verfügbaren und sicherlich kostengünstigeren CH-47F Chinook die noch in der Erprobung stehende aber sehr leistungsfähige, innovative und mit deutlich mehr Entwicklungspotential ausgestattete CH-53K King Stallion gegenüber. Der hohe Preis kann ggfs. durch eine geringere Flottengröße kompensiert werden, die somit auch niedrigere Personalumfänge in unterstützenden Bereichen nach sich zieht. Letztendlich ist es für die Bundeswehr höchste Priorität, den Zeitplan einhalten zu können, um der Truppe endlich wieder verlässliche und höhere Transportkapazität bereitstellen und wichtige Einsatzmissionen unterstützen zu können.

Hierzu sollen auch in der Logistik neue und bei Bündnispartnern längst bewährte Wege beschritten werden. So ist eine starke Industrieeinbindung in der Instandhaltung und logistischen Versorgung vorgesehen, mittels derer die Flugstundenerbringung durch weitreichende leistungsbasierte Verträge (»PBL« - Performance Based Logistics) sichergestellt werden soll.

Rendering der CH-47F ER in den Farben der Luftwaffe. Die Chinook ist sicher der risikoärmere Kandidat, bietet aber nicht das Leistungs- und Entwicklungspotential der King Stallion.

Weiterhin wichtig bei nationalen Katastrophenfällen: Unterstützung der Brandbekämpfung aus der Luft. Sie würde von der hohen Außenlastkapazität der CH-53K profitieren.

Erdbebenhilfe in Pakistan. Abgestellt vom deutschen ISAF-Kontingent erhielten die Maschinen kurzerhand den SAR Schriftzug.

Einsatz

Die CH-53 der Bundeswehr national und international aktiv

Die CH-53 ist aufgrund ihrer Größe und Leistungsfähigkeit in der Lage vielfältige Aufgaben zu erfüllen. Im Laufe ihrer langen Karriere bei der Bundeswehr wurden diese außergewöhnlichen Eigenschaften mehrfach im Rahmen nationaler und internationaler Einsätzen genutzt, dabei erbrachten die beteiligten Besatzungen mit ihren Maschinen wertvolle Hilfe. Beschränkten sich derartige Engagements in den Anfangsjahren auf reine Katastrophenhilfe im In- und Ausland, standen später auch vermehrt Einsätze im Rahmen der Vereinten Nationen auf dem Programm. Als Höhepunkt steht die CH-53 ab April 2002 in Afghanistan im ununterbrochenen Einsatz und leistet dort einen enorm wichtigen Beitrag im Rahmen von ISAF.

Der erste Einsatz der CH-53 war die Brandkatastrophe in der Lüneburger Heide im Jahre 1975. Bemerkenswerte Katastrophenhilfe leisteten Besatzungen des mHFlgTrspRgt 25 Laupheim beim Herstellen einer Luftbrücke in das Erdbebenkatastrophengebiet um Udine in Italien. Die dort als Katastrophenhelfer eingesetzten deutschen Pioniere wurden versorgt und tonnenweise Hilfsgüter für die betroffene Bevölkerung eingeflogen.

Im Jahre 1979 zeichnete sich die Maschine bei der Schneekatastrophe in Norddeutschland aus. Als es im Jahre 1983 in Niedersachsen erneut zu starken Waldbränden kam, stand der 5000 Liter Wasser fassende Feuerlöschbehälter (Smokey) zur Verfügung, der zur Bekämpfung von Brandschwerpunkten wertvolle Dienste leistete.

Durch dieses Hilfsmittel wurde die CH-53 auch im Ausland bekannt und so waren 1990 drei Maschinen in Griechenland erfolgreich im Einsatz, als ein Waldbrand die Mönchsrepublik Athos bedrohte. Drei Jahre später, im August 1993, waren es sogar fünf CH-53G-Hubschrauber die zur Waldbrandbekämpfung in das schwer zugängliche Gebiet in der Nähe von Larissa entsandt wurden und dort bis zum 9. Oktober ca. 200 Löschflüge durchführten. Auch in den folgenden Jahren waren die Sikorskys zum Teil über Monate im Feuerlöscheinsatz in Griechenland. So auch im Jahre1995 in Attika und 1998 in Tanagra.

Anhaltende Regenfälle verursachen Anfang Juli 1997 in Tschechien und Polen ein Jahrhunderthochwasser, welches anschließend in einer Katastrophe mündete. Die große Flut erreicht am 17. Juli Brandenburg. Über 15.000 freiwillige Helfer und 30.000 Soldaten versuchten von nun an fieberhaft die Wassermassen der Oder zu bändigen.

Auch die Heeresfliegertruppe unterstützte im Zeitraum vom 17. Juli bis 11. August 1997 die an der Oder eingesetzten zivilen und militärischen Kräfte. Hauptsächlich wurden Sandsäcke zur Deichverstärkung transportiert, Erkundungen geflogen und Personentransporte durchgeführt. In der Zeit vom 23. Juli bis 12. August wurden von allen Heeresfliegerverbänden, die im Einsatz waren, insgesamt 4600 Tonnen Material (vor allem Sandsäcke) transportiert. Zentral eingesetzt waren diesbezüglich 14 CH-53G aller drei Heeresfliegerregimenter sowie der Heeresfliegerwaffenschule. Ein weiterer Hilfseinsatz unter Beteiligung der CH-53 war das Grubenunglück im österreichischen Lassing im Juli 1998.

Kurdenhilfe in der Türkei und im Iran

Nach dem Ende des Golfkriegs Anfang 1991 setzte Saddam Hussein seinen Bürgerkrieg vor allem in Norden gegen die Kurden fort und vertrieb sie aus dem Irak in die Berge des unwegsamen Grenzgebietes der Türkei und des Iran. So flohen im Frühjahr 1991 1,5 Mio. Kurden vor den Angriffen der irakischen Armee. Es war eine verhängnisvolle Lage. Zum einen konnten sie nicht mehr zurück in den Irak und zum anderen hatte die türkische Regierung es abgelehnt diese Flüchtlinge offiziell in ihr Land aufzunehmen. Sie saßen in einer unwirtlichen Bergregion fest ohne Nahrung und vor allem ohne Trinkwasser. Dies hatte zur Folge, dass pro Tag durch Hunger, Durst und Kälte bis zu tausend Menschen starben. Nur durch eine Intervention der Vereinten Nationen konnten diese Gebiete als Flüchtlingscamps gehalten werden.

So sah sich auch die Bundesregierung zu einer außergewöhnlichen finanziellen Anstrengung veranlasst. Im Frühjahr 1991 wurden aus dem Einzelplan 60 des Bundeshaushalts 415 Mio. DM für die Kurdenhilfe zur Verfügung gestellt. Innerhalb kürzester Zeit begann die umfangreichste deutsche Hilfsaktion, die von der Bundesregierung außerhalb der deutschen Grenzen jemals durchgeführt worden war.

Über zwei Luftbrücken nach Batman in der Türkei und Baktaran im Iran wurden durch die Bundeswehr (Transportflugzeuge der Luftwaffe, Hubschrauber der Heeresflieger, Logistik-, Nachschub- und Sanitätseinheiten, Feldhospital, Flüchtlings-Zeltdorf) und zahlreichen deutschen nichtstaatlichen Organisationen Hilfsgüter in die betroffenen Gebiete vor allem nach Anatolien transportiert und verteilt. Außerdem erfolgte eine umfangreiche medizinische Betreuung und die Versorgung mit sauberem Trinkwasser. Das Engagement der Bundesregierung galt zunächst dem Überleben der Flüchtlinge in den Drittländern, in erster Linie in der Türkei und im Iran. Später verlagerten sich die Hilfsmaßnahmen auf die Rückführung der Flüchtlinge in ihre Heimat, Wiederaufbau zerstörter Dörfer und Basisgesundheitsdienst. Ermöglicht wurde dies im Nordirak durch die Einrichtung einer alliierten Schutzzone und durch die Präsenz von UN-Wachmannschaften.

Vor allem waren es Fallschirmjäger, Sanitätskräfte und Angehörige der Heeresflieger mit ihren CH-53-Hubschraubern, aber auch die Luftwaffe mit C-160, die diese logistische Aufgabe bewältigten.

Neben den CH-53-Piloten des HFlgRgt 15, HFlgRgt 35 war auch Günter (Max) Feiner vom HFlgRgt 25 zwischen dem 5. Mai bis zum 22. Mai 1991 mit dabei:

»Da eine humanitäre Hilfe von Seiten der Türkei abgelehnt und boykottiert worden war, setzte man von deutscher Seite zunächst C-160-Transportflugzeuge ein, die Lebensmittel über den Camps abwarfen. Dies hatte aber oftmals zur Folge, dass Pakete die Empfänger nicht erreichten. Die Verteilung funktionierte nicht. Deswegen mussten für diese Aufgabe verstärkt Hubschrauber eingesetzt werden. Bei den ersten Landungen mit Hilfsgütern wurden die Hubschrauber regelrecht gestürmt. Dadurch wurde es nötig zunächst den Landebereich abzusperren, dann auszuladen und zu verteilen. Dafür holte man die Sippenführer zusammen und legte einen Verteilerschlüssel fest, so dass eine gerechte Ausgabe ermöglicht werden konnte. In den Bergen gab es mehrere große Lager. Die CH-53-Hubschrauber des HFlgRgt 25 waren mit ihren Besatzungen und Begleitpersonal in Batman (zehn Flugminuten östlich von Diyarbakir) in der Türkei stationiert, das war die letzte große Stadt im Grenzgebiet zum Irak. Von iranischer Seite wurden die Hilfsflüge mit den Hubschraubern und Besatzungen vom HFlgRgt 35 aus Mendig durchgeführt.

Die Kurdenhilfe führte die Heeresflieger im Jahre 1991 mit ihren CH-53 in das bergige Grenzgebiet zwischen der Türkei, dem Irak und den Iran. Vielen hilfsbedürftigen Menschen konnte geholfen werden. Eine Maschine war kontinuierlich als Wassertransporter im Einsatz.

Es gab in den Bergen bis zu fünf Lager mit ca. 100.000 Flüchtlingen, die mit Verpflegungsgütern aus Batman versorgt werden mussten. Eine ganz spezielle Mission war der »Wassertransporter«. Dieser Hubschrauber mit seiner Besatzung hatte als einzige Aufgabe Tag für Tag und unabhängig von den anderen Hilfsgüterflügen ausschließlich Trinkwasser zu fliegen. Der CH-53 »Tanker« sollte in den Lagern immer wieder große Wassertanks (Fassungsvermögen ca. 4000 Liter) mit Schläuchen auffüllen. Das fliegerisch spektakulärste war bei diesem Einsatz ein sehr spezieller Landeplatz, der auf einer Bergkuppe lag. Dort galt es auf einem Grat zu landen, der gerade Platz für das Fahrwerk bot. Den Laupheimern kam für diese heikle Aufgabe ihre Gebirgsflugerfahrung sehr zu gute.

Organisatorisch wurde mit der bayerischen Bergwacht sowie mit deren Bergführern, dem THW und dem Roten Kreuz Vorort zusammengearbeitet. D.h. ein CH-53-Hubschrauber stand ständig als »Rescue«-Maschine mit einer Sanitätsausrüstung bereit, denn es gab nicht selten Schussverletzungen, Knochenbrüche oder auch Geburten zu versorgen.«

Für Hauptmann Feiner endete der Kurdenhilfe-Einsatz nach sechs Wochen, doch schon stand mit UNSCOM der nächste aber deutlich längere Einsatz im Irak bevor.

UNSCOM Einsatz im Irak

Zur Überwachung der Demilitarisierung des Irak nach Ende des ersten Golfkriegs im Februar 1991 setzten die Vereinten Nationen von Ende 1991 bis Ende 1997 unter dem Namen UNSCOM (United Nations Special Commission) Inspektoren ein. Sie sollten in den betroffenen Gebieten des Irak die Vernichtung der atomaren, biologischen und chemischen Kampfstoffe und die Offenlegung von noch vorhandenem Kriegsmaterial überwachen.

Dafür stellte die Bundeswehr drei CH-53G Hubschrauber samt Besatzungen und Wartungspersonal zur Verfügung. Standort des deutschen Hubschrauberkontingents, nun mit weißem UN Anstrich versehen, war der im Südosten von Bagdad gelegene Regierungsflughafen Al Rasheed, von dort starteten die Inspektionsflüge. Ein 30-köpfiges Kontingent war für jeweils vier Wochen in Bagdad stationiert.

In den ersten Wochen lag der Schwerpunkt auf einer alten Chemiefabrik in der Wüste, in der noch zu vernichtende chemische Kampfstoffe in Gefechtsköpfen lagerten. Somit wurde fast täglich UNSCOM-Personal in die Wüste geflogen.

In Al Rasheed befand sich der deutsche Gefechtsstand,

Insgesamt fünf Jahre waren die CH-53 im Irak im Einsatz um UN-Inspektoren zur Verfügung zu stehen.

Am 27.September 1995 wurden zwei CH-53G aus dem UNSCOM-Einsatz in Bagdad/Irak (via Damaskus) kommend auf dem Flughafen Larnaca (Zypern) in einen Airbus A300-600 ST "Beluga" verladen und nach Frankfurt rückverlegt. Vorausgegangen war ein erfolgreicher Beladeversuch in Frankfurt. Der Beweis für die Verlegbarkeit von zwei CH-53G ohne nennenswerte Zerlegung wurde damit erbracht.

Die äußeren Umstände im Irak setzten Mensch und Material extrem zu. Der Sandstaub belastete die Technik, vor allem die Triebwerke, enorm.

von dort aus fand die Koordination aller Einsätze im Irak statt. Im Wechsel wurden von den jeweiligen Heeresfliegerregimentern HFlgRgt 15, 25 und 35, HFlgStff 400 und HFlgWaS Material und Personal rekrutiert, so dass ständig 30 Mann unter anderem Sanitäter, Hubschrauber-Besatzungen und Techniker, zur Verfügung standen. Doch erst im Oktober 1991 begann für die deutschen Besatzungen der Einsatz im Irak. Dabei inspizierten Chemiker und Raketenspezialisten stillgelegte Raketenbasen. Günter (Max) Feiner erinnert sich, er flog mehrfach Inspektionen aber auch Spezialgerät im Irak.

»Im Norden so wie im Süden des Irak gab es so genannte »Non Flight Areas«, welche von irakischen Flugzeugen nicht überflogen werden durften. Diese Zonen wurden von Jagdflugzeugen der 6. amerikanischen Flotte überwacht. Wenn dort UN-Maschinen einfliegen wollten, mussten sie sich einen Tag zuvor anmelden. »Entry Coordination« und »Time over Target« musste haargenau übereinstimmen. Dann wurde man über AWACS identifiziert und in der Regel von einer Jägereskorte begleitet. Dies waren meist zwei F-14 »Tomcats«, die sich von hinten näherten und uns mit einer Rolle begrüßten. Ihre Tragflächen waren nach vorne geschwenkt, so dass man gemeinsam 160 Knoten fliegen konnte.

Die Hubschrauber waren recht leicht, wir hatten nur zwei Tonnen Kraftstoff dabei. Das UN-Team bestand in der Regel aus drei oder vier Personen. Ab und zu war noch ein Geländewagen mit an Bord, um die Inspektoren zu einer vorbestimmten Stelle fahren zu können. In der Regel wurde mit GPS nach Koordinaten geflogen, denn in der Wüste konnte man nicht nach Karte navigieren, denn es gibt weder Eisenbahn noch Straße.

Für diese Einsätze waren die CH-53G-Maschinen sehr schlecht ausgerüstet, denn es fehlte neben den Sandfiltern vor den Triebwerken auch die Flare Ausrüstung. Das GPS war auch das einfachste seiner Art, wir konnten nur Koordinaten eingeben bzw. ablesen und es wurde auch keine Karte angezeigt. Zwar hatten die Hubschrauber schon Titan-Rotorblätter, doch diese waren recht schnell wie sandgestrahlt...«

Insgesamt dauerte die deutsche UNSCOM-Mission im Irak fünf Jahre, von Anfang des Jahres 1992 bis Ende 1997, bis sie schließlich von chilenischen Einheiten übernommen wurde.

Aufgrund dieses Engagements war mehr oder weniger die gesamte CH-53G-Flotte technisch in Mitleidenschaft gezogen worden. Grund hierfür war vor allem das Fehlen von Sandfiltern mit daraus resultierendem hohem Turbinenverschleiß. Nach kurzer Zeit lösten sich Titanschaufeln (man konnte sie von Hand hin und her bewegen). Der feine Sand im Kühlkreislauf setzte Kühlluftbohrungen zu, dadurch mussten die Triebwerke alle 100 Flugstunden aus gewechselt werden. Um dies zügig zu ermöglichen, waren drei Transall in Bahrain stationiert. Die Triebwerke wurden mit der Transall nach Bahrain und dann mit Lufthansa nach Deutschland transportiert.

Der IFOR-Einsatz in Bosnien-Herzegowina

Mit fast 4000 Soldaten aller Teilstreitkräfte beteiligte sich die Bundeswehr ab dem 20. Dezember 1995 mit dem Auftrag die IFOR-Truppen im ehemaligen Jugoslawien auf der Basis des Dayton-Abkommens wirkungsvoll zu unterstützen. Das Heereskontin-

Auch bei IFOR baute die Bundeswehr auf ihr großes Arbeitstier, die CH-53. Als Leitverband für diesen Auslandseinsatz fungierte Anfangs das Heeresfliegerregiment 15.

Außergewöhnlicher Zwischenstopp auf einem kleinen Felsen in der Adria – vermutlich zu Übungszwecken. Gewöhnlicher waren z.B. Materialtransporte zwischen Zadar und Sarajewo.

gent umfasste eine Personalstärke von durchschnittlich 2600 Soldaten und hatte hauptsächlich die Aufgabe Unterstützungsleistungen für die Zivilbevölkerung zu erbringen (Straßen- und Brückenreparaturen, medizinische Versorgung). Das wiederum setzte eine Luftunterstützung voraus, die hauptsächlich von den Heeresfliegern zu leisten war.

In diesem Zusammenhang wurde Anfang 1996 das Heeresfliegerregiment 15 durch die Heeresfliegerbrigade (HFlgBrig) 3 beauftragt, für den beginnenden IFOR-Einsatz die Aufgaben eines Leitverbandes MTH (mittlerer Transporthubschrauber) mit CH-53G zu übernehmen. Zur Unterstützung der Regimentsführung richtetet man in Rheine eine Operationszentrale ein, die zunächst lediglich den Beitrag der MTH-Regimenter zur gemischten Heeresfliegerabteilung (gemHFlgAbt) German Contingent IFOR Land, GECONIFOR (L) sicherzustellen hatte. Leitverband für die gemischte Heeresflieger Abteilung (gemHFlgAbt) war das HFlgRgt 10.

Ein Kontingent von fünf CH-53G und zwölf Bell UH-1D-Hubschraubern operierte von der Küstenstadt Zadar in Kroatien aus um die NATO-Friedenstruppe mit Nachschub zu versorgen und im Bedarfsfall Verwundete und Kranke aus dem Krisengebiet zu evakuieren.

Der SFOR-Einsatz

Im Dezember 1999, vier Jahre nach der Unterzeichnung des Friedensabkommens von Dayton in Paris, trat die militärische Operation zur Sicherung des Friedens in Bosnien-Herzegowina in eine nächste Phase. Aus dem IFOR wurde der Langzeit SFOR-Einsatz. Die Aufgabe mit reduzierter SFOR-Stärke bestand hauptsächlich in der Abschreckung neuer Feindseligkeiten, dem Schutz der internationalen Hilfsorganisationen und der Überwachung der Rüstungskontrollabkommen. Das Mandat des Deutschen Bundestages für SFOR sah den Einsatz von bis zu 3000 Soldaten vor. Der Wechsel von IFOR zu SFOR brachte im Zuge der Reduzierung des Heeresfliegeranteils von einer gemHFlgAbt (LHT/MTH) zu einer mittleren Heeresfliegertransportstaffel. Als Teil der Umgliederung zu SFOR, verlegten die deutschen Heeresfliegerteile im Januar 1997 von Zadar nach Rajlovac bei Sarajevo.

Im Rahmen der »Operation Libelle« vom 13. bis 15. März 1997 führte das deutsche Heer seinen ersten Kampfeinsatz durch. Dabei evakuierten deutsche Truppen des SFOR - Kontingents mit insgesamt sechs CH-53G-Maschinen deutsche Botschaftsangehörige und Flüchtlinge anderer Nationen aus der umkämpften albanischen Hauptstadt Tirana.

Von Rajlovac aus absolvierten 141 Soldatinnen und Soldaten allein im Jahre 2000 über 1000 MTH-Flugstunden.

Der KFOR-Einsatz im Kosovo

Im südlichen Teil des ehemaligen Jugoslawien entbrannte derweil der nächste Bürgerkrieg, diesmal zwischen den Volksgruppen der Albaner und der Serben. Tausende Flüchtlinge wurden vom serbischen Heer vertrieben oder als Geiseln festgehalten. Auch hier konnte die internationale Völkergemeinschaft nicht tatenlos zuschauen.

Die Lage spitzte sich immer weiter zu, so dass die NATO am 23. März 1999 den Befehl zum Luftangriff auf Jugoslawien gab. Knapp 24 Stunden später starteten die ersten Kampfbomber von den Fliegerbasen Aviano und Istrano in Norditalien.

Doch schon vor Beginn der NATO-Luftoperationen gegen Rest-Jugoslawien beteiligte sich das deutsche Heer mit Drohnenkräften und ca. 350 Soldaten im Rahmen der Operation »Eagle Eye« an der Überwachung des Kosovo aus der Luft. Anschließend bestand der deutsche Beitrag des aufwachsenden deutschen KFOR (Kosovo Force)-Kontingents aus einer Einsatzbrigade dem ein gemischtes Panzergrenadierkompanien (ausgestattet mit Kampfpanzer Leopard 2 und Schützenpanzer Marder), sowie ein gemischtes Infanteriebataillon (ausgestattet mit Spähpanzer Luchs und Transportpanzer Fuchs) unterstand.

Am 18. März 1999 verlegten die ersten CH-53-Hubschrauber des HFlgRgt 15 nach Ohrid in Mazedonien. Sie bildeten mit Maschinen und Angehörigen der anderen Heeresfliegerregimenter die gemischte Heeresfliegerabteilung mit ca. 250 Angehörigen. Teil dieses Verbandes waren neben drei CH-53-Hubschraubern dann auch mehrere UH-1D der Heeresflieger sowie der Luftwaffe. Noch im Jahre 1999 verlegte das Kommando nach Toplicane im Kosovo. Der Auftrag der Hubschrauberbesatzungen umfasste im folgenden vorwiegend die MedEvac-Versorgung aus der Luft sowie umfangreiche Lufttransport- und Unterstützungseinsätze. Die CH-53-Hubschrauber absolvierten im Verlauf des Jahres 2000 insgesamt 924 Flugstunden. Auch wenn der fliegerische Kosovo-Einsatz sehr lange, bis zum 1. Februar 2011 dauerte, waren die CH-53 nur in der Anfangszeit integriert. Die neuen Anforderungen aus Afghanistan machten den Abzug der MTHs erforderlich.

Die gemischte Heeresfliegerabteilung war lange in Toplicane stationiert. Neben CH-53 und UH-1D des Heeres waren auch Hueys der Luftwaffe Teil des Verbandes.

Lawinenkatastrophe in Österreich

Am 23. Februar 1999 begruben mehrere Schneelawinen Teile der Ortschaft Galtür in Österreich und Schneemassen verschütteten den Ausgang des Paznauntals. Diese Lawinenabgänge forderten mehrere Menschenleben. Weitere Lawinen bedrohten Galtür, so dass insgesamt 18.000 Menschen über den Luftweg evakuiert werden mussten. Im Rahmen einer internationalen Rettungsaktion beteiligten sich die Heeresflieger des Heeresfliegerregiments 25 aus Laupheim mit fünf CH-53G an diesen Rettungsmaßnahmen. Insgesamt waren 28 Hubschrauber aus Deutschland, der Schweiz, Frankreich und den USA im Einsatz. Allein das deutsche Kontingent evakuierte bis zum Abschluss der Aktion am 28. Februar 3786 Personen und transportierte bis zu 30 Tonnen Hilfsgüter.

Das Elbhochwasser im Jahre 2002

Eine weitere große Bewährungsprobe hatten die CH-53G/GS-Hubschrauberbesatzungen der Heeresflieger im August 2002 zu bestehen. Nach starken Regenfällen wurde in Oberbayern und Schwaben sowie später im Erzgebirge und in Dresden Katastrophenalarm ausgelöst. Das Hochwasser breitete sich von Süd nach Nord in insgesamt sieben Bundesländern aus.

Zur Unterstützung der zivilen Kräfte waren in Spitzenzeiten über 44.000 Soldaten in den betroffenen Bundesländern im Einsatz. Insgesamt fanden sich bis zu 50 Hubschrauber der Bundeswehr eingebunden. Die Aufgaben der eingesetzten CH-53 bestanden aus der Unterstützung von Evakuierungsmaßnahmen, Luftrettung von eingeschlossenen Personen, Verlegung von Patienten aus Krankenhäusern sowie aus Transport von diversem Gerät und z.B. Sandbarrieren. Der außergewöhnliche Einsatz endete am 12. September 2002, dabei erflogen die Hubschrauber der Bundeswehr 2100 Flugstunden und retteten 778 Personen in Not.

Aufnahme von Material zur Abdichtung der Deiche auf einem Fliegerhorst in Ostdeutschland. Die hohe Außenlast der CH-53 prädestiniert die Maschine für derartige Hilfseinsätze.

Der Afghanistan Einsatz

International Security Assistance Force

Als Reaktion auf die Terroranschläge vom 11. September 2001 in den USA begann am 7. Oktober 2001 unter Führung der USA in Afghanistan die Operation Enduring Freedom. Es etablierte sich ab 22. Dezember 2001 unter britischem Oberkommando in Kabul die Internationale Sicherheitsunterstützungstruppe kurz ISAF (International Security Assistance Force) als eine Sicherheits- und Aufbaumission unter NATO-Führung in Afghanistan. Die Aufstellung erfolgte auf Ersuchen der neuen afghanischen Regierung an die internationale Gemeinschaft und mit Genehmigung durch den Sicherheitsrat der Vereinten Nationen (Resolution 1386 vom 20. Dezember 2001). Das Mandat für die Beteiligung deutscher Soldaten am ISAF-Einsatz wurde am 22. Dezember 2001 erteilt.

Der Auftrag lautete die Unterstützung der vorläufigen Staatsorgane Afghanistans und ihrer Nachfolgeinstitutionen bei der Aufrechterhaltung der Sicherheit. Dies bedeutete den Einsatzbefehl unter anderem für die CH-53 der Heeresflieger. Schon im April 2002 wurden drei Maschinen nach Kabul verlegt. Hier ereignete sich am 21. Dezember 2002 das schwerste Hubschrauberunglück der Heeresflieger, bei dem eine CH-53GS abstürzte und alle sieben deutschen Besatzungsmitglieder ums Leben kamen. Aufgrund der schwierigen Sicherheitslage musste das Kontingent allerdings später nach Termez in Usbekistan umziehen.

Mit der UN-Resolution 1510 vom 13. Oktober 2003 wurde die Ausweitung des ISAF Engagements auf ganz Afghanistan beschlossen. Deutschland übernahm in Folge als Lead Nation die Führung des Regional Command North (RC North) am Standort Mazar-e Sharif.

Bei einer Sondersitzung am 28. September 2005 beschlossen Bundestag und Kabinett mit großer Mehrheit die Ausweitung des Mandats wodurch die Anzahl auf 3000 Soldatinnen und Soldaten erhöht, sowie die Einsatzdauer um ein Jahr bis zum 13. Oktober 2006 verlängert wurde. Dadurch stellte die Bundesrepublik Deutschland bis Juli 2006 das größte Truppenkontingent der ISAF.

Übergangslösung
Aufgrund der schwierigen Sicherheitslage in Kabul musste das Kontingent allerdings nach Termez in Usbekistan umziehen. Noch bis Ende Oktober 2007 fanden die Einsätze mit den CH-53GS aus dem usbekischen Termez statt.

Wenn nach ausfahren des Fahrwerks die Fahrwerksanzeige nicht mit der tatsächlichen Position übereinstimmt und ein »unsicherer Zustand« angezeigt wird, sind Feuerwehrleute und Spezialisten der Bodenmannschaft gefordert nachzuschauen, ob trotz der fehlerhaften Anzeige die Fahrwerke verriegelt sind und der Pilot sicher landen kann.

Eine CH-53GS auf dem Vorfeld der riesigen Flugplatzanlage Mazar-e Sharif.

Die 10.000ste Flugstunde im Einsatzland wird gefeiert. Insgesamt wurden mit der CH-53GS 17.100 Stunden im Rahmen von ISAF absolviert.

Mit dieser Antonov 124-100M wird ein weiterer Hubschraubertausch von Mazar-e-Sharif nach Deutschland vorgenommen. Das Beladen ist oft Millimeterarbeit.

Das Einsatzgeschwader Mazar-e Sharif wurde ab November 2005 mit dem Ziel aufgebaut die bisher von Termez aus operierenden C-160 Transall und CH-53GS auf den Flugplatz im Norden Afghanistans verlegen zu können. Am 1. Mai 2006 erfolgte die Indienststellung des Einsatzgeschwaders Mazar-e Sharif (EG MeS). Ende Oktober 2007 fand die Verlegung der sechs CH-53GS aus dem usbekischen Termez statt.

Zum Auftrag des EG MeS gehörte unter anderem der Lufttransport zur Unterstützung der ISAF-Kräfte und die Bereitstellung von MedEvac-Fähigkeit mit CH-53GS und Transall. Die Einsätze der Waffensysteme CH-53GS und C-160 wurden in den jeweiligen Operationszentralen geplant. So bestand eine MedEvac-Bereitschaft aus zwei CH-53GS Hubschraubern und einer Transall C-160.

Das EG MeS verfügte neben den CH-53GS und Transall auch über Heron 1 Drohnen, sowie auch über Tiger und NH90. Sechs Tornado-Aufklären wurden zum 27. November 2010 wieder abgezogen. Der Personalstand betrug zu diesem Zeitpunkt ca. 800 Soldatinnen und Soldaten inklusive einer Objektschutzgruppe, die im normalen Kontingentwechsel alle vier Monate ausgetauscht wurden. Das Geschwader bestand aus vier Gruppen, der Einsatzgruppe, der Einsatzunterstützungsgruppe, der Objektschutzgruppe und dem strategischen Lufttransportstützpunkt Termez.

Resolute Support

Am 31. Dezember 2014 endete in Afghanistan offiziell der multinationale Einsatz International Security Assistance Force (ISAF) nach insgesamt 13 Jahren. Die afghanischen Verteidigungskräfte übernahmen somit die Hauptverantwortung über die Sicherheit ihres Landes. Um aber auch weiterhin eine Unterstützung dieser Einheiten vor allem hinsichtlich Beratung und Ausbildung bereitzustellen, beschloss der Bundestag einen international eigebetteten und personell reduzierten Folgeeinsatz. Unter der Bezeichnung Resolute Support (RS) können aktuell maximal 1300 deutsche Soldaten eingesetzt werden. Wie zuvor bei ISAF ist das deutsche Kontingent für den Norden des Landes verantwortlich. Das sogenannte TAAC-North (Train, Advise and Assist Command) wird von einem deutschen Brigadegeneral geführt. Wie bei ISAF ist das deutsche Kontingent im Camp Marmal in Mazar-e Sharif stationiert, es befinden sich aber auch Soldaten in Kabul, in Kunduz und in Bagram.

Folgende Aufgaben stehen im Mittelpunkt der Mission:

- Beratung, Ausbildung, und Unterstützung der afghanischen Verteidigungs- und Sicherheitskräfte;
- Sicherung, Schutz und ggf. Evakuierung;

Bei MedEvac-Einsätzen fliegen die CH-53 immer zu zweit. Insgesamt sind fünf CH-53GS vor Ort.

- Führung und Führungsunterstützung;
- logistische und sonstige Unterstützung einschließlich Transport, Umschlag und Rückverlegung;
- Militärisches Nachrichtenwesen;
- sanitätsdienstliche Versorgung einschließlich des Verwundeten-Lufttransports;
- Aufklärung und Überwachung, einschließlich abbildende Aufklärung und Überwachung aus der Luft sowie Auswertung;
- zivil-militärische Zusammenarbeit einschließlich humanitärer Hilfs- und Unterstützungsdienste

Insgesamt sind 15.000 NATO-Soldaten aus 14 Nationen in Afghanistan im Einsatz. Die offizielle Beauftragung des deutschen Kontingents durch den Bundestag besteht bis zum 31. März 2020.

Die CH-53GS ist seit 2002 durchgehend vor Ort präsent. Mit dem bevorstehenden Ende von ISAF reduzierte man den Bestand ab dem 08. Juni 2014 von sechs auf nur noch vier CH-53GS. Ab Januar 2015 verblieben zunächst nur noch drei Maschinen in Mazar-e Sharif stationiert, sie sollten insbesondere luftgestützte medizinische Evakuierung sicherstellten. Auf Grund zusätzlicher Anforderungen, wurden ab dem 11. September 2015 allerdings wieder mit insgesamt fünf Hubschraubern Aufträge aus dem Bereich Air MedEvac, Personnel Recovery und Lufttransport durchgeführt.

Der operative Einsatz sowie die Wartung/Instandsetzung der CH-53GS obliegt den zum Air Wing Resolute Support TAAC-N (AW RS TAAC-N) gehörenden Einheiten Operations Squadron (OpsSqn) sowie Support Squadron (SptSqn). Das Geschwader erhielt zur Vereinheitlichung übrigens eine englische Bezeichnung und betreibt neben den CH-53GS auch Heron 1-Drohnen.

Um den Betrieb der Einsatzmuster sicherzustellen, sind regelmäßig circa 110 Soldatinnen und Soldaten eingebunden. Hinzu kommt noch ein Anteil von 25 Soldatinnen und Soldaten des Geschwaderstabs, die unter der Führung des Kommodore Air Wing RS TAAC-N alle anderen Angelegenheiten zur Erfüllung des Einsatzauftrages sicherstellen. Hierzu zählen die Bereiche Personal, IT-Sicherheit, Militärisches Nachrichtenwesen, Flugsicherheit- und Überwachung der afghanischen Flugsicherung, Materialbewirtschaftung sowie Flugmedizinische Betreuung. Zusätzlich stellt die NATO Support and Procurement Agency (NSPA) ca. 120 zivile Mitarbeiterinnen und Mitarbeiter, die das Luftfahrzeughandling (Kehrmaschinen, Bodengeräteeinsatz, Feuerwehr) und den

Bis zu drei sMG M3M sind pro CH-53 eingebaut. Die Bordsicherungssoldaten sind sehr gut mit der Waffe vertraut, sodass die CH-53 in dieser Ausstattung über eine sehr hohe Feuerkraft verfügt.

Ein Kampfretter vor einer CH-53GS. Die Elitesoldaten operieren jeweils in Dreier-Teams. In Afghanistan wird auch regelmäßig trainiert.

Betrieb des Flugplatzes Mazar-e Sharif gewährleisten. Deren fachliche Führung obliegt ebenfalls dem Kommodore Air Wing RS bzw. seinem Stellvertreter.

Im Gegensatz zum übrigen deutschen Einsatzkontingent, das jeweils ca. 16 Wochen in Afghanistan verbleibt, wechseln das mit dem operativen Einsatz sowie der Wartung/Instandsetzung der CH-53GS beauftragte Personal durchschnittlich circa alle acht Wochen.

Seit Beginn von Resolute Support wurden die Dienstposten, die mit dem Luftfahrzeugeinsatz CH-53GS betraut waren, ca. 3100 Mal besetzt. Darin enthalten allerdings sind Mehrfachbesetzung der Dienstposten durch gleiche Soldatinnen und Soldaten. Die Luftfahrzeugbesatzungsangehörigen der CH-53GS gehen im Schnitt zwei bis dreimal pro Jahr in den Auslandseinsatz.

Über die Anzahl der Einsätze wird zwar keine dezidierte Statistik geführt, in einem Zeitraum zwischen August 2018 bis Mai 2019 wurden exemplarisch 60 Transporteinsätze und 22 MedEvac-Einsätze geflogen. Dazu kamen noch technische Nachprüf- und Trainingsflüge (Doorgunnerschießen, Personnel Recovery und MedEvac-Training, etc.). Die Maschinen, die im Rahmen der Mission Resolute Support fliegen, tragen übrigens keine spezielle Kennzeichnung mehr. Der Schriftzug ISAF wurde überall entfernt.

Zur Auftragserfüllung stehen dem Verband im Jahr 2019 mit der CH-53GS ca. 1100 Flugstunden zur Verfügung.

Aktuell (Stand 18. Juli 2019) wurden mit CH-53GS insgesamt 21.330 Flugstunden in Afghanistan geflogen. Im Rahmen RS waren es 4230 Flugstunden.

Ab Oktober 2020 soll der Abzug der CH-53GS sukzessive beginnen, um dem Waffensystem und dem höchst einsatzbelasteten Personal eine Regenerationsphase von mindestens 18 Monaten zu ermöglichen. Der Auftrag wird ab Mitte Dezember 2020 durch den NH90 des Heeres sowie durch den H145M der Luftwaffe übernommen.

Anflug eines CH-53 Duos auf eine abgelegene Landestelle.

Organisation und Einsatz der CH-53 beim Air Wing Resolute Support

Operations Squadron

Die ehemalige Einsatzstaffel - jetzt Operations Squadron - ist für die operative Führung der Einsätze der Waffensysteme HERON 1 und CH-53 verantwortlich. Die fliegenden Besatzungen sind Teil der Staffel.

Support Squadron

Die ehemalige Einsatzunterstützungsstaffel - jetzt Support Squadron - ist für die Wartung, Instandsetzung und Logistik verantwortlich. Sie stellt für den gesamten Bereich der Luftfahrzeug-Technik mit allen notwendigen Fach- und Prüfgruppen die Wartung und Instandsetzung der verschiedenen Waffensysteme sicher und ist für die Aufgabe zur Herstellung und Erhaltung der Einsatzbereitschaft verantwortlich. Hierzu werden insbesondere die drei Flugzeughallen genutzt, die entsprechend klimatisiert sind und in denen ein leichter Überdruck herrscht. Dies soll verhindern, dass Wüstenstaub eindringen kann. Die Führung der Support Squadron besteht aus dem Staffelchef und 3 Bereichsoffizieren, denen die Bereiche Lfz-Technik, Materialbewirtschaftung und Luftumschlag zugeordnet sind.

Der Bereich Luftfahrzeugtechnik CH-53GS der Support Squadron Air Wing RS TAAC-N besteht aus 31 Soldaten und umfasste folgende Teilbereiche:

- Luftfahrzeugtechnischer Offizier
- Technische Betriebsführung und Einsatzsteuerung
- Prüfgruppe
- Wartungs- und Störbehebungsgruppe
- Bodendienstgerätegruppe
- Flugausrüstungsgruppe

Die Luftfahrzeugtechnik verfügte über fünf CH-53GS und stellt täglich Luftfahrzeuge für die Aufträge MedEvac und Transport bereit. Dabei wird jeweils eine ständige MedEvac-Rotte bestehend aus einem MedEvac- und einem Transporthubschrauber vorgehalten. Die Sicherstellung des MedEvac-Flugbetriebs ist der Kernauftrag der Einsatzunterstützungsgruppe CH-53GS. Die Bereitstellung von Luftfahrzeugen für Transportaufträge ist diesem untergeordnet.

Hubschrauberaustausch

Nach Ablauf der im Einsatz vorgesehenen 200 Flugstunden werden die CH-53GS gegen Luftfahrzeuge aus dem Heimatverband ausgetauscht. Das Auf- bzw. Abrüsten der Luftfahrzeuge für den Lufttransport wird durch zusätzlich temporär in den Einsatz verlegtes Personal realisiert. Dieses Personal wird durch die Support Squadron unterstützt.

Der luftfahrzeugtechnische Offizier (Lfz TO)

Der Lfz TO ist verantwortlich für das Personal im CH-53 Bereich. Ihm obliegt die Steuerung, Unterkunftsplanung und Aufsicht über das technische Personal. Des Weiteren ist er materialverantwortlich für die sich im Einsatz befindlichen Luftfahrzeuge. Er ist erster Ansprechpartner für alle technischen Fragen von außerhalb und unterstützt den Staffelchef in allen Belangen.

Die Technische Betriebsführung und Einsatzsteuerung

Die Betriebsführung besteht im Einsatz aus zwei Soldaten, die sämtliche Aufgaben der zentralisierten Technik wahrnehmen, d.h. Einsatzsteuerung, Arbeitsplanung und Lebenslaufakte, sind in einem Büro zusammengefasst. Dabei steuert, koordiniert und überwacht die Einsatzsteuerung die Einhaltung der monatlichen Flugstunden in enger Absprache mit der AIR OPS und den Erfordernissen des Einsatzflugbetriebs. Außerdem bewertet sie plötzlich auftretende Lageänderungen im luftfahrzeugtechnischen Bereich und veranlasst erste Maßnahmen. Zusätzlich erfasst sie die täglichen Einsatz- und Betriebsdaten der Luftfahrzeuge. Die Arbeitsplanung ist die Schaltzentrale für die Erfüllung des längerfristigen luftfahrzeugtechnischen Auftrages. Sie plant, veranlasst und steuert die planbare Instandsetzung an den Luftfahrzeugen. Außerdem führt sie die Lebenslaufakten der Luftfahrzeuge und erstellt die Arbeitsbücher.

Die Prüfgruppe

Die Prüfgruppe besteht aus drei bzw. temporär vier Soldaten, die an Luftfahrzeugen und Luftfahrtgeräte in den einzelnen Fachrichtung Nachprüfungen zur Feststellung der Verkehrssicherheit und Luftfahrtauglichkeit durchführen. Im Rahmen der Nachprüftätigkeit kann festgestellt werden, ob Materialerhaltungsmaßnahmen ordnungsgemäß durchgeführt wurden und das Luftfahrzeug gemäß den Materialerhaltungsvorschriften betrieben werden kann. Dabei kann es sich um planbare Arbeiten wie Teilphaseninspektionen und nicht planbare Störungen aus dem Flugbetrieb handeln. Ferner sind die Nachprüfer zuständig für die Überwachung von Lagerzeitbefristungen und Lagerbedingungen von Lfz-Material sowie für das ordnungsgemäße Führen der Lebenslaufakten. Gleichzeitig sind sie die höchste fachliche Instanz vor Ort und beraten die Vorgesetzten in allen technischen Fragen.

In einer großen Zelthalle erzeugen starke Gebläse einen leichten Überdruck, wenn alle Tore geschlossen sind, sodass bei Sandstürmen das Eindringen von Sand verhindert wird. Hier »übernachten« die CH-53-Maschinen und Hier werden die regelmäßigen Kontrollen durchgeführt oder auch Teilewechsel vorgenommen.

Landung auf einem Hochplateau!

Wartung an einer CH-53GS auf dem Vorfeld des Flugplatzes MeS.

Die Störbehebungs- und Wartungsgruppe

Die Störbehebungs- und Wartungsgruppe besteht aus Technikern der Fachgebiete

- Flugwerk (Zelle und Dynamische Komponenten Hydraulikanlagen)
- Triebwerk (Haupt- und Hilfstriebwerke sowie Triebwerkbedienung)
- Ausrüstung (Elektrik)
- Avionik (Funk- und Navigationsanlagen)
- EloKa (Selbstschutzanlagen)
- Flugregel (Fluglagehaltung und Flugregelanlage)
- Struktur (Zelleninstandsetzung)

Durch dieses Personal wird die eigentliche körperliche Arbeit am Luftfahrzeug geleistet.

Hierzu gehören Wartungsmaßnahmen nach jedem Flug, nicht planbare Störbehebung sowie planbare Wartungsmaßnahmen. Ist ein Luftfahrzeug 50 Flugstunden geflogen, so steht für die Techniker die Durchführung einer Teilphaseninspektion an, bei der alle Fachgruppen gefordert sind. Nach der Teilphase und einem kurzen Überprüfungsprogramm ist der Hubschrauber wieder für weitere Flugstunden einsatzbereit.

Bodendienstgerätegruppe

Das Personal der Bodendienstgerätegruppe ist für die Funktion und Wartung der unterschiedlichen Boden-Prüfgeräte und Sonderwerkzeuge verantwortlich. Als Dienstleiter der Technik führen sie das Handlager und unterstützen das Personal in allen Belangen.

Flugausrüstungsgruppe

Die Flugausrüstungsgruppe ist für die Helme, Schutzwesten und die unterschiedlichen Gurt- und Haltesysteme verantwortlich. Sie warten und überprüfen die Überlebensausstattung nach ihren Fristen und überprüfen und reinigen die Schutzwesten sowie die Helme der Piloten, Bordtechniker und der Bordschützen nach jedem Einsatz. Sie unterstützen die »Sky-Marshalls« beim Anlegen ihrer Haltesysteme.

Einsätze

Bevor die Besatzungen nach Afghanistan in den Einsatz gehen können, müssen sie zunächst die spezielle Einsatzvorausbildung in Germersheim durchlaufen.

Hauptaufgabe der CH-53 waren und sind MedEvac-Einsätze im Bereich des RC North. Dafür werden jederzeit zwei Maschinen einsatzbereit gehalten. Bei Alarmierung muss eine Maschine spätestens nach 30 Minuten in der Luft sein. Die Besatzung besteht standardmäßig aus sieben Personen: Kommandant, Pilot, zwei Bordtechnikern, (einer auf dem Mittelsitz - einer im Laderaum) und drei Bordsicherungssoldaten (»Doorgunner«). Dazu kommt bei MedEvac-Flügen ein Arzt und mindestens ein Rettungssanitäter. Die Flüge können in einem Höhenband zwischen 25 und 12.000 Fuß stattfinden. Lage- und auftragsabhängig wird aufgrund von Bedrohungen durch sogenannte Small Arms oder Boden-Luft Waffen entweder im Konturenflug, der allerdings für aufgenommene Patienten und die betreuenden Mediziner belastend ist oder in großen Höhen geflogen.

Neben möglichen MedEvac-Flügen werden die Maschinen für Transportaufgaben verwendet.

Die Ausrüstung

Die Ausrüstung der Besatzung besteht aus einer Pistole, einer Langwaffe, der Rettungs- und Überlebensausrüstung, dem Notfunkgerät und der Schutzweste mit eingearbeiteten Kevlarplatten. Das Gewicht der Ausrüstung beträgt zwischen 21 und 24 kg. Zusätzlich steht eine Staubschutzmaske zur Verfügung. Sie ist für den Bordtechniker überaus wichtig, da er sich bei einer Staublandungs-Einweisung hinten auf der offenen Laderampe befindet und den Piloten laufend wichtige Informationen ansagt. Er überwacht von hinten die drei Fahrwerke sowie den Heckrotor und den Hecksporn, um sicherzustellen, dass es mit letzterem keinen Kontakt zum Boden gibt.

Die Bordschützen erhalten vor ihrem Einsatz in Afghanistan eine Ausbildung am wirkungsvollen schweren Maschinengewehr M3M, das an drei Positionen, Heck, vordere rechte Tür und vorderes linkes Fenster eingebaut ist.

Um für alles gewappnet zu sein, führt man bei den Einsätzen einen Rucksack mit kompletter Lebensausrüstung mit, weiterhin Nachtsichtverstärkerbrillen und reichlich Munition.

In den Schluchten des Hindukusch. Mit der CH-53GS geht es hinein in ein enges Tal.

Auf Tuchfühlung mit der Wüste.

Die komplexe MedEvac Ausrüstung mit den Krankenliegen und vielem medizinischen Gerät. Die Transportkapazität beträgt:
3 Schwerverletzte liegend /
2 Verletzte sitzend.

Staublandung

Landungen sind in Afghanistan extrem anspruchsvoll, da der aufgewirbelte Sand vielfach als so fein wie Mehl beschrieben wird und auf den letzten Metern vor dem Absetzen des Hubschraubers keinerlei Sicht nach draußen mehr ermöglicht. Die fliegerische Vorbereitung auf dem Truppenübungsplatz Oberlausitz, der aus sandigen Böden besteht, ist leider auch nicht optimal, da der Korndurchmesser des Sandes deutlich größer als in Afghanistan ist. Trotzdem müssen die Crews mit dieser Situation verantwortungsvoll umgehen. Die Landung beginnt mit dem Endanflug. In einer Höhe von 30 bis 50 Metern hat sich bei einer Außenlandung normalerweise schon eine Staubwalze hinter dem Hubschrauber aufgebaut. Die Maschine sinkt nun weiter, verringert die Geschwindigkeit und die Staubwalze erreicht den Hubschrauber langsam von hinten. Kurz bevor sie die Cockpitfenster völlig einhüllt, muss der Pilot den Landepunkt festgelegt haben und die Fahrt herausnehmen. In einer Höhe von drei bis fünf Metern ist der Boden innerhalb der Staubwolke normalerweise erkennbar. D.h. es ist Ziel, die Walze erst dann den Hubschrauber einhüllen zu lassen, bis diese Höhe eingenommen ist. Nun folgen möglichst präzise Ansagen des Bordtechnikers im Laderaum, der auf der Heckklappe liegend laufend Lage- und Höheninformationen per Interkom durchgibt. Alle Besatzungsmitglieder, die bei dem komplizieren Vorgang eingebunden sind, können in einem kritischen Moment sofort das Kommando »go around« geben. In diesem Fall wird durch die Crew sofort durchgestartet. Alle unterstützenden Instrumente werden für die Landung herangezogen. Besonders wichtig sind der Radarhöhenmesser, der sehr präzise die Höhe angibt und die Kurskreiselanlage, die den Kurs des Hubschraubers anzeigt. Die größte Gefahr sind seitliche Drifts in der Wolke, die sehr schwer zu bemerken sind.

In Afghanistan kam es deswegen schon zu einigen, zum Glück kleineren Zwischenfällen. Stellt die Staublandung am Tage schon eine sehr große Herausforderung dar, ist sie bei Nacht für die Besatzung eine absolute Extremsituation. Hierbei müssen die so wichtige Landeplatz-Erkundung und besonders die Landung im Staub mit Hilfe von Nachtsichtbrillen (NVG-Night Vision Goggles) erfolgen.

Staublandungen sind in Afghanistan extrem anspruchsvoll, da der aufgewirbelte Sand, so fein wie Mehl, auf den letzten Metern vor dem Absetzen des Hubschraubers keinerlei Sicht nach draußen mehr ermöglicht.

Erdbebenhilfe in Pakistan

Am 8. Oktober 2005 um 8:50 Ortszeit bebte in der Kaschmir-Region in Pakistan die Erde. Das Epizentrum lag in Pakistan nahe der Stadt Asad Kashmir. Die betroffene Gegend liegt etwa 95 km nordöstlich von Islamabad. Das Beben trat in einer Tiefe von 10 km unter der Erdoberfläche auf und verursachte massive Zerstörungen in Nordpakistan, Afghanistan und Nordindien.

Viele Staaten, internationale Organisationen und Nichtregierungsorganisationen boten daraufhin der Region Hilfe in Form von Geld, Lebensmitteln, medizinischen Ausrüstungen, Zelten und Decken an. Gleichsam wurden Rettungs- und Bergungsarbeiter aus verschiedenen Teilen der Welt in die Region geschickt.

Die NATO reagierte mit der Einrichtung einer Luftbrücke zur Versorgung der Katastrophenregion. Flugzeuge der 26 Mitgliedstaaten sowie Maschinen des Militärbündnisses sollten Hilfsgüter in die Erdbebengebiete in Pakistan bringen.

Auch die Bundeswehr beteiligte sich an diesem humanitären Einsatz und unterstützte Pakistan bei der Bewältigung der Erdbebenkatastrophe mit Personal und Material.

Das deutsche Einsatzkontingent ISAF entsandte am 10. Oktober 2005 dazu ein Hilfsteam bestehend aus Ärzten und Sanitätssoldaten sowie Pioniereinsatzkräften nach Pakistan, um schnell und wirksam zu helfen. Neben den ca. 50 Soldaten wurde auch Hilfsmaterial wie Medikamente, Betten, Zelte und Decken in das Einsatzgebiet nördlich Islamabad transportiert. Der Lufttransport wurde von C-160 Transall-Maschinen durchgeführt, die auch kurzfristig für weitere Hilfsflüge zur Verfügung standen.

Am 29. Oktober 2005 begann die Bundeswehr damit, vier Transporthubschrauber CH-53GS nach Pakistan zu verlegen. In Verbindung mit den Einsatzkräften des Technischen Hilfswerks wurden die Hilfsflüge vom Flughafen in Islamabad in die Erdbebenregion aufgenommen. Nach tagelangen Verzögerungen erreichten zudem die ersten Hilfslieferungen die Stadt Muzaffarabad im pakistanischen Teil Kaschmirs, der zu dem am stärksten betroffenen Gebiet gehörte. Im Krisengebiet wuchs zusätzlich die Gefahr von Seuchen wie Cholera und Lungenentzündung. In Muzaffarabad waren bereits Malaria und andere Krankheiten ausgebrochen. Nach Angaben des UN-Welternährungsprogramms wurden Lebensmittel für mindestens eine Million Menschen benötigt.

Nach einem verheerenden Erdbeben waren im Oktober 2005 vier CH-53GS für fast ein halbes Jahr in Pakistan im Einsatz. Zentraler Einsatzort war der Flugplatz in Islamabad.

Nach einer wetterbedingten Zwangspause konnten die Hilfsflüge ins pakistanische Erdbebengebiet wieder aufgenommen werden. Zahlreiche Hubschrauber starteten unter anderem mit Nahrungsmitteln und Medikamenten an Bord wieder in Richtung der Katastrophenregion. Insgesamt waren 35 pakistanische Helikopter, acht US-Hubschrauber und vier Hubschrauber der Bundeswehr im Einsatz.

Anfang April 2006 kehrten die Hubschrauber aus dem humanitären Hilfseinsatz in Pakistan zurück. Sie absolvierten vor Ort über 1200 Einsatzflügen mit rund 950 Flugstunden.

Auch wenn Auslandseinsätze immer mit außergewöhnlichen Strapazen für alle Beteiligten verbunden sind, zählt letztlich das gute Gefühl, Menschen in Not geholfen zu haben. Das THW Biberach stellte saubere Wasserversorgung sicher.

Im Erdbebengebiet ist bereits Hilfe angekommen.

Mit der CH-53 in Afrika

Zur Absicherung der Wahlen im Kongo auf Grundlage der UN-Resolution 1671 kamen von Juni bis Dezember 2006 insgesamt 2450 ausländische Soldaten als Teil von EUFOR RD Congo vor Ort zum Einsatz. Ziel war die Stabilisierung der Lage, der Schutz der Zivilbevölkerung, der Schutz des internationalen Flughafens der Hauptstadt Kinshasa sowie die Durchführung von Evakuierungsmissionen.

Rund die Hälfte der Soldaten war in Gabuns Hauptstadt Libreville stationiert, der Rest in Kinshasa. Deutschland beteiligte sich mit 750 Soldaten und durchgehend drei CH-53 an der friedensichernden Mission. Die CH-53 waren in Kinshasa stationiert und erbrachten während des halben Jahres während 805 Flügen insgesamt 3982 Flugstunden. Der Einsatz endete zum 22. Dezember 2006.

Exotisch: Die CH-53 der Bundeswehr war in ihrer Dienstzeit schon an vielen Orten der Welt anzutreffen. Mitte bis Ende 2006 waren drei Maschinen in Kinshasa, Kongo stationiert und unterstützen die Absicherung der dortigen Wahlen.

Wieder in Griechenland

Das Jahr 2007 stand wieder im Zeichen der Waldbrandbekämpfung im Ausland. Ende August forderte die griechische Regierung deutsche Hubschrauber an, um auf dem Peloponnes flächendeckende Feuer zu bekämpfen. Drei CH-53 aus Laupheim verlegten daraufhin mit ihren Smokey-Feuerlöschbehältern auf die griechische Halbinsel. Der Überführungsflug dauerte alleine 14 Stunden. Insgesamt waren 50 Soldaten vor Ort im Einsatz.

Wenn die Hubschrauber und Löschflugzeuge das Feuer nicht unter Kontrolle bringen konnten, stand am nächsten Tag der ganze Berg in Flammen.

Das Hochwasser im Juni 2013

Elf Jahre nach dem verheerenden Hochwasser an der Elbe schien sich im Juni 2013 das Szenario aus dem Jahre 2002 zu wiederholen. Nach lang andauernden Regenfällen traten zahlreiche Flüsse über die Ufer, in 55 Landkreisen musste deswegen Katastrophenalarm ausgelöst werden, vor allem in Sachsen, Sachsen-Anhalt und Bayern. Ab dem 3. Juni 2013 unterstütze die Bundeswehr die Rettungs- und Sicherungsmaßnahmen mit Personal, Material und Gerät. In der Spitze waren dabei etwa 20.000 Soldaten im Einsatz. Es galt vor allem Evakuierungen und Transport von sicherndem Material für die Deiche durchzuführen. Aber auch Überwachungsflüge und medizinische Notfallversorgungen fanden statt. Knapp 30 Hubschrauber waren im Einsatz, neben UH-1D, Bo 105, NH90 auch Sea King der Marine und CH-53 von der Luftwaffe. Die CH-53 des Hubschraubergeschwaders 64 kamen nicht nur aus Laupheim, sondern auch die abgesetzte Lufttransportstaffel HSG 64 aus Bückeburg nahm mit CH-53GA an der Rettungsaktion teil. Die CH-53 zeigte einmal mehr ihren außergewöhnlichen Wert bei derlei Einsätzen, vor allem bezüglich ihrer Ladekapazität und auch die Besatzungen konnten ein weiteres Mal ihre Professionalität unter Beweis stellen. Mit allen Hubschraubern wurden ca. 1400 Flugstunden absolviert. Der Einsatz endete zum 19. Juni 2013.

Höhlen-Rettung

Ein außergewöhnlicher Einsatz für das HSG 64 war die Unterstützung bei der Rettung des schwer verletzten Höhlenforschers Johann Westenhauser, der an Pfingsten 2014 verunglückte und nach elf Tagen aus Deutschlands tiefster Höhle, der Riesending-Schachthöle, aus 1000 m Tiefe gerettet werden konnte. Dabei flogen unter anderem auch CH-53-Hubschrauber des HSG 64 Container und Material auf den Untersberg bei Berchtesgaden.

Nach lang andauernden Regenfällen traten im Juni 2013 zahlreiche Flüsse über die Ufer, in 55 Landkreisen musste deswegen Katastrophenalarm ausgelöst werden, vor allem in Sachsen, Sachsen-Anhalt und Bayern. Auch die CH-53-Hubschrauber waren wieder im mit Einsatz. Die CH-53 des Hubschraubergeschwaders 64 kamen nicht nur aus Laupheim, sondern auch die abgesetzte Lufttransportstaffel HSG 64 aus Bückeburg nahm mit CH-53GA an der Rettungsaktion teil. Die Maschinen operierten von Holzdorf aus.

Anhang

Meilensteine der Entwicklung der Sikorsky CH-53

Datum	Bezeichn.	Ereignis
Ende 1962	S-65	Sikorsky gewinnt Ausschreibung zur Entwicklung eines 9t Transporthubschraubers für das US Marine Corps
24. Sep. 1962	YCH-53A	Vertrag über die Entwicklung und den Bau von zwei YCH-53A-Prototypen
14. Okt. 1964	S-65, YCH-53A	Erstflug des Prototyps bei Sikorsky für das US Marine Corps mit Triebwerk GE T64-3, kein EAPS, keine Zusatztankanlage
19. Jan. 1966	CH-53A	Sikorsky Aircraft Präsentation CH-53 im BMVg Bonn
24. Feb. 1966		Leiter der Führungsakademie Hamburg, Generalmajor Bennecke übergibt unter dem Begriff Hubschrauber-Planuntersuchung »Hummel« das Ergebnis der Untersuchung dem Bundesminister der Verteidigung
20.-26.März 66	CH-53A	Deutsche Delegation erhält die Möglichkeit die CH-53A auf der Naval Air Station Patuxent River, Maryland zu erproben.
August 1966	HH-53B	Auftragserteilung der USAF für die Entwicklung des HH-53B
12. Sep. 1966	CH-53A	Die Auslieferung der ersten CH-53A an die Einsatzstaffel HMH-463 in Santa Ana, Kalifornien
2. Nov. 1966	CH-53A	Erteilung der Musterzulassung durch die US Navy
23. Feb. 1967		Veröffentlichung der »Militärischen Forderung« unter dem Planungsbegriff »Transporthubschrauber 6t«
15. Mär. 1967	HH-53B	Erstflug, SAR-Ausführung für die USAF, Auslieferung beginnt mit T64-3 Triebwerken, EAPS, Außentanks
10.-30. Apr. 67	CH-53A	Heeresflieger-, E-Stellen-, VFW, BMVg-Personal bei der CH-53-Erprobung bei Sikorsky in Stratford und danach bei der Fa. Boeing-Vertol zur weiteren Erprobung der CH-47
April 1968		Reduzierung von 153 auf 135 Luftfahrzeuge durch Verzicht auf einen Teil der Kreislaufreserve (rein finanzielle Entscheidung)
14. Mai 1968		Schriftliche Mitteilung an den Vorsitzenden des Verteidigungsausschusses vom Militärischen Führungsrat über die Entscheidung zugunsten des »Beschaffungsvorhaben mittlerer Transporthubschrauber CH-53«
6. Jun. 1968	CH-53A	Bestellung von zwei Vorabhubschraubern durch Bundesregierung
27. Juni 1968	CH-53	Zustimmung des Verteidigungsausschusses des Deutschen Bundestages zur Beschaffung von 135 CH-53
Juli 1968	CH-53D/G	Festlegung der Änderung des Erprobungsumfangs für beide CH-53A. Sie erhalten die Bezeichnung CH-53D/G
Sept. 1968	CH-53A	Auslieferung der ersten CH-53A an USMC mit T64-6-Triebwerken
August 1968	CH-53C	Auslieferung der ersten CH-53C an die USAF mit T64-7-Triebwerken, EAPS, Außentanks
14. Nov. 1968	CH-53G	Zustimmung des Haushaltsausschusses des Deutschen Bundestages zur Serienfertigung
Januar 1969	CH-53G	MoU mit US Regierung für Nachbau von 133 Serien-Hubschraubern
27. Jan. 1969	CH-53D	Auslieferung beginnt, Hubschrauber mit T64-412-Triebwerken, EAPS, teilweise Außentanks
31. Mär. 1969	CH-53D/G	Erstflug des ersten für die Bundeswehr gebauten CH-53D/G, 84+01 bei Sikorsky in Stratford, Connecticut
23. April 1969	CH-53D/G	Erstflug des zweiten für die Bundeswehr gebauten CH-53D/G, 84+02 bei Sikorsky in Stratford, Connecticut
25. Sep. 1969	CH-53D/G	Offizielle Übergabe der beiden Vorabhubschrauber 84+01 und +02 bei Sikorsky in Stratford, Connecticut an das BMVg, BWB, ErpSt 61
1. Okt. 1969	CH-53D	Zustimmung des Bundesministeriums der Finanzen zur Beschaffung der CH-53
14. Okt. 1969		»Provisioning Conference« zur Festlegung der Ersatzteilgrundausstattung (EGA) bei Sikorsky in Stratford
16. Okt. 1969	CH-53G	MoU regelt Nachbau von 133 CH-53 Hubschr. mit der US-Regierung
3./ 5. Nov. 69	CH-53D/G	Übernahme der beiden Vorabhubschrauber 84+01 und +02 in Lemwerder durch die ErpSt 61
14. Nov. 1969	CH-53G	Vertragsunterzeichnung des Managementvertrages zwischen dem BWB und VFW über Lizenzbau-Organisation für den Nachbau von 133 CH-53 Hubschrauber
10. Dez. 1969	CH-53G	Auswahl des Hauptauftragnehmers VFW dem BWB bekanntgegeben und Beschaffung des 1. Loses (80 Hubschr.) freigegeben.

12. Dez. 1969	CH-53G	Unterzeichnung Lizenzvertrag zwischen Sikorsky und dem Bund
18. Dez. 1969	CH-53G	VFW präsentiert Netzplan für das CH-53 Serienprogramm beim BWB in Koblenz
1. Jan. 1970	CH-53G	VFW-Fokker Serienleitung CH-53G startet im Werk Speyer
1. Jul. 1970	CH-53G	Dem BWB wird die endgültige Beschaffungsanweisung erteilt, von den Firmen MTU und KHD die Triebwerke fertigen zu lassen.
11. Okt. 1971	CH-53G	Erstflug des ersten in Speyer bei VFW-Fokker endmontierten CH-53G Hubschraubers, WerkNr V65001, 84+03
30. Nov. 1971	CH-53G	Übergabe der ersten CH-53G, V65001, 84+03 an die TSLw 3 nach Fassberg
25. Jan. 1972	CH-53G	Bei einer geheimen Rüstungstagung wird die Beschaffung des CH-53G von 133 auf 110 reduziert.
März 1972	CH-53G	Erste CH-53G, 84+04, bei der Heeresfliegerwaffenschule
26. Juli 1972	CH-53G	Offizielle Übergabe des CH-53G Hubschraubers (WerkNr. V65010, 84+12) durch Verteidigungsminister Georg Leber an das Heer im VFW-Fokker Werk in Speyer
27. Okt. 1972	RH-53D	Erstflug, Sonderausführung für die Minenräumung des US Navy, Auslieferung der ersten Hubschrauber mit T64-413 Triebwerk, EAPS, Außentanks, Luftbetankungsanlage
27. Feb. 1973	CH-53G	Übergabe der ersten beiden CH-53G (84+22 und 84+23) an das mHFlgTrspRgt 35
3. Okt. 1973	CH-53G	Übergabe der ersten CH-53G an das mHFlgTrspRgt 25 in Laupheim
1. Mär. 1974	YCH-53E	Prototyp der Super Stallion mit drei Motoren für US Marine Corps
22. Jun. 1974	CH-53G	Übergabe der ersten CH-53G an das mHFlgTrspRgt 15 in Rheine
Juni 1981	CH-53E	Auslieferung an das US Marine Corps beginnt
23. Dez. 1981	YMH-53E	Erstflug des Prototypen
1. Sep. 1983	YMH-53E	Erstflug, Testhubschrauber für Minenräumung, Sea Dragon
Juni 1986	YMH-53E	Erstflug der ersten Serienmaschine
1995	CH-53GS	Beginn Mustereinbau an 84+04 bei Eurocopter
Oktober 1997	CH-53GS	Einrüstung Reichweitenerweiterung (RWE), Nachttiefflugfähigkeit (NTF) in 20 Lfz
1. Okt. 1997	CH-53	Vertrag über das 3. Zellenänderungspaketes (3. ZÄP) BWB-ECD
28. Jul. 1999	CH-53	Vorlage/Abschluss der Studie CH-53 Kampfwertsteigerung KWS/NDV (Studie wurde von ECD, ESG, MTU, ZFL vorfinanziert: 4 Mio DM)
14. Aug. 1999	CH-53GS	Übergabe der ersten CH-53GS an HFlgWaS
Mitte 2000	CH-53G	Beginn mit der Evaluierung der neuen T64-100-Triebwerke (auf der 84+74)
Juni 2002	CH-53G	Vertrag zur Modifikation von 40 Lfz um IFR-Fähigkeit zu erhalten

12. Aug 2003	CH-53GS	Beauftragung MTU Aero Engines durch BWB für Beschaffung und Modernisierung der Triebwerke von 20 CH-53GS. Entsprechen dem Stand der aktuellen US-Version T64-GE-100.
29. Jan. 2005	CH-53GS	MTU übergibt im Rahmen einer Feierstunde im nordrhein-westfälischen Rheine offiziell das erste modifizierte Serientriebwerk T64-100 für die CH-53GS der Bundeswehr.
April 2005	CH-53K	Sikorsky erhält 3 Mrd Euro Auftrag zur Entwicklung des neuen Musters für das USMC
April 2005	CH-53GA	Formulierung der Forderung zur Modifikation der CH-53G zur CH-53GA (German Advanced).
5. Jul. 2005	CH-53G	Vertragsunterzeichnung für das SdE-Programm (Sicherstellung der Einsatzbereitschaft) Modifikation von 87 Hubschraubern zwischen 2005 und 2012, Erhöhung des Design-Life auf 10.000 Fh
April 2006	CH-53K	Unterzeichnung eines Vorvertrag zur Lieferung von insgesamt 156 Hubschraubern duch USMC
14. Feb. 2007	CH-53GA	Entwicklungs-und Beschaffungsvertrag zwischen dem BWB und Eurocopter für die Produktverbesserung CH-53G zu GA an 40 Lfz
Mai 2008	CH-53	Vertrag zur Modifikat. von weiteren sechs CH-53G für Einsatzfähigkeit
29. Jan. 2010	CH-53GA	Jungfernflug mit dem ersten CH-53GA-Prototyp (84+86)
21. Mai 2010	CH-53GA	Jungfernflug des zweiten CH-53GA-Prototyps (85+04)
26. Mai. 2010	CH-53G	Ausmusterung der 84+02 bei der WTD 61
7. Juli 2010	CH-53G	Ausmusterung der 84+01 bei der WTD 61
12. Sep. 2012	CH-53GA	Übernahme der CH-53GA durch die Truppe anlässlich der ILA in Berlin
4. Dez.2012	CH-53K	Offizielle Vorstellung des ersten Prototypen (ausschl. für Bodentests)
31. Dez. 2012	CH-53	Das offizielle Ende der Heeresflieger-CH-53 in Bückeburg
1. Jan. 2013	CH-53	Übernahme von Gerät und Personal in die abgesetzte Lufttransportstaffel HSG 64 durch die Luftwaffe
5. Mai 2014	CH-53K	Offizieller-Rollout des ersten fliegenden Prototypen
2. Sep. 2016	CH-53K	Erstflug des vierten und letzten Prototyps
17. Jul. 2017	CH-53GA	Übergabe der letzten modifizierten Maschine an die Luftwaffe
26. Apr. 2018	CH-53K	Internationales Debut außerhalb der USA im Rahmen der ILA 2018
16. Mai 2018	CH-53K	Auslieferung der ersten Serienmaschine an das USMC
26. Feb. 2019	CH-53GS	Erstflug des ersten Prototyps CH-53GS (Obs) (84+52)
03.Jul. 2019	CH-53	50 Jahre CH-53 in Deutschland

Verbleib der CH-53-Hubschrauber der Bundeswehr

Werknummer	Version	Kennzeichen	Erstbetrieb	Halter aktuell	Verbleib
65156	CH-53D/G	84+01	ErpSt 61		Ausphasung 2010
65157	CH-53D/G	84+02	ErpSt 61		Ausphasung 2010
V65001	CH-53G	84+03	TSLw 3		Ausphasung 2003
V65002	CH-53G	84+04	HFlgWaS		Ausphasung 2002
V65003	CH-53G	84+05	HFlgWaS		Ausphasung 2012
V65004	CH-53G	84+06	HFlgWaS		Ausphasung 2016; ausgestellt in Laupheim
V65005	CH-53G	84+07	HFlgWaS		Ausphasung 2002
V65006	CH-53GS	84+08	HFlgWaS		Unfall 24.01. 2001; Außenlast in Bückeburg
V65007	CH-53G	84+09	HFlgWaS		Ausphasung 2014
V65008	CH-53G	84+10	HFlgWaS		Ausphasung 2010
V65009	CH-53G	84+11	HFlgWaS	HSG 64/AusbZLw	Ausphasung geplant 2019
V65010	CH-53G	84+12	HFlgWaS		Ausphasung 2002
V65011	CH-53GA	84+13	HFlgWaS	LTGrp HSG 64	
V65012	CH-53GE	84+14	HFlgWaS	TGrp HSG 64	
V65013	CH-53GS	84+15	mHFlgTrspRgt 25	TGrp HSG 64	
V65014	CH-53G	84+16	HFlgWaS		Ausphasung 2005
V65015	CH-53G	84+17	HFlgWaS		Ausphasung 2011
V65016	CH-53G-IFR	84+18	HFlgWaS		Ausphasung
V65017	CH-53G	84+19	HFlgWaS		Ausphasung 2013
V65018	CH-53G	84+20	mHFlgTrspRgt 35		Ausphasung 2001; Museum Gatow
V65019	CH-53G	84+21	mHFlgTrspRgt 35		Ausphasung 2006
V65020	CH-53G	84+22	mHFlgTrspRgt 35		Ausphasung 2008
V65021	CH-53G	84+23	mHFlgTrspRgt 35		Ausphasung 2003
V65022	CH-53GA	84+24	mHFlgTrspRgt 35	TGrp HSG 64	
V65023	CH-53GS	84+25	mHFlgTrspRgt 35	TGrp HSG 64	
V65024	CH-53GE	84+26	mHFlgTrspRgt 35	WTD 61	
V65025	CH-53G	84+27	mHFlgTrspRgt 35		Ausphasung 2008
V65026	CH-53GA	84+28	mHFlgTrspRgt 35	TGrp HSG 64	
V65027	CH-53G-IFR	84+29	mHFlgTrspRgt 35	HSG 64	Ausphasung geplant 2019/2020
V65028	CH-53GS	84+30	mHFlgTrspRgt 35	TGrp HSG 64	
V65029	CH-53GA	84+31	mHFlgTrspRgt 35	TGrp HSG 64	
V65030	CH-53GA	84+32	mHFlgTrspRgt 35	TGrp HSG 64	
V65031	CH-53GA	84+33	mHFlgTrspRgt 35	HSG 64/AusbZLw	Mit Flecktarn FL0635-A
V65032	CH-53GA	84+34	mHFlgTrspRgt 35	TGrp HSG 64	
V65033	CH-53GA	84+35	mHFlgTrspRgt 35	LTGrp HSG 64	
V65034	CH-53G-IFR	84+36	mHFlgTrspRgt 35		Unfall 2009 in der Schweiz, verschrottet
V65035	CH-53GA	84+37	mHFlgTrspRgt 35	HSG 64/AusbZLw	
V65036	CH-53GA	84+38	mHFlgTrspRgt 35	LTGrp HSG 64	
V65037	CH-53GA	84+39	mHFlgTrspRgt 35	LTGrp HSG 64	
V65038	CH-53G	84+40	mHFlgTrspRgt 25		Ausphasung 2007
V65039	CH-53G	84+41	HFlgWaS		Ausphasung 2015
V65040	CH-53GS	84+42	mHFlgTrspRgt 25	TGrp HSG 64	
V65041	CH-53GA	84+43	mHFlgTrspRgt 25	TGrp HSG 64	Mit Flecktarn FL0635-A
V65042	CH-53GA	84+44	mHFlgTrspRgt 25	TGrp HSG 64	
V65043	CH-53GS	84+45	mHFlgTrspRgt 25	TGrp HSG 64	
V65044	CH-53G-IFR	84+46	mHFlgTrspRgt 25	TGrp HSG 64	Ausphasung geplant 2019/2020
V65045	CH-53GA	84+47	mHFlgTrspRgt 25	TGrp HSG 64	
V65046	CH-53GA	84+48	mHFlgTrspRgt 25	TGrp HSG 64	
V65047	CH-53GA	84+49	mHFlgTrspRgt 25	LTGrp HSG 64	Mit Flecktarn FL0635-A
V65048	CH-53GA	84+50	mHFlgTrspRgt 25	LTGrp HSG 64	
V65049	CH-53GS	84+51	mHFlgTrspRgt 25	TGrp HSG 64	
V65050	CH-53GS	84+52	mHFlgTrspRgt 25	TGrp HSG 64	
V65051	CH-53GE	84+53	mHFlgTrspRgt 25	TGrp HSG 64	
V65052	CH-53GA	84+54	mHFlgTrspRgt 25	TGrp HSG 64	
V65053	CH-53G-IFR	84+55	mHFlgTrspRgt 25		Ausphasung 2015
V65054	CH-53G	84+56	mHFlgTrspRgt 25		Ausphasung 2002
V65055	CH-53GA	84+57	mHFlgTrspRgt 25	TGrp HSG 64	
V65056	CH-53GA	84+58	mHFlgTrspRgt 25	TGrp HSG 64	
V65057	CH-53GA	84+59	mHFlgTrspRgt 25	LTGrp HSG 64	

V65058	CH-53G	84+60	mHFlgTrspRgt 25		Ausphasung 2013
V65059	CH-53G	84+61	mHFlgTrspRgt 25		Absturz 11.12.1978; Hindernisberührung
V65060	CH-53G	84+62	mHFlgTrspRgt 25		Ausphasung 2015
V65061	CH-53GA	84+63	mHFlgTrspRgt 25	TGrp HSG 64	
V65062	CH-53GS	84+64	mHFlgTrspRgt 25	TGrp HSG 64	
V65063	CH-53GA	84+65	mHFlgTrspRgt 35	TGrp HSG 64	
V65064	CH-53GS	84+66	mHFlgTrspRgt 35	TGrp HSG 64	
V65065	CH-53GS	84+67	mHFlgTrspRgt 25	TGrp HSG 64	
V65066	CH-53GA	84+68	mHFlgTrspRgt 25	LTGrp HSG 64	
V65067	CH-53G	84+69	mHFlgTrspRgt 15		Ausphasung 2006
V65068	CH-53GA	84+70	mHFlgTrspRgt 15	LTGrp HSG 64	
V65069	CH-53GA	84+71	mHFlgTrspRgt 15	LTGrp HSG 64	
V65070	CH-53GA	84+72	mHFlgTrspRgt 15	TGrp HSG 64	Mit Flecktarn FL0635-A
V65071	CH-53GA	84+73	mHFlgTrspRgt 15	LTGrp HSG 64	
V65072	CH-53GA	84+74	mHFlgTrspRgt 15	TGrp HSG 64	
V65073	CH-53GA	84+75	mHFlgTrspRgt 15	TGrp HSG 64	
V65074	CH-53G	84+76	mHFlgTrspRgt 15		Ausphasung 2014
V65075	CH-53G	84+77	mHFlgTrspRgt 15		Ausphasung 2008
V65076	CH-53G-IFR	84+78	mHFlgTrspRgt 15		Ausphasung 2015
V65077	CH-53GS	84+79	mHFlgTrspRgt 15	TGrp HSG 64	
V65078	CH-53G	84+80	mHFlgTrspRgt 15		Ausphasung 2013
V65079	CH-53G	84+81	mHFlgTrspRgt 15		Absturz 26.11.1980 bei Waldbröhl
V65080	CH-53GE	84+82	mHFlgTrspRgt 15	TGrp HSG 64	
V65081	CH-53G-IFR	84+83	mHFlgTrspRgt 15	HSG 64 /AusbZLw	Ausphasung geplant 2020
V65082	CH-53G	84+84	mHFlgTrspRgt 15		Ausphasung 2016
V65083	CH-53GS	84+85	mHFlgTrspRgt 15	TGrp HSG 64	
V65084	CH-53GA	84+86	mHFlgTrspRgt 15	LTGrp HSG 64	Mit Flecktarn FL0635-A
V65085	CH-53GA	84+87	mHFlgTrspRgt 15	LTGrp HSG 64	Mit Flecktarn FL0635-A
V65086	CH-53GA	84+88	mHFlgTrspRgt 15	LTGrp HSG 64	
V65087	CH-53GA	84+89	mHFlgTrspRgt 15	TGrp HSG 64	
V65088	CH-53G	84+90	mHFlgTrspRgt 15		Ausphasung 2014
V65089	CH-53GS	84+91	mHFlgTrspRgt 15	TGrp HSG 64	
V65090	CH-53GE	84+92	mHFlgTrspRgt 35	HSG 64/AusbZLw	
V65091	CH-53G	84+93	mHFlgTrspRgt 35		Unfall Mendig 14.2.2000; Verschrottung 2002
V65092	CH-53G-IFR	84+94	mHFlgTrspRgt 35	WTD 61	Ausphasung geplant 2020
V65093	CH-53G	84+95	mHFlgTrspRgt 25		Ausphasung 2013
V65094	CH-53GE	84+96	mHFlgTrspRgt 25	WTD 61	
V65095	CH-53GA	84+97	mHFlgTrspRgt 25	LTGrp HSG 64	
V65096	CH-53GS	84+98	mHFlgTrspRgt 15	TGrp HSG 64	
V65097	CH-53GA	84+99	mHFlgTrspRgt 25	LTGrp HSG 64	
V65098	CH-53GS	85+00	mHFlgTrspRgt 15	TGrp HSG 64	
V65099	CH-53GS	85+01	mHFlgTrspRgt 35	TGrp HSG 64	
V65100	CH-53G-IFR	85+02	mHFlgTrspRgt 35	LTGrp HSG 64	Ausphasung 2015
V65101	CH-53GA	85+03	mHFlgTrspRgt 35	LTGrp HSG 64	Mit Flecktarn FL0635-A
V65102	CH-53GA	85+04	mHFlgTrspRgt 25	TGrp HSG 64	Mit Flecktarn FL0635-A
V65103	CH-53GS	85+05	mHFlgTrspRgt 15	TGrp HSG 64	
V65104	CH-53GA	85+06	mHFlgTrspRgt 25	TGrp HSG 64	
V65105	CH-53GS	85+07	mHFlgTrspRgt 15	TGrp HSG 64	
V65106	CH-53GA	85+08	mHFlgTrspRgt 15	LTGrp HSG 64	
V65107	CH-53GS	85+09	mHFlgTrspRgt 15		Absturz Kabul 21.12. 2002; Verschrottung
V65108	CH-53GS	85+10	mHFlgTrspRgt 25	TGrp HSG 64	
V65109	CH-53G	85+11	mHFlgTrspRgt 25		Ausphasung 2005
V65110	CH-53GS	85+12	mHFlgTrspRgt 15	TGrp HSG 64	

Stand: August 2019
71 CH-53 im Dienst

Abkürzungen

Abk.	Begriff	Deutscher Begriff/ Bedeutung
A		
ACU	Actuator Control Unit	Aktuator Kontroll-Einheit
ADC	Air Data Computer	Luftdaten-Computer
AFCS	Automatic Flight Control System	Automatische Flugsteuerung
AGT		Abgastemperatur
AHD		Airbus Helicopters Deutschland
AHRS	Attitude Heading Reference System	Lage/Kurs-Referenz-System
AI	Attitude Indicator	Fluglageanzeige
AMCM	Airborne Mine Counter Measure	luftgetützte Minen-Gegenmaßnahmen
APP	Auxillary Power Plant	Hilfstriebwerk
ATN		Allgemeiner Tätigkeitsnachweis
AusbZ		Ausbildungszentrum
AUP	Avionics Udgrade Program	Avionik-Verbesserungsprogramm
AZT		Außenzusatztankanlage
B		
BAAIN Bw		Bundesamt für Ausrüstung, Informationstechnik und Nutzung der Bundeswehr
BDHI	Bearing Distance Heading Indicator	Kurs/Distanz-Anzeigegerät
BFW		Bugfahrwerk
BIS	Board of Inspection and Survey	Inspektions- und Überprüfungs-gremium
BiV		Bildverstärker
BMF		Bundesministerium für Finanzen
BMS	Battery Management	Batteriemanagement
BMVg		Bundesministerium der Verteidgung
BordMechFw		Bordmechaniker-Feldwebel
BuAer	Bureau of Aeronautics	
BWB		Bundesamt für Wehrtechnik und Beschaffung
C		
CAAS	Common Avionic Architecture System	gemeinsames Avionik-Architektur-System
CCU	Cursor Control Unit	Cursor-Kontrolleinheit
CDU	Control&Display Unit	Kontroll-und Darstellungseinheit
CDS	Cockpit Display System	Cockpit Darstellungssystem
CI	Course Indicator	Kursanzeige
COTS	commercial off the shelf	kommerzielle Lösung »von der Stange«
CSAR	Combat Search and Rescue	bewaffnete Suche- und Rettung
CNO	Chief of Naval Operations	Kommandant des Marine-Einsatzes
D		
DAU	Data Aquisitation Unit	Daten-Aufzeichnungsgerät
DCU	Data Control Unit	Daten-Kontrolleinheit
DI		Depotinstandsetzung
DKG		Digitales Kartenlesegerät
DLR		Deutsches Zentrum für Luft- und Raumfahrt
DME	Distance Measuring Equipment	Distanzmess-Ausrüstung
DML		Drehwirbel mit Lastenschloss
DüStn		Datenübertragungsstation
DTU	Data Transfer Unit	Datenübertragungseinheit
E		
EADS	European Aeronautic Defence and Space Company	Europäisches Luft- und Raumfahrt Unternehmen
EAPS	Engine Air Particle Seperator	Triebwerks-Einlauffilter
EBMat		Entwicklung und Beschaffung von Wehrmaterial
ECD		Eurocopter Deutschland
ECR	Electronic Combat Reconnaissance	Elektronische Kampfaufklärung
ECM	Electronic Counter Measures	Elektronische Gegenmaßnahmen
EDM	Engineering Development Model	Prototyp
EFG		Einführungsgenehmigung
EG MeS		Einsatzgeschwader Mazar-e Sharif
Eloka		Elektronische Kampfführung
ELINT	Electronic Intelligence	Elektronische Aufklärung
ERK		elektronische Rotorblattkontrolle
ErpSt, E-Stelle		Erprobungsstelle
ESG		Elektroniksystem- und Logistik-GmbH
EUFOR	European Union Force	
EWS	Electronic Warfare System	elektronisches Kampfführungs-System
F		
FBW	Fly-by-Wire	elektronische Flugsteuerung
FCG	Flight Control Group	Flugkontrollregler
FCS	Fire Control System	Feuerleitanlage
FH	Flight hours	Flugstunden
FLIR	Foreward looking Infra-Red	Nach vorne gerichtetes Infrarot-system
FMS	Flight Management System	Flugmanagement-System
FüL		Führungsstab der Luftwaffe
F&T		Forschung&Technologie
FTH	Future Transort Helicopter	zukünftiger Transporthub-schrauber
FVI		Flugversuchsingenieur
G		
GAMS	German Avionic Management System	Deutsches Avionik-Management-System
GAT	General Air Traffic	Allgemeiner Luftverkehr
GE	General Electric	
GenLwRüst		General Luftwaffenrüstung
GFK		Glasfaserverstärkter-Kunststoff
GPS	Global Positioning System	Satelliten-Ortungssystem
GPS Bw		Güteprüfstelle Bundeswehr
H		
HF	High Frequency	Hochfrequenz
HFlgBrig		Heeresflieger-Brigade
HFlgWaS		Heeresflieger-Waffenschule
HFlgRgt		Heeresflieger-Regiment
HMI	Human Machine Interface	Mensch/Maschine-Schnittstelle
HSG		Hubschraubergeschwader
HTG		Hubschraubertransport-geschwader

I

IBC	Individual Blade Control	Individuelle Rotorblattkontrolle
ICS	Interphone Communications System	Funk und Interfonanlage
IDF/AF	Isreal Defence Force/ Air Force	Israelische Luftwaffe
IDAS	Interactive Defence Avionics Suite	interaktive Abwehr Avionik-Garnitur
IFOR	Implementation Force	Durchsetzungskraft
IFF	Identification Friend or Foe	Identifikation Freund/Feind
IFT	In-Flight Tuning	Einstellung im Flug
IFR	Instrument Flight Rules	Intrumentenflugregeln
IHAS	Integrated Helicopters Avionics System	integriertes Hubschrauber-Avionik-System
ILS	Instrument Landing System	Instrumentenlandesystem
INS	Inertial Navigation System	Trägheitsnavigationssystem
IPC	Integrated Processor Unit	integrierte Prozessor-Einheit
IR		Infrarot
IRB	Improved Rotorblade	verbessertes Rotorblatt
ISAF	Implementation Force	Implementierungskraft
IZT		Innenzusatztank

K

KFOR	Kosovo Force	
KHD		Klöckner Humboldt Deutz
kN	Kilo Newton	Maßeinheit
KIAS	Knots Indicated Air Speed	Fluggeschwindigkeit
KSK		Kommando Spezialkräfte
KSZE		Konferenz über Sicherheit und Zusammenarbeit in Europa
KVA	Kilo Volt/Ampere	Masseinheit, Kilo Volt/Ampere
KWE		Kampfwerterhaltung
KWS		Kampfwertsteigerung
kt	knots	Knoten

L

LIG		Luftwaffeninstandhaltungs-gruppe
LPH	Landing Platform Ship	Hubschrauberträger
LRU	Line Replacable Unit	als Ganzes austauschbares Gerät
LTGrp		Lufttransportgruppe

M

MATT	Mulit Mission Advanced Tactical Terminal	Multimissions fortschrittliches, taktisches Eingabeterminal
MBL		Musterprüfstelle der Bundeswehr für Luftfahrtgeräte
MES		Materialerhaltungsstufe
MedEvac	Medical Evacuation	medizinische Evakuierung
MFD		Multifunktions-Display
mHubschr TranspBtl		mittleres Hubschrauber-Transport Bataillion
MLG	Main Landing Gear	Hauptfahrwerk
MoA	Memorandum of Agreement	Übereinkunfts-Memorandum
MoU	Memorandum of Understanding	Absichtserklärung
mph	miles per hour	Meilen pro Stunde
MTA		Missions Taktischer Arbeitsplatz
MTH		mittlerer Transporthubschrauber
MTOW	Maximun Take-Off Weight	maximales Abfluggewicht
MTU		Motoren und Turbinen-Union München
MTWF		Militärisch-Technisch-Wirtschaftliche Forderung
MSC	Military Support Center	militärisches Unterstützungszentrum

N

NATO	North Atlantic Treaty Organisation	Nordatlantisches Verteidigungs-bündnis
NAS	Naval Air Station	Marineflugplatz
NAS	Navigation System	Navigationssystem
NBMR	NATO Basic Military Requirement	NATO Basis Militäranforderung
NDV		Nutzungsdauer-Verlängerung
NLG	Nose Landing Gear	Bugfahrwerk
NTF		Nachttiefflug

O

OTL		Oberstleutnant
OR	Operations Research	Betriebs-Untersuchung

P

PR	Personnel Recovery	Personenrettung
PV		Produktverbesserung

R

RCU	Reconfiguration Unit	Umprogrammier-Einheit
RT&B	Rotortrack&Balancing	Rotorbahn&Wuchtung
RWE		Reichweitenerhöhung

S

SALIS	Strategic Airlift Interim Solution	Stretegische Luftfracht Zwischenlösung
SaZ		Soldat auf Zeit
SBWS		Systembeauftragter Waffensystem
SdE		Sicherstellung der Einsatzbereitschaft
SELA		Sensorgestützte Landehilfe
SFOR	Stabilisation Force	Stabilisierungskraft
SLEP	Structural Life Extension Program	Struktur Lebensdauer-verlängerungs-Programm
STA	Static Test Article	Statiktest-Zelle
SPR	Smart Pitch Rods	Intelligente Stell-Stange
SysZ		Systemzentrum

T

TA		Technische Anweisung
TaF		Taktische Forderung
TACAN	Tactical Air Navigation	Taktische Navigation
TSLw		Technische Schule der Luftwaffe

U

UAC	United Aircraft Corporation	
UHF	Ultra High Frequency	Extrem hohe Frequenz
UNSCOM	United Nations Special Commission	Vereinte Nationen Spezial-Kommission
USAF	US Air Force	Amerikanische Luftwaffe
USAFE	US Air Force Europe	Amerikanische Luftwaffe in Europa

V

VHF	Very High Frequency	Sehr hohe Frequenz

W

WaSys		Waffensystem
WP		Warschauer Pakt
WTD		Wehrtechnische Dienststelle

Z

ZÄP		Zellenänderungspaket

Literaturquellen

Hubschrauber-Planuntersuchung »Hummel«, Führungs-akademie der Bundeswehr, Studiengruppe Bundeswehr, Hamburg, 24. Februar 1966

Heeresflieger, Kurt Schütt, Bernhard & Graefe Verlag

Auswahl und Einführung des mittleren Transporthub-schraubers CH-53G, Dennis Lautwein

Die Luftwaffe 1950 bis 1970, Konzeption, Aufbau, Integration B. Lemke, D. Krüger, H. Rebhan, W. Schmidt, R. Oldenbourg Verlag

Das »Werk in Donauwörth«
wie es begann und wie es ist im Jahr 2008
Klausdieter Zoth

Sky Crane, Igor Sikorsky's Last Vision, John A.McKenna, American Institute of Aeronautics and Astronautics.

Luftfahrtgeschichte in und um Speyer, Jürgen Michels / Peter Seelinger VDM Verlag, Heinz Nickel

Serienfertigung Waffensystem CH-53G Abschlussbericht VFW-Fokker, Hc 4-S im Juli 1975

Kommerzielle Nutzung des Hubschraubers WF-S 64, Sonderdruck, Techn. Mitteilung Krupp (1965)

Basisdokument für das Waffensystem mittlerer Transporthubschrauber CH-53G, Fü L VII 3 / SBWS CH-53, Bonn vom 18. Oktober 1972

AAP Flugwerk CH-53G, M. Stumpf, Burgbrohl, Oktober 1998

MTU Broschüre »MTU heute« vom November 1972

Flugpost, Informationsdienst Luftfahrt, 33 / 18.08.2003

H-53 Sea Stallion in action, C.M. Reed, Squadron Signal

F-40 Sikorsky CH-53G, Gunther Winkle / Siegfried Wache, Bmvd Verlag

Diverse Periodika: Flug Revue, International Air Power Review, Soldat und Technik, wt Wehrtechnik

Dank

Unser ganz besonderer Dank für die außergewöhnliche Hilfe bei der Erstellung dieses Buchs gilt dem Kommandierenden General Luftwaffentruppenkommando, Herr General Helmut Schütz, dem ehemaligen Mitglied der Geschäftsführung von Sikorsky, Herr Sergei I. Sikorsky, sowie dem ehemaligen Geschäftsführer von VFW-Fokker, Herr Ulrich Heider.

Besonders wertvolle Hilfe bei der Aufarbeitung der Technik und der Einbindung in das STH-Programm erhielten wir von Herrn Hauptmann Martin Stumpf (BAAINBw).
Ebenfalls sehr hilfreiche Unterstützung bezüglich Technik und Geschichte gewährte uns Herr Dennis Lautwein (WTD 61).
Oberstabsfeldwebel Thomas Röder (BAAINBw) trug ganz maßgeblich zur Aktualiserung des Kapitels Technik, insbesondere hinsichtlich der CH-53GA und GS/GE Obs, bei.
Oberstleutnant Manfred Markieton, Staffelkapitän der 2. FlgStff HSG 64 und zeitweise Staffelkapitän der Operations Squadron des Air Wing Resolute Support, war sehr hilfsbereit bezüglich der Aktualisierung des CH-53-Einsatzes im Rahmen von Resolute Support.
Hauptmann Johannes Karl, Pilot der 2. FlgStff HSG 64, unterstützte ebenfalls ganz maßgeblich.
Herr Christian Albrecht von Lockheed Martin steuerte wichtige Informationen und Bildmaterial zur CH-53K aber auch tolle Aufnahmen der CH-53 beim HSG 64 bei.
Herr Michael Maly, Hauptmann i.R. und ehemaliger Hubschrauberführer und Gebirgsfluglehrer ließ uns an seinem mit über 5000 Flugstunden riesigen Erfahrungsschatz teilhaben.
Dies gilt auch für Herr Günther (Max) Feiner, Hauptmann i.R. der ebenfalls über 5000 Flugstunden auf der CH-53 absolviert hat und wertvolle Informationen zu den vielfältigen Einsätzen geben konnte.
Herr Peter Seelinger, ehemaliger Mitarbeiter des VFW-Fokker-Werks in Speyer. Er hat uns sehr wichtige Informationen und Aufnahmen aus der Lizenzproduktionszeit zur Verfügung gestellt.

Den Herren hierfür ganz herzlichen Dank!

Für die hervorragende Hilfe und Unterstützung danken wir weiterhin ganz herzlich:

Dr. Uwe T.P. Arnold (ZF), Dieter Bals (Hubschraubermuseum Bückeburg), Oberstleutnant Eckhard Baß, Anton Bartusch (ehemals WTD 61), Claas Belling (Airbus Helicopters), Ewald Berg (†) (Airbus Helicopters), Oberst Frank Best, Oberleutnant Ines Blandau, Oberstleutnant Dipl.-Ing Gerrit Buske (WTD 61), Oberstleutnant Andreas Buttenmüller (WTD 61), Hauptmann Robert Brand (BAAINBw), Vinny Devine (Sikorsky), Hauptmann Jürgen Drummer (HSG 64), Dr. Ing. Christian Fagerer (†) (Airbus Helicopters), Michael Fischer, Dr. Daniel Fürst (ZF), Wolfgang Gastorf (Hubschraubermuseum Bückeburg), Uwe Hain, Leutnant Christian Haseloff (LTGrp HSG 64), Oberstabsfeldwebel Klaus Hubmann (LTGrp HSG 64), Manfred Lang, Hauptmann Jürgen Lemke, Heinz Keller, Petra Kinker (WTD 61), Hauptfeldwebel David Kluge (LTGrp HSG 64), Hauptmann Hendrik Krahl (BAAINBw), Tino Künstler (WTD 61), Thomas Mallwitz (Hubschraubermuseum Bückeburg) Rene Neuser (WTD 61), Günther Nord, Oberstleutnant Michael Pössel, OStFw Olaf Poltorak (BAAINBw), Oberleutnant Christian Prawos (PiZ Luftwaffe), Major Mario Reuter, Hauptmann Tim Rettig (LTGrp HSG 64), Hauptmann Rolf Rothenhäusler (HSG 64), Volker Ruff (Airbus Helicopters), Julia Sailer (Airbus Helicopters), H. Scharnagel (HSG 64), Oberleutnant Tony Schirmer (BAAINBw), Hendrick Schneider, Helmut Schubert (MTU), Axel Schumann (Rockwell Collins), Edgar Sefrin, Hauptmann Winfried Sesterhenn (BAAINBw), Matthias Stäblein (Hubschraubermuseum Bückeburg), Bernd Skricka, Christina Trognitz, Bettina Vetter-Flach, Hauptfeldwebel Lars Wiegmann, Christian Winter, Dr. Andreas Zeitler und Martin Zipfel (Bundesarchiv Militärarchiv).
Günther Nord danken wir für seine hervorragende grafische Umsetzung und Alexander Burden vom Motorbuch Verlag dafür, dass er sich immer wieder für die Projektrealisierungen stark macht.

Riedstadt, im Herbst 2019	Bernd Vetter, Frank Vetter

WEITERE INTERESSANTE BÜCHER ZUM THEMA

Seit ihrem Erstflug entstanden von der legendären Bell UH-1 »Huey« über 16.000 Exemplare. Kein anderer Hubschrauber hat annähernd ähnliche Bauzahlen erreicht! Robert Busse beschreibt diesen berühmten Hubschrauber bis ins Detail.

232 Seiten, 200 Abbildungen, Format 230 x 265 mm
ISBN 978-3-613-04169-1
€ 29,90 / € (A) 30,80

Kampfhubschrauber sind martialische Fluggeräte und mischen dort mit, wo es richtig zur Sache geht: mitten im Gefechtsfeld. Michael Normann beleuchtet die wichtigsten Typen und stellt Entwicklung, Einsatz und Varianten dar.

192 Seiten, 206 Abbildungen, Format 230 x 265 mm
ISBN 978-3-613-04044-1
€ 24,90 / € (A) 25,60

Dieser Typenkompass widmet sich in gewohnt fachkundiger und übersichtlicher Manier den Hubschraubern und Propellerflugzeugen der Bundeswehr. Vorgestellt werden u.a. die Bell UH-1D, Sikorsky CH-53 und der Großraumtransporter Airbus A400M.

128 Seiten, 107 Abbildungen, Format 140 x 205 mm
ISBN 978-3-613-03458-7
€ 12,00 / € (A) 12,40

Kurz nach dem Zweiten Weltkrieg entstanden immer größere und leistungsfähigere Hubschraubertypen und wurden demzufolge auch häufiger zum Transport von schweren Lasten eingesetzt. Dieser Typenkompass widmet sich diesem spannenden Segment.

128 Seiten, 148 Abbildungen, Format 140 x 205 mm
ISBN 978-3-613-03741-0
€ 12,00 / € (A) 12,40

Überall, wo es Bücher gibt, oder unter
WWW.MOTORBUCH-VERLAG.DE
Service-Hotline: 0711 / 78 99 21 51

Stand Oktober 2019
Änderungen in Preis und Lieferfähigkeit vorbehalten.